双复杂区高精度三维
地震采集优化设计技术与实践

Optimal Design and Practice of High-Precision 3D
Seismic Acquisition in Double Complex Area

杨　晶　曹国滨　著

中国海洋大学出版社

·青岛·

图书在版编目（CIP）数据

双复杂区高精度三维地震采集优化设计技术与实践／杨晶，曹国滨著.—青岛：中国海洋大学出版社，2020.3

ISBN 978-7-5670-2482-3

Ⅰ.①双… Ⅱ.①杨… ②曹… Ⅲ.①三维地震法—地震数据—数据采集—研究 Ⅳ.①P315.63

中国版本图书馆CIP数据核字（2020）第048149号

双复杂区高精度三维地震采集优化设计技术与实践

出版发行	中国海洋大学出版社	
社　　址	青岛市香港东路23号	
邮政编码	266071	
网　　址	http://pub.ouc.edu.cn	
出版人	刘文菁	
责任编辑	孙宇菲	
电　　话	0532-85902342	
电子信箱	1193406329@qq.com	
印　　制	青岛至德印刷包装有限公司	
版　　次	2022年10月第1版	
印　　次	2022年10月第1次印刷	
成品尺寸	185 mm×260 mm	
印　　张	23.25	
字　　数	454千	
印　　数	1~2000	
定　　价	88.00元	
订购电话	0532-82032573（传真）	

发现印装质量问题，请致电15764257687，由印刷厂负责调换。

前言

随着油气田勘探开发的不断深入,难度不断加大,复杂隐蔽油气藏勘探对地震采集技术提出了更高的要求,需要更高品质的地震资料实现对此类油气藏的精细勘探和效益勘探。高精度三维地震采集优化设计是获取高品质地震资料的关键,它不是一项单项技术的研究及应用,而是一项系统工程,需要在对老资料系统分析的基础上,综合利用采集参数论证、观测系统优化设计、三维建模与正演、观测系统综合质量评价以及精细井深药量设计、施工方案优化等系列技术,得到最佳的地震采集方案,最终获取高质量的地震采集资料。

作者长期致力于物探采集理论和方法技术的研究与开发,在地球物理勘探施工设计、高精度三维地质建模、高斯射线束正演模拟照明分析及观测系统评价、近地表精细建模及逐点井深设计、地震资料品质分析与现场质量控制、软件研发及野外工程实践等方面进行了深入研究,形成了高精度三维地震采集优化技术系列,组织研发了SWParamAnalysis、SWGeoSurvey、SWGeoModel、SWGaussSurvey、SWFoucing、SWGeoComAttrAnalysis、SWSourceDepth等软件系统,并将其集成到统一的SeisWay软件平台上,为地震采集工程全过程提供一体化技术服务。

本书对这些技术的方法原理、技术方案、技术流程进行详细的阐述,以期对广大地球物理工作者有所借鉴和帮助。

本书是结合作者在中石化地球物理公司胜利分公司多年的科学研究和生产实践的基础上编写完成的,在编写过程中得到了胜利分公司诸多部门的领导、专家和技术人员的鼎力支持,特别是于富文、许孝坤、徐维秀、段卫星、吕双、王向前、赵大鹏、冯玉苹、石翠翠、王淑荣、张在武、朱勇、凡正才等，同时得到了中国海洋大学的刘怀山教授，中国石油大学（华东）的宋建国教授、黄建平教授，西南石油大学的赵虎教授，成都理工大学的邓飞教授的大力帮助，在此表示衷心的感谢！

由于作者学识有限，书中疏漏之处在所难免，敬请读者批评指正。

作者

2022 年 8 月

目录

绪　论

第一节　勘探需求与技术难点

近年来,随着油气勘探开发的持续深入,由构造勘探逐渐转向复杂隐蔽油气藏勘探,对地震采集技术提出了更高的要求。面向复杂地表复杂地质目标的地震勘探存在两个主要问题:信噪比低和面元覆盖次数不均匀,这两个问题都和地震采集设计方案密切相关[1-4]。

在东部老油区高密度勘探中,面临复杂地表与近地表和复杂地质目标勘探的技术难点。一是地表条件复杂:村镇密集、工业区发达,有大型化工厂和大型畜牧养殖基地、水库及水产品养殖片区、铁路及高速公路纵横交错,还有河流和农田等,在这些复杂地表地区激发点无法按预设方案布设,需要以高精度遥感卫星图像为底图进行观测系统自动变观,实时定量化分析观测系统变观前后属性变化,保证浅层资料无缺口[5]。二是近地表条件复杂:潜水面,岩性界面和近地表速度分层界面不一致性,需要在多种近地表调查试验联合解释的基础上,建立一致近地表模型,逐点设计激发井深,同时做井深药量试验,进一步优选激发井深,得到最佳施工方案,确保浅、中、深层采集资料品质[6]。三是地下构造复杂:前期构造勘探已经完成,现在主要针对隐蔽油气藏进行勘探,需解决的问题包括:微观构造、圈闭、低序级断层、小断块、超薄岩性体、非均质性的油藏(如砂砾岩体、分流河道、火成岩、碳酸盐岩缝洞等),面向地质目标的地震采集方案优化,需要建立精确的三维地质模型,通过地震波正演模拟、照明能量分析、双聚焦分析、地震资料偏移成像等技术手段对观测系统进行优化和评价,进而得到高质量的浅、中、深层地震采集资料[7]。

在西部、南方的山地山前带等复杂地表区域勘探中,也面临复杂地表与近地表、复杂地质目标勘探的技术问题。一是地表近地表条件复杂:风化切割严重、沟谷众多、悬崖密布、出露岩性多变，剧变的地形高差和岩性变化，导致近地表结构严重的不均一性，地层速度在纵向和横向上变化强烈，静校正问题尤其突出[8]。二是复杂山前带地震资料中面波、多次折射波、侧面波及散射干扰异常发育，资料信噪比极低[9]。三是同时剧烈造山运动、应力挤压，导致山前逆冲褶皱带地下构造复杂形成高陡逆冲或逆掩推覆构造，且压扭断裂发育，地层重叠、破碎，导致地震反射杂乱、地震成像非常困难[10-11]。

受地表和地下条件的影响，地震采集方案设计难点主要有：① 地形起伏剧烈，地层倾角高陡，相对高差大，激发点和接收点很难准确到位，要求设计的观测系统具有很强的穿越山地环境的能力；② 出露地层复杂，表层不规则性明显，静校正问题尤为突出；③ 由于推覆作用导致构造复杂，且速度反转，带来反射信息正确归位困难。因此在观测系统设计中需要进一步考虑叠前偏移的要求、静校正问题以及复杂的地表情况。

针对上述问题及难点，野外采集通常采用小道距、高覆盖、高空间采样观测系统优化设计思路[12]，三维地震勘探炮道密度越来越大，覆盖次数越来越高，有利于后期的地震资料偏移成像，但随之而来的采集成本也越来越高，因此，科学、有效地进行三维地震采集设计成为提高野外采集资料质量和降低采集成本的重要手段。

要实现科学有效的三维地震采集优化设计方案，需要做好每一个过程的分析和论证，概括总结重点有以下 4 个阶段。

首先，在采集参数论证阶段，以往以点和线的论证为主，选择特殊地质目标点，或者假设地下介质是简单倾斜模型，利用公式计算激发、接收和排列参数。但对于双复杂地震勘探区，应充分利用老资料，包括以往的勘探资料、解释成果、近地表调查资料、井资料等，从点到线，从线到面，确定最佳的观测系统设计参数，开展面向地质目标的采集参数论证方法，保证地下目标层能够得到有效反射信息。

其次，在观测系统设计阶段，针对大数据量观测系统布设和属性分析技术的需求，提高属性计算和渲染效率，在变观区域，注重观测系统覆盖次数均匀性，尤其要充分考虑观测系统覆盖次数、炮检距和方位角的均匀性，开展观测系统综合属性分析技术研究，以确保变观后观测系统浅、中、深目的层成像效果。

再次，在观测系统优化阶段，要研究高效、高精度的地震波正演模拟与照明分析技术，模拟三维观测系统下的波场特征，依据模拟结果对观测系统进行定量化分析，进而对观测系统参数进行优化与评价，这对于提高采集资料品质，指导后续地震资料处理都具有重要的意义。

最后，在观测系统方案实施阶段，利用近地表调查解释成果，建立一致近地表模型，并通过激发井深和药量试验进一步优化激发井深，以得到最佳地震采集资料。

要做好上述 4 个阶段的分析和论证，从当前技术开发和应用情况分析，要重点解决以下几方面的技术难点：

（1）实现三维地表、近地表和地下构造精细建模方法；

（2）实现基于高清卫片的大数据量观测系统变观与实时属性分析技术；

（3）实现高精度、快速地震波正演模拟方法，并以正演、照明及偏移成像理论为核心的观测系统优化方法；

（4）实现基于观测系统综合属性分析的定量化评价方法；

（5）实现近地表资料联合解释、一致建模及逐点井深设计技术；

（6）实现基于三维图形可视化的辅助分析技术。

第二节　国内外研究现状与发展趋势

针对勘探需求和技术难点，对国内外技术研究现状与发展趋势做简要分析。

一、观测系统优化技术研究的现状与发展趋势

常规观测系统设计是基于水平叠加理论的，假设地下是水平层状介质或者低倾角地层，此时 CMP 与 CRP 基本重合，CMP 叠加剖面即 CRP 成像剖面[13]。但由于复杂地表和近地表勘探导致地震波场发生严重畸变，造成不规则的共 CMP 点覆盖，影响后期成像效果[14]。另外，在复杂地质目标勘探中，目的层本身倾角较大，或者受上覆地层的影响，同一目的层地震波照明能量相差较大，尤其是对于上覆高速地层掩盖下的复杂隐蔽油气藏勘探，经常存在照明阴影区，因而无法在复杂构造区域取得良好的成像效果[15]。

为解决复杂地质目标准确成像的技术难题，近年来国内、外专家学者基于模型，开展正演模拟[16]、波场照明、共聚焦分析、偏移成像[17]、观测系统最优性价比分析评价等理论方法研究[18]，从地震资料采集、数据处理、成本分析等不同角度进行了观测优化和评价[19-20]。

Liner 首先研究了 3D 观测系统设计的最优化问题，将采集参数论证的覆盖次数、面元大小、接收道数、道间距以及排列宽度相结合，建立成本最优化函数，进而得到最优的三维观测系统设计参数[21]。Morrice 针对普通束状观测系统的采集成本问题做了深入的探讨，建立最优化模型，利用不同的采集参数对该模型进行约束，进而优化观测系统设计方案[22]。

基于叠前深度偏移思想的观测系统优化设计也是其中一个研究方向，由于基于单炮

的叠前偏移成像计算量大,受到计算效率的限制,很难在技术设计阶段开展。Berkhout,Rietveld,Wapenaar 等提出将平面源应用到叠前深度偏移领域,Berkhout 提出了双动态聚焦叠前偏移方法和面向叠前偏移[23]、速度估计及 AVO 分析的优化设计思路[24],进一步提出震源束地震采集几何学综合评价方法[25],针对复杂地下地质目标点,利用有效波场实现叠前深度偏移,提高计算效率和成像质量[26]。我国学者熊翥教授总结并提出了复杂地区基于地质目标采集设计的 4 个方向,非常具有代表性:① 基于合成平面波源或者合成小束波源偏移成像;② 基于单程波正演模拟的观测系统优化设计;③ 基于共聚焦点叠前深度偏移理论的观测系统设计;④ 基于多层非均匀介质正演模拟的观测系统设计。这四种设计方法对复杂地区地震数据采集观测系统设计方面具有较强的技术优势。

此外,基于射线追踪模拟和地震照明度函数优化观测系统设计也是面向地质目标观测系统优化技术研究的一大热点[27-28]。对地下复杂地质体(如岩丘,古潜山等)模拟照明,对地震波反射振幅产生合理的近似值,辅助观测系统的优化设计[29]。Hubral 提出采用照明度函数分析方法,提高地震成像质量。Carcione 提出针对不同的观测系统,利用三维射线追踪正演来评价其对地下目标体的照明情况,采用定量化分析方式,分析炮检距和方位角的分布、反射点的位置、初至波的方向和振幅、偏移振幅分布的密度和强度等,进而优化观测系统设计方案[30]。

综上所述,随着隐蔽油气藏勘探项目的实施,要求观测系统优化设计必须针对复杂地质目标开展,同时要更注重于后续地震资料的处理和解释需求,这也是地震数据采集,处理和解释一体化发展的必然趋势[31]。

二、地震正演模拟理论方法研究现状及发展趋势

由于地震波数值模拟能够帮助认识地震波传播规律及波形特征,指导地震数据的采集、处理和解释[32],因此,针对复杂地表、复杂地质目标区正演模拟技术正受到研究人员的广泛关注[33]。

对地震波正演理论研究主要有几何射线类数值模拟和波动方程类数值模拟两个方向[34]。

几何射线类数值模拟方法属于几何地震学方法,主要有两类地震射线追踪问题,试射法和两点法。试射法是已知射线初始点位置和初始出射方向求地震波的传播路径;两点法是已知射线初始点和接收点位置,求两点之间的最短旅行时射线路径。将地震波波动理论简化为射线理论,只考虑地震波传播过程中的运动学特征,计算高效,适应性强,但缺少地震波的动力学信息,应用条件受到限制,而且存在阴影区和焦散区等问题。为了使射线类模拟方法能够适应于复杂地表和复杂地质构造条件,专家学者们不断探索提

高射线追踪正演模拟精度的方法。王辉将费玛原理和图论原理相结合,提出基于图论的最短路径法,该方法是将速度模型网格化,在网格边界上设置一系列接收点,连接激发点和接收点,将两点间旅行时最短的射线路径认为是两点之间地震波近似传播路径。张建中将地下传播介质用不规则网格进行划分,以适应复杂地质构造情况。经过持续的发展,射线类方法计算更灵活、效率更快、精度更高,但对于解决阴影区、焦散区以及临界区的波场问题,还是很难实现的,这是由射线类方法的基本思想所决定的[35]。

波动方程数值模拟是求解地震波波动方程,主要研究波动方程稳定性、边界吸收效果、适应性等[36]。波动方程方法模拟的地震波场信息丰富,包含了地震波传播的所有信息,也因此计算量非常大,对计算机硬件环境要求高,计算速度相比于几何射线类方法要慢很多,尤其三维波动方程正演,需要在集群环境下进行[37]。基于波动方程的不同数值解法来模拟起伏地表、复杂地质目标区的地震波场方法主要有三个发展方向。第一种是基于有限差分的变网格、不规则网格和坐标变换的正演方法。董良国等提出将起伏地表模型和波动方程变换到水平地表坐标系中后,在新坐标系中通过差分方法来求解波动方程[38]。第二种是有限元法。黄自萍等提出将有限元与有限差分法相结合,马德堂提出将有限元和伪谱法相结合,这两种方法都能够适应于起伏地表地震波模拟。第三种是有限元法与谱展开法相结合的谱元法。Tromp 将谱元法在应用到三维起伏地表地震波数值模拟中,取得较好模拟效果。

随着勘探的地质任务越来越复杂,地下地质体构造类型的多样性、复杂性,推动波动方程正演理论研究专家学者持续发展,计算精度和计算效率都有长足进步,但波动方程类数值模拟计算量巨大、对硬件要求高的现状,考虑到野外地震采集的时效性,波动方程正演模拟计算量太大,仍不适应于野外地震采集现场应用[39]。

因此,近年来,在零阶射线理论和波动理论基础上,高斯束正演模拟理论研究迅速发展,该方法既能达到射线追踪方法的高效性,又能近似达到波动方程数值模拟的精确性,被越来越多地应用于复杂地表和地质勘探条件的地震正演模拟和偏移成像中[40]。

高斯射线束方法是 Červený[41]、Weber[42]、Hill[43]等人,在旁轴射线理论的基础上,逐渐发展起来的一种新的正演模拟方法。该方法既考虑了波的运动学特征和动力学特征,又考虑了介质的吸收衰减作用,计算速度快、精度高,与有限差分方法的计算结果相近,局部区域甚至更优,尤其对射线法无法解决的焦散区、临界区以及暗区等具有较好的弥补效果。

国外方面,有关高斯射线束方法的文章较多。Červený 在引入高斯束理论后,又将其应用于二维非均匀介质[44]、三维弹性介质正演模拟中[45],并给出了在不同介质中的初始参数[46]。Müller 给出了几种二维介质中的初始参数，并分析了不同初始参数对高斯束性质的影响[47]。George 从提高合成记录稳定性角度，对初始参数做了进一步改进[58]。Hill 提出了高斯射线束偏移方法[49]。Cruz 提出在二维介质中利用菲涅尔带半径限制高斯束有效半宽度的思想，并给出了相应的初始参数，使高斯射线束在传播过程中保持聚焦和稳定[50]。

国内方面，关于高斯束方法的研究起步较晚。周熙襄等首先在二维弹性介质地震模型中，利用高斯射线束方法计算了横向不均匀介质模型的地震波场。吴立明等在 SUN 工作站上，基本实现了高斯束正演模拟方法，并在二维非均匀介质模型中做了测试应用，合成高斯束正演模拟记录。李瑞忠等将高斯射线束方法用在偏移成像方法中。邓飞发展了三维射线快速追踪算法并将其应用于高斯束正演方法，提高了正演的精度和计算效率[51]。孙成禹等将高斯射线束正演与 Zoeppritz 方程结合，实现了基于能量约束的高斯射线束地震波场正演方法[52]；黄建平等提出了有效邻域波场框架下的三维起伏地表高斯射线束正演模拟理论方法，推导了三维笛卡尔坐标系下的高斯束表达式，大幅提高了三维起伏地表高斯射线束正演效率[53]。印兴耀等将子波重构技术应用于时—空域高斯束波场计算中，提出了一种可以模拟任意点源反射与透射波场的地震波正演模拟方法[54]。

综上所述，国内外众多专家学者针对二维介质中高斯束理论研究较为广泛，主要集中在不同介质中的应用和高斯束初始参数改进方面，且取得较大进展[55]，但在如参数选取、计算效率提升等方面还需进一步研究。也有学者给出三维高斯束表达式，但针对三维起伏地表和起伏构造对高斯束正演精度的影响研究较少，三维观测系统表征参数众多，评价方法不一，不同参数之间并不完全独立，相互影响和制约，如何得到"最优"的观测系统参数，建立有效的观测系统评价方法，目前还没有一致的结论[56]。另外在理论成果实用化研究方面，相对欠缺，需要开展大量的研究工作。尽管这些方法还有一些问题（如参数选取、射线密度等）值得研究，还需要不断发展和完善，但从发展趋势来看，它已经成为地震波场正演模拟研究重点，其精确性、高效性以及灵活性决定了它将逐渐成为地震勘探领域应用的一个主导方向[57]。

三、观测系统综合属性分析及实时变观技术研究现状与发展趋势

观测系统均匀性是衡量地震采集观测系统设计优劣的一项重要指标[58]。在常规观测系统设计阶段，通常认为覆盖次数满足地质任务的前提下，炮检距、方位角均匀即可[59]。在面向地质目标的观测系统优化设计中，则通过建立三维地质模型，做正演模拟和照明分析，从目的层成像角度，进行观测系统优化[60]。这里面就存在 3 个方面的问题：第一，在常规观测系统属性分析中，虽然覆盖次数、炮检距、方位角是 3 个重要的属性，都

能从某一个角度定量地评价观测系统优劣，为高精度三维地震采集设计及优选提供最直观的技术支持，但实际设计中，经常出现几种观测系统的这 3 个属性图形显示几乎一致，很难分辨哪个更好，或者 3 个属性互相之间有争议，有的观测系统炮检距更均匀，而有的观测系统方位角更宽，而没有建立 3 种属性的综合量化指标，很难综合权衡哪个观测系统更好[61]。第二，在东部老区或者西部、南部山区施工中，遇到特殊障碍物，在避障过程中会造成浅层资料产生缺口或者造成覆盖次数不均匀的现象，需要以遥感卫星图片为底图做快速观测系统变观，但是面临海量地震数据观测系统优化时，如果变观部分炮点，却需要全盘重新计算覆盖次数，则计算量较大，很难达到实时分析观测系统变观效果的目的，这是未来需要解决的问题[62]。第三，当前野外施工时，遇到观测系统变观问题，要么针对地表进行变观，要么针对目的层做观测系统优化，但没有考虑将二者有机结合，这是下一步的发展方向[63]。

在软件研发方面，基于遥感卫片的观测系统自动变观技术实现要以高清遥感卫片为底图，地表情况越复杂要求遥感卫片精度越高[64]。目前民用遥感卫片精度越来越高，从 GoogleEarth 上下载面积为 200 km² 大小的遥感卫片，用 0.3 m 分辨率，数据量约 8 GB，而部分地震采集软件有 2 GB 的数据量限制，会限制导入遥感卫片的精度。基于遥感卫片的观测系统自动变观技术应用较为广泛，但对于变观炮点的合理性，现有软件通常只能做总体定性分析，不能做实时分析，从而可能造成某些变观点位的不合理。另外，在避障过程中没有考虑对炮点药量的影响，尤其在东部老区障碍物连片分布时，很容易导致小药量大范围出现，对地质任务产生影响，未来针对复杂地表高密度采集，解决该问题也是工程技术发展的需要[65]。

四、地质勘查科学计算可视化技术研究现状及发展趋势

地质勘查科学计算可视化技术属于科学计算可视化技术领域的一个分支。科学计算可视化技术在医疗、气象、地质勘探等领域应用较为广泛[66]。三维地质模型和数值模拟计算的结果需要通过可视化技术呈现在电脑屏幕上，科研人员可以直观地在三维空间中分析地震构造空间展布，辅助应用分析，做出科学地判断[67-68]。科学计算可视化的核心思想是对三维空间数据进行显示，目前 Direct3D 与 OpenGL 是最常使用的两套绘图编程接口[69]。DirectX 在 Windows 系统的游戏应用方面处于领先地位[70]。但在 Unix、Linux 等操作系统平台和专业高端绘图领域，OpenGL 更具优势[71]。OpenGL 是在地震勘探领域内被最为广泛接纳的 2D/3D 图形 API。OpenGL 是个与硬件无关的软件接口，可以在不同的操作系统平台间移植。但是，由于 OpenGL 是一套底层的 C 接口 API，在进行复杂三维软件开发时编码工作量大，且使用难度较高，因此在 OpenGL 基础上开发

一套三维图形引擎(三维程序核心)库就非常有意义[72]。目前,基于 OpenGL 开发的高级图形库主要有 Open Inventor、OSG 和 OGRE[73]。这 3 种引擎库都比较成熟,是通用图形引擎,也比较庞大,他们的应用领域各有侧重,对于地震勘探类专业软件研发而言 Open Inventor 是首选,国际知名的地震勘探类专业软件都采用 Open Inventor 开发,也是未来该领域软件研发的发展方向[74]。

五、相关商业软件研发现状与发展趋势

目前,在地震采集领域应用较为广泛的专业软件主要有 5 套:SeisWay、Mesa、OMNI、KLSeis 和 Tesseral,它们从地震数据采集全方位角度解决有关技术难题,在生产中得到普遍认可[75]。

GMG 公司的 Mesa 软件提供包括陆地、复杂山地、海洋和海陆过渡带环境的地震采集设计技术,称"地震观测系统设计的工业标准",实现从基础设计到基于模型的射线追踪提供综合属性分析,还提供观测系统设计与近地表分析,包括三维三分量和 VSP 观测系统、地质模拟、射线追踪和照明度分析等,该软件具有强大的观测系统分析和编辑功能,能够有效地分析 CMP、CCP 和 CRP 面元属性,如偏移距、方位角和覆盖次数等,可根据地面障碍物的实际情况,对设计观测系统进行灵活的编辑和变观优化调整。Mesa 软件的三维模型采用层状建模技术,对断层、超覆构造、特殊地质体等描述较为复杂;软件采用射线追踪正演模拟技术,与波动方程正演模拟相比,计算效率非常快,但是只考虑地震波的动力学特征,模拟精度不如波动方程高;正演和照明结果通过定性和定量的表示方式,为观测系统优化、评价提供辅助分析依据[76]。

OMNI 软件由加拿大 GEDCO 公司于 1985 年开始研发,目前号称"国际上最先进的地震采集设计软件",现版本为 10.0,它模块众多,可实现陆上、海上、OBC 和 VSP 设计,成为了真正意义上的"基于地质目标的地震采集技术设计软件",其主要模块有观测系统编辑与设计、面元属性分析与统计、观测系统对比分析、目的层参数论证、模型正演以及面向成像的多属性分析功能等。国外地震数据采集软件总体趋势是软件功能越来越完善,提供工程设计、数值模拟优化等系列技术功能。OMNI10.0 软件的基于模型的射线追踪和照明度分析功能是该软件的亮点技术,实现了基于二维模型射线追踪和波动方程正演模拟,基于三维模型的射线追踪正演模拟,尤其基于三维模型正演与照明结果的分析功能相当丰富,包括面元大小分析、最大频率分析、最大炮检距分析、分辨率分析、偏移孔径分析、吸收衰减分析、爆炸面密度分析等,提供定量和定性的数值分析结果,以空间三维图形为手段展示,为观测系统优化、评价提供技术手段[77]。

KLSeis 是中油油气勘探软件国际工程研究中心有限公司推出的地震采集软件系统,

目前应用最广泛的是 KLseis 6.0 版本。它包括观测系统设计、静校正数据处理、地震资料品质分析和地震模型正演分析等四大模块,形成了陆上地震采集设计、海上地震采集设计、VSP 采集设计、地震模型正演和静校正系列配套技术,用于陆上、过渡带和深海地震勘探采集,还可用于 VSP 采集等开发地震项目,能够满足复杂地表和复杂地质条件下的地震采集技术需要。其特色技术基于立体真地表的变观技术、三维面元体分析技术、面向处理的观测系统评价、拖缆采集设计、VSP 观测系统设计等。KLseis 6.0 软件的三维建模是基于块体建模思想,可以做基于三维模型的射线追踪正演模拟,计算 CRP 覆盖次数,优化观测系统设计方案,也可以做高斯射线束正演模拟,合成单炮记录,用于后续的地震资料处理分析。波动方程正演以二维模型为主,能够进行声波和弹性波正演模拟[78]。

SeisWay 软件是由胜利分公司主持研发的地震采集工程软件,面向常规和复杂地表与近地表、复杂地下地质目标条件下的油气地震勘探采集领域,它集室内技术设计与方案优化、野外近地表结构调查、野外测量数据处理及现场质量监控等工程技术服务于一体,能够满足陆地和海陆过渡带地区的二维、三维以及高精度地震勘探采集技术设计与生产的全过程技术服务。软件包括 1 个采集软件新平台 SeisWayBase 和 9 个功能模块,即采集参数论证、观测系统设计、二维建模与正演、三维地质/地震建模、高斯射线束正演照明、近地表资料分析、资料品质分析、SPS 数据处理、测量数据处理[79]。

SeisWay 软件主要具有以下 5 个方面的技术优势。① 地震采集工程一体化技术支持:能够实现从施工前技术设计、施工设计到施工中地震资料分析、数据整理再到施工后观测系统后评估、标准格式资料归档上交等采集全过程软件技术支持。② 超大规模观测系统布设与变观技术:提供多种向导式与模拟放炮方式,可布设各种规则和不规则观测系统,177 万炮,单炮 2 万道接收观测系统布设 5 min,覆盖次数计算仅需 90 s。另外实现基于 Google 电子地图的观测系统最临近网格变观技术,提高室内变观设计和野外二次变观精度。③ 高精度自动/半自动块体追踪三维建模技术:能够实现任意复杂三维地质块体模型构建(小砂体、逆断层、逆掩推覆构造等),三维块体建模灵活、对精细构造刻画精确、三维图形交互操作友好、显示效果美观,具有明显技术优势。④ 面向地质目标的采集观测系统优化设计与评价技术:以菲涅尔高斯束正演照明理论为核心,以三维图形可视化为辅助分析手段,实现了面向地质目标准确成像的观测系统优化设计。⑤ 地震资料品质定量化分析技术:辅助野外进行激发井深、药量以及多井组合等试验资料分析,对可控震源进行振动台次、震源组合等因素分析,确定最佳的激发因素,提高地震采集资料质量,该软件模块应用最为广泛,在中石化野外地震队推广覆盖率 100%。

以上是通用地震数据采集工程软件,而在专用软件方面,国外发展较早,形成了许多具有特色的技术。地震全波场正演模拟过去在地球物理研究中未被广泛应用，主要在于没有足够的计算能力，Tesseral 软件是第一个基于 PC 的商业化全波场模拟软件包，可容易地建立复杂的地质模型，且模拟不同地震观测系统，在勘探设计中，通过波场快照分析，确定最佳的观测系统参数[80]。软件提供 5 种波动方程有限差分数值算法：垂直波场传播、标量介质模型、声学介质模型、弹性介质模型和弹性各向异性介质模型。国内在地震单炮记录分析与质量监控、地震资料后评估等技术以及软件开发方面取得了丰硕的成果，包括 Reland 等软件的很多产品已在工程生产中得到广泛应用。

国内地震勘探数据采集软件逐步向国外同类先进软件靠拢，同时也形成自己的特色，主要有精细化观测系统设计与技术分析、优化设计与评价，基于多学科技术融合的观测系统优化设计功能，并由陆地向海洋和井筒地震观测技术发展，向全波波动方程数值模拟技术发展[81]，向海量数据的监控方式与自动化评价技术发展等，不像国外软件局限于观测系统和质量控制，而是更多地向工程生产应用方面发展。

第三节　地震采集优化设计思路

高精度三维地震采集优化设计是一项系统工程，是将点线面全方位采集参数论证、基于高清卫片的观测系统布设与变观、面向复杂地质目标的高精度三维块体建模、基于高斯正演照明分析和双聚焦分析的观测系统优化、观测系统综合属性定量化分析评价以及基于一致近地表模型的逐点激发井深设计与质量控制等系列技术的综合运用。

地震采集优化设计离不开精确地球物理模型，包括地表、近地表和地下地质构造等。尤其在复杂地表和地质目标区，更需要精确的地球物理模型，因此需要搜集以往的老资料，包括各种地形、地质和地球物理等方面的信息，如 DEM 数据、地表障碍物、近地表岩性信息、近地表速度及结构、地下复杂的构造层位数据和地震解释剖面等，而且精度要高，以确保模型的精确。更理想的情况还会以测井资料或者 VSP 资料为约束建立地下地质模型，以微测井和地表信息为约束建立精细表层模型，同时，表层模型还会在新工区的微测井、小折射、岩性取芯等新试验数据的约束下，不断修正，建立精确的一致近地表模型。

首先，基于精确的地球物理模型，采用以公式计算为主、模拟分析和前期工区采集经验为辅对纵横向分辨率、面元、道距、炮点距、接收线距、最大偏移距、最小偏移距、最大非纵距、偏移孔径及接收等参数进行论证，确定最佳参数范围。

其次,以参数论证结果为依据,以真地表的复杂构造模型为基础,从叠前偏移成像角度出发,采用高斯束正演模拟以及波动方程双聚焦分析方法,论证和优选最佳观测系统。再根据高斯束波场照明和观测系统 CRP 面元分析查找阴影部分或采集覆盖漏洞区,通过局部调整观测系统、加密炮点或接收道,对观测系统和炮检点布设情况进行优化,以获得"能解决地质问题"的最佳观测系统。

再次,基于真地表模型做观测系统自动变观,利用实时属性分析技术对观测系统进行施工炮点优化。

最后,在野外做近地表调查,建立一致近地表模型,逐点设计激发井深,并在有代表性的物理试验点位,做井深药量试验,优选最佳激发井深和药量。

其技术思路如图 0-1。

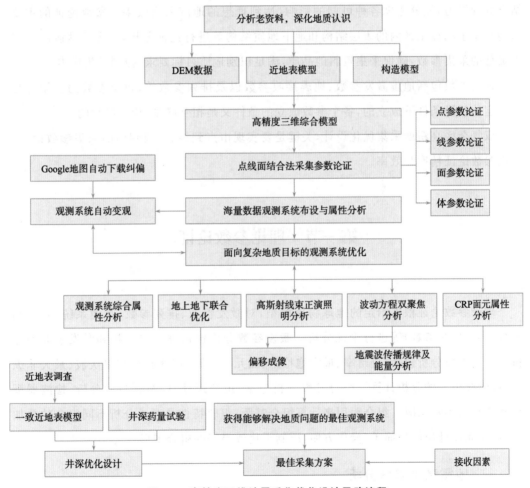

图 0-1 高精度三维地震采集优化设计思路流程

第一章　点线面结合法采集参数论证

地震勘探采集参数设计主要以解决勘探目标为主,兼顾现有的采集设备和技术,并结合处理能力,充分考虑各种可能的影响,达到理想的地震采集效果。参数论证的主要功能是基于勘探工区内的表层结构和地下地质结构等进行论证分析,为野外地震勘探提供最佳的采集参数,确保采集资料的品质,满足识别地质目标要求,控制采集成本。

地震参数包括地震激发参数、地震接收参数以及排列参数等,每个参数的应用都是在一定的假设条件下成立的,各个参数成立的条件又是相互联系、相互制约的。

双复杂区高精度采集优化设计,关键是要实现由点到线、由线到面的采集参数论证,提高参数论证精度和效率。

第一节　理论参数论证

理论参数论证根据给定的地球物理模型,对激发参数、排列参数(观测系统参数)和组合参数(接收参数)等进行论证分析。激发参数分析包括虚反射分析和激发子波的分析。排列参数分析包括:分辨率、最大炮检距、面元与道距、偏移孔径和多次波、最大非纵距、接收线距等的分析计算。组合参数分析包括:组合距计算、组合特性分析、检波器耦合和传感器接收响应。组合距用来计算组合基距;组合特性是通过分析不同组合的叠加响应,从而设计出图形简单、操作方便、压制干扰效果好的组合图形。

一、地震激发参数分析

1. 虚反射分析

虚反射是指激发点的地震波上传到界面或地表面后,经过界面反射向下传播,与从激发点下传的地震波形成相互叠加,从而导致激发能量、频率等发生变化。这种经先上传再下传的地震波习惯上称为虚反射波。能产生虚反射波的界面称为虚反射界面,虚反射界面的深度由微测井结合岩性取心结果确定。

虚反射分析针对不同深度的激发,计算经过虚反射叠加后的信号响应,从而获得最佳激发井深、最佳的保护频率、最佳的激发能量方向。

叠加信号响应公式是

$$|G| = \sqrt{\frac{1+R^2+2R\cos\left(\dfrac{4(\pi f d\cos\theta)}{v}\right)}{2(1+|R|)}} \tag{1-1}$$

式中,R 为虚反射界面的反射系数,f 为激发波的频率,θ 为激发波传播的方向与垂直向下的夹角,v 为介质层速度,d 为激发井深。R 的计算公式如下:

$$R = \frac{\rho_2 v_2 - \rho_1 v_1}{\rho_2 v_2 + \rho_1 v_1} \tag{1-2}$$

式中,ρ,v 为虚反射界面上下层的密度和速度。当虚反射界面为地表时,$R\approx1$。充分考虑衰减效应,修正为

$$\tilde{R} \approx \left(1 - \frac{2(d-H_1)}{v^2\cos\theta}\right)R \tag{1-3}$$

式中,H_1 为虚反射界面上层厚度,当虚反射界面为地表时,$H_1=0$。

2. 激发子波模拟

无论是高分辨率地震勘探还是基于目标地质体的地震勘探,获得有利的地震子波是一个非常重要的环节。因此,在地震采集任务设计阶段要进行地震子波的分析来获得最优的炸药药量系数和药量。

在距爆炸点一定距离处,均匀弹性介质中质点位移函数可写成:

$$u(t) = \frac{a^2 p_0}{2\sqrt{2}\mu r}\exp\left(-\frac{kt}{\sqrt{2}}\right)\sin kt \quad (t>=0) \tag{1-4}$$

式中,a 为爆炸形成的球形孔穴半径(m),p_0 为作用于孔穴内壁上的压强(N/m^2),μ 为弹性常数,r 为传播距离(一般为孔穴半径的几倍,单位 m),t 为传播时间(s),k 为圆频率(Hz)。

将式(1-4)求导,可得质点振动的速度表达式:

$$s(t) = \frac{a^2 p_0 k}{2\sqrt{2}\mu r}\exp\left(-\frac{kt}{\sqrt{2}}\right)\left(\cos kt - \frac{1}{\sqrt{2}}\sin kt\right) \quad (t\geqslant0) \tag{1-5}$$

当 r 较小时,上式可近似看作是震源子波。进一步对式(1-5)做傅氏变换,可得相应振幅谱表达式:

$$|S(\omega)| = \frac{a^2 p_0 k}{2\sqrt{2}\mu r} \cdot \frac{\omega}{\sqrt{\left(\frac{3k^2}{2}-\omega^2\right)^2 + 2k^2\omega^2}} \tag{1-6}$$

式中，ω 为地震波的频率（Hz）。

考虑激发空腔对地震信号的影响，可通过讨论激发子波与孔穴半径有关的部分，达到定性或定量的认识。

激发子波的位移函数如下式：

$$u(t) = \frac{1}{k^2} e^{-kt/\sqrt{2}} \sin kt \tag{1-7}$$

且有

$$k = \frac{2\sqrt{2}}{3} \frac{v}{a} \tag{1-8}$$

式中，v 为激发岩性中地震波传播的速度（m/s），a 为孔穴半径（m）。

对式（1-7）做傅立叶变换，得

$$U(\omega) = \frac{1}{k} \cdot \frac{1}{(k\sqrt{2}+i\omega)^2 + k^2} \tag{1-9}$$

对 $U(\omega)$ 取振幅谱便得激发子波的位移谱：

$$|U(\omega)| = \frac{1}{k\sqrt{\frac{9}{4}k^4 - k^2\omega^2 + \omega^4}} \tag{1-10}$$

式中，ω 为角频率。

根据爆炸理论，在通常情况下，药包爆炸破坏范围可用下列经验公式确定：

$$R = K_{\text{I}-\text{VI}}(Q)^{1/3} \tag{1-11}$$

式中，R 为破坏分区边界距药包的距离（m），Q 为药量（kg）。

当 $K_{\text{I}} < 0.22$ 时，为排空区；

当 $K_{\text{II}} = 0.22 \sim 0.54$ 时，为破碎区；

当 $K_{\text{III}} = 0.54 \sim 0.98$ 时，为破裂区；

当 $K_{\text{IV}} = 0.98 \sim 1.42$ 时，为强裂隙区；

当 $K_{\text{V}} = 1.42 \sim 2.14$ 时，为弱裂隙区；

当 $K_{\text{VI}} = 2.14 \sim 2.70$ 时，为塑性形变区。

在实际工作中，为计算爆炸半径，上式中的 K 往往取值为 1.5，尤其在水平组合激发中井距的确定常常这样来计算。孔穴半径对激发信号的影响可通过讨论激发子波与孔穴半径有关的部分，达到定性或定量的认识。

在地震勘探记录中，记录的是质点振动速度，它是位移对时间的导数，通过求导，可得到激发子波的速度函数：

$$s(t) = \frac{1}{k}e^{-kt/\sqrt{2}}\left(\cos kt - \frac{1}{\sqrt{2}}\sin kt\right) \tag{1-12}$$

此函数说明，振幅与频率成反比，即振幅与孔穴半径成正比，频率与孔穴半径成反比。

对 $s(t)$ 做傅立叶变换，得到频率域表达式：

$$S(\omega) = \frac{1}{k} \cdot \frac{i\omega}{\left(\frac{k}{\sqrt{2}} + i\omega\right)^2 + k^2} \tag{1-13}$$

对上式取振幅谱，便得到激发子波的速度谱：

$$|S(\omega)| = \frac{\omega}{k\sqrt{\frac{9}{4}k^4 - k^2\omega^2 + \omega^4}} \tag{1-14}$$

式中，ω 为角频率。

进一步可得速度谱的极大点为

$$\omega_{\mathrm{M}} = \sqrt{\frac{3}{2}}k = \frac{2v}{\sqrt{3}a} \tag{1-15}$$

由此可见，速度谱极大点的频率与孔穴半径 a 成反比。

将 ω_{M} 代入 $|S(\omega)|$ 得到速度谱极大值点的幅度，即速度谱极大点的幅度与孔穴半径平方成正比。

当 $\omega \gg k$ 时，速度谱公式可写成近似式：

$$|S(\omega_{\mathrm{H}})| \cong \frac{1}{k\omega} = \frac{3a}{2\sqrt{2}v\omega} \tag{1-16}$$

即高频部分速度谱与孔穴半径成正比。

在地震勘探记录中，通过对质点的振动速度求导，可得到激发子波的加速度函数，即

$$f(t) = -e^{-kt/\sqrt{2}}\left(\frac{1}{2}\sin kt + \sqrt{2}\cos kt\right) \tag{1-17}$$

对其做傅立叶变换，得到频率域表达式：

$$F(\omega) = \frac{\frac{3}{2}k + \sqrt{2}i\omega}{\left(k/\sqrt{2} + i\omega\right)^2 + k^2} \tag{1-18}$$

对上式取振幅谱，便得到激发子波的加速度谱：

$$|F(\omega)| = \frac{\sqrt{\frac{9}{4}k^2 + 2\omega^2}}{\sqrt{\frac{9}{4}k^4 - k^2\omega^2 + \omega^4}} \tag{1-19}$$

式中, ω 为角频率。

二、地震排列参数分析

地震勘探观测系统设计是地震勘探能否成功的关键,设计的结果直接影响着地震勘探中采集、数据处理和解释成果。其核心是在地质目标、作业成本和作业效率等方面进行优化选择,在考虑它们之间的相互制约和影响的前提下,借助于淹没在噪声里的地震信号实现复杂地下地质体的成像和对环境的影响及成本最小化。虽然随着勘探地质目标的日益复杂,观测系统设计也越来越复杂和困难,但无论如何在观测系统设计前必须对工区进行详细踏勘,尽可能收集工区内以往地震和地质资料,结合地震勘探的地质任务和地球物理要求进行充分的分析和研究,确定观测系统基本参数。

1. 纵、横向分辨率

纵向分辨率是分辨地层的最小厚度,即最小波长的 1/4,它决定了地震数据采集中所应保护的最高信号频率成分和最短信号波长。根据各目的层的最大频率和地震波的层速度,纵向分辨率为

$$v_r = \frac{V_{\text{int}}}{4 f_{\max}} \tag{1-20}$$

式中, v_r 为纵向分辨率, V_{int} 为目的层的层速度, $f_{\max}$ 为目的层的最大频率。

提高纵向分辨率的方法主要是提高反射波的频率。

横向分辨率:两个绕射点的距离若小于最高频率的一个空间波长,它们就不能分开,即最高频率的一个空间波长定义为横向分辨率。用反射波第一菲涅尔带的半径可表示横向分辨率,根据物理地震学的观点,地面上某一点接收到可分辨的反射波,是由反射界面上某一范围内的绕射子波叠加结果,横向分辨率就是该范围的大小,再小就无法分辨。

根据各目的层的最大频率和地震波的层速度,横向分辨率定义为

$$h_r = \frac{V_{\text{int}}}{f_{\max}} \tag{1-21}$$

式中, h_r 为横向分辨率, V_{int} 为目的层的层速度, $f_{\max}$ 为目的层的最大频率。

要提高横向分辨率,必须设法减小波长,即提高频率。因此,提高反射波的频率,既可以改善纵向分辨率,又可以改善横向分辨率。把满足纵向分辨率和横向分辨率的两个频率中较高的频率,作为满足总分辨率的最高频率。计算空间采样间隔时,则应满足总分辨率的频率。

2. 数字动校正拉伸

动校正量的变化会使动校正后的波形拉伸,频率变低,分辨率下降。为了弥补动校

正后高频分量的降低,在采样前需要留足高频分量,确保动校正后,即使频率变低也能满足分辨率的要求。

地震资料处理时,数字动校正逐点搬家,使波形发生畸变,尤其在大偏移距处。因此,设计排列长度时要考虑浅层、中层有效波动校拉伸情况,应使有效波畸变限制在一定的范围内。动校拉伸系数与排列长度的关系为

$$\kappa = \frac{\mathrm{d}(\Delta t)}{\mathrm{d}t_0} = \frac{x^2}{2t_0^2 v^2} \tag{1-22}$$

式中,κ 为动校正拉伸系数,Δt 为动校正时差,t_0 为双程旅行时,x 为炮检距,v 为叠加速度。

3. 速度分析精度

地震资料处理时,速度分析是根据反射同向轴的双曲线决定的。速度拾取的精度,一方面取决于地震资料品质的好坏,另一方面要求反射同向轴的双曲线有一定的长度,否则很难拟合出准确的速度。因此,具有一定的远偏移距是保证速度拾取精度的基本条件。速度分析精度即是分析速度精度与排列长度的关系:

$$k = \frac{\delta_v}{v}$$
$$x = \sqrt{\frac{t_0 v^2}{f} \cdot \frac{1}{1/(1-k)^2 - 1}} \tag{1-23}$$

式中,k 为速度精度,δ_v 为速度误差,v 为精确速度,t_0 为双程旅行时,f 为有效波主频,x 为炮检距。

4. 反射系数分析

反射系数随排列长度的变化而变化。当设计采集排列时,需要考虑最佳接收的范围。采集的目的不同,接收的范围是不一样的。比如,在常规纵波勘探时,应确保接收反射能量稳定,因此,根据当反射界面入射角小于临界角时反射系数稳定确定排列长度,由反射系数的变化可确定排列长度的大小。

地震波入射到波阻抗界面时,地震波将随入射角度变化而发生不同程度的透射损失和反射损失,其变化可由佐普里兹(Zoeppritz)方程求解得到。规定纵波角度计为 α,横波角度计为 β,其下标表示所在的介质。以弹性纵波在介质分界面的反射和透射系数为例,导出 Zeoppritz 方程如下:

$$\begin{cases} \sin\alpha + R_{pp}\sin\alpha - R_{ps}\cos\beta_1 - T_{pp}\sin\alpha_2 - T_{ps}\cos\beta_2 = 0 \\ \cos\alpha + R_{pp}\cos\alpha - R_{ps}\sin\beta_1 - T_{pp}\cos\alpha_2 - T_{ps}\sin\beta_2 = 0 \\ \dfrac{v_{p1}^2 - 2v_{s1}^2\sin^2\alpha}{v_{p1}} + R_{pp}\dfrac{v_{p1}^2 - 2v_{s1}^2\sin^2\alpha}{v_{p1}} + R_{ps}v_{s1}\sin2\beta_1 - T_{pp}\dfrac{\rho_2}{\rho_1}\dfrac{v_{p2}^2 - 2v_{s2}^2\sin^2\alpha_2}{v_{p2}} + T_{ps}v_{s2}\sin2\beta_2 = 0 \\ \dfrac{v_{s1}^2\sin2\alpha}{v_{p1}} - R_{pp}\dfrac{v_{s1}^2\sin2\alpha}{v_{p1}} + R_{ps}v_{s1}\cos2\beta_1 - T_{pp}\dfrac{\rho_2}{\rho_1}\dfrac{v_{s2}^2\sin2\alpha_2}{v_{p2}} + T_{ps}\dfrac{\rho_2}{\rho_1}v_{s2}\cos2\beta_2 = 0 \end{cases}$$

$$(1\text{-}24)$$

又有下式：

$$\frac{\sin\alpha}{v_{p1}} = \frac{\sin\beta_1}{v_{s1}} = \frac{\sin\alpha_2}{v_{p2}} = \frac{\sin\beta_2}{v_{s2}} \tag{1-25}$$

求解上述方程组，得到纵波反射系数、横波反射系数、纵波透射系数、横波透射系数，并将它们表示为入射角 α、速度、密度的形式，给定相应的速度和密度，即可得到反射系数与入射角的关系，或与炮检距的关系。

横波入射，分为垂直偏振和水平偏振两种情况，导出类似公式：

对 SV 波，有

$$\begin{cases} \sin\beta + R_{ss}\sin\beta + R_{sp}\cos\alpha_1 - T_{sp}\sin\alpha_2 + T_{ss}\cos\beta_2 = 0 \\ \cos\beta - R_{ss}\cos\beta + R_{sp}\sin\alpha_1 + T_{sp}\cos\alpha_2 - T_{ss}\sin\beta_2 = 0 \\ \cos2\beta - R_{ss}\cos2\beta - R_{sp}\dfrac{v_{s1}}{v_{p1}}\sin2\alpha_1 + T_{sp}\dfrac{\rho_2}{\rho_1}\dfrac{v_{s2}^2}{v_{s1}}\dfrac{v_{s2}}{v_{p2}}\sin2\alpha_2 - T_{ss}\dfrac{\rho_2}{\rho_1}\dfrac{v_{s2}}{v_{s1}}\cos2\beta_2 = 0 \\ -\sin2\beta + R_{ss}\cos2\beta + R_{sp}\dfrac{v_{p1}}{v_{s1}}\cos2\alpha_1 + T_{sp}\dfrac{\rho_2}{\rho_1}\dfrac{v_{p2}}{v_{s1}}\cos2\alpha_2 + T_{ss}\dfrac{\rho_2}{\rho_1}\dfrac{v_{s2}}{v_{s1}}\sin2\beta_2 = 0 \end{cases} \tag{1-26}$$

又有

$$\frac{\sin\beta}{v_{s1}} = \frac{\sin\alpha_1}{v_{p1}} = \frac{\sin\alpha_2}{v_{p2}} = \frac{\sin\beta_2}{v_{s2}} \tag{1-27}$$

对 SH 波，则有

$$\begin{cases} 1 + R_{ss} - T_{ss} = 0 \\ 1 - R_{ss} - T_{ss}\dfrac{\rho_2}{\rho_1}\dfrac{v_{s2}}{v_{s1}}\dfrac{\cos\beta_2}{\cos\beta_1} = 0 \end{cases} \tag{1-28}$$

又因为

$$\frac{\sin\beta}{v_{s1}} = \frac{\sin\beta_2}{v_{s2}} \tag{1-29}$$

求解 Zeoppritz 方程得到反射系数和透射系数与入射角或炮检距的关系。由于上述方程很难得到解析解，实际应用中，一般使用近似公式。

Aki(1980)给出近似公式，本书只讨论两种情况：从上部入射的入射纵波和入射横波的反射以及透射系数公式。

如图 1-1 所示 P 表示纵波,SV 表示横波;i 表示 P 波与垂直方向的夹角,j 表示 SV 与垂直方向的夹角,其脚标表示所在的介质;ρ、α、β 分别表示介质的密度、纵波速度、横波速度,其脚标表示所在的介质。

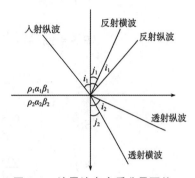

$$p = \frac{\sin i}{\alpha} = \frac{\sin j}{\beta} \qquad (1\text{-}30)$$

图 1-1　地震波在介质分界面处传播示意图

式 1-30 为射线参数。当 i 达到临界角,即在第二介质的透射达到 90 度时,随着 i 的增大,导致临界点外的波,这时 $\sin j > 1$,$\cos j$ 是个虚数,最后结果取模。

若要从纵波速度计算横波速度和介质密度,采用如下近似公式:

$$\frac{\alpha}{\beta} = \sqrt{\frac{2(1-v)}{1-2v}} \approx 1.73 \, (v = 0.25, \text{泊松比})$$

$$\rho = 0.31 \times \alpha^{\frac{1}{4}} \, (\text{密度与速度近似关系}) \qquad (1\text{-}31)$$

Aki 公式中反复用到下面变量:

$$a = \rho_2(1 - 2\beta_2^2 p^2) - \rho_1(1 - 2\beta_1^2 p^2)$$

$$b = \rho_2(1 - 2\beta_2^2 p^2) + 2\rho_1\beta_1^2 p^2$$

$$c = \rho_1(1 - 2\beta_1^2 p^2) + 2\rho_2\beta_2^2 p^2 \qquad (1\text{-}32)$$

$$d = 2(\rho_2\beta_2^2 - \rho_1\beta_1^2)$$

公式中还反复用到与余弦有关的项:

$$E = b\frac{\cos i_1}{\alpha_1} + c\frac{\cos i_2}{\alpha_2}$$

$$F = b\frac{\cos j_1}{\beta_1} + c\frac{\cos j_2}{\beta_2}$$

$$G = a - d\frac{\cos i_1}{\alpha_1}\frac{\cos j_2}{\beta_2} \qquad (1\text{-}33)$$

$$H = a - d\frac{\cos i_2}{\alpha_2}\frac{\cos j_1}{\beta_1}$$

$$D = EF + GHp^2$$

式中,可以根据入射角计算角度。

得出主要公式如下:

$$'PP' = \left[\left(b\frac{\cos i_1}{\alpha_1} - c\frac{\cos i_2}{\alpha_2} \right) F - \left(a + d\frac{\cos i_1}{\alpha_1}\frac{\cos j_2}{\beta_2} \right) Hp^2 \right] / D$$

$$'PS' = -2\frac{\cos i_1}{\alpha_1} \left(ab + cd\frac{\cos i_2}{\alpha_2}\frac{\cos j_2}{\beta_2} \right) p\alpha_1 / (\beta_1 D)$$

$$'P'P = 2\rho_1 \frac{\cos i_1}{\alpha_1} F\alpha_1 / (\alpha_2 D)$$

$$'P'S = 2\rho_1 \frac{\cos i_1}{\alpha_1} Hp\alpha_1 / (\beta_2 D)$$

$$'SP' = -2 \frac{\cos j_1}{\beta_1} (ab + cd \frac{\cos i_2}{\alpha_2} \frac{\cos j_1}{\beta_2}) p\beta_1 / (\alpha_1 D)$$

$$'SS' = -\left[(b \frac{\cos j_1}{\beta_1} - c \frac{\cos j_2}{\beta_2} E - (a + d \frac{\cos i_2}{\alpha_2} \frac{\cos j_1}{\beta_1}) Gp^2 \right] / D \qquad (1\text{-}34)$$

$$'S'P = -2\rho_1 \frac{\cos j_1}{\beta_1} Gp\beta_1 / (\alpha_2 D)$$

$$'S'S = 2\rho_1 \frac{\cos j_1}{\beta_1} E\beta_1 / (\beta_2 D)$$

5. 干扰波分析

当反射界面较浅时,直达波、初至折射波与反射同向轴相交,从而产生初至波干扰。在地震数字处理时,为了保证叠加剖面有足够的信躁比,必须切除直达波初至、折射波等干扰波,从而限制了最大炮检距。

折射波的干扰距离由以下反射波方程与折射波方程得

$$t^2 = t_0^2 + \frac{x^2}{v_n^2}$$
$$t = \frac{x}{v_r} + \frac{2h\cos\theta}{v_0} \qquad (1\text{-}35)$$

式中,t 为双程旅行时,t_0 为零炮检距双程时,x 为炮检距,v_n 为叠加速度,v_r 为折射层速度,v_0 为入射层速度,θ 为折射临界角,h 为折射界面深度。

直达波的干扰距离由以下反射波方程与直达波方程得

$$t^2 = t_0^2 + \frac{x^2}{v_n^2}$$
$$t = \frac{x}{v_d} \qquad (1\text{-}36)$$

式中,t 为双程旅行时,t_0 为零炮检距双程时,x 为炮检距,v_n 为叠加速度,v_d 为直达波速度。

6. 视波长

根据空间采样条件,道距必须满足

$$\Delta x = \frac{\lambda_{\min}^*}{2} \qquad (1\text{-}37)$$

由反射波旅行时曲线,可得到视波长与炮检距的关系:

$$\lambda^* = \frac{v}{f} \cdot \frac{\sqrt{t_0^2 v^2 + x^2 \pm 2t_0^2 v^2 \sin\theta}}{(x \pm t_0 v\sin\theta)} \qquad (1\text{-}38)$$

式中，λ 为视波长，v 为叠加速度，f 为有效波频率，t_0 为双程旅行时，x 为炮检距，θ 为层倾角。

推广过程如下，如图 1-2 所示。

由倾斜界面反射波旅行时曲线可得下式：

$$(vt)^2 = x^2 + (2h)^2 \pm 2hx\sin\theta \qquad (1-39)$$

式中，$h = vt0/2$。

假设反射波入射角是 α，可以得到视波长与波长的关系：

$$\lambda^* = \lambda/\sin\alpha \qquad (1-40)$$

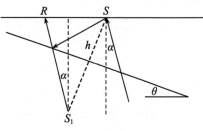

图 1-2　视波长推导示意图

式中，$1/\sin\alpha = \dfrac{\sqrt{t_0^2 v^2 + x^2 \pm 2t_0 Vx\sin\theta}}{(x \pm t_0 V\sin\theta)}$

将上式代入 $\lambda^* = \lambda/\sin\alpha$ 得

$$\lambda^* = \frac{v}{f}\frac{\sqrt{t_0^2 v^2 + x^2 \pm 2t_0 Vx\sin\theta}}{(x \pm t_0 V\sin\theta)} \qquad (1-41)$$

7. 面元大小

面元大小要有利于提高资料的纵、横向分辨率，落实构造及断裂细节和构造特征，因此必须保证各面元叠加的反射信息具有真实代表性。面元大小主要取决于 4 个因素：目标大小、由倾角推算的最高无混叠频率、横向分辨率和干扰波无空间假频。其设计必须满足以下几个方面的要求。

（1）目标大小：一个小目标通常有 2～3 道就足够了，这是因为在三维采集中意味着在目的层的时间切片上有 4～9 道。

经验公式：

$$面元边长 = 目标大小/3 \qquad (1-42)$$

（2）满足最高无混叠频率，防止偏移假频。根据最高无混叠频率法则，每一个倾斜同相轴都有一个偏移前可能的最高无混叠频率 F_{max}，满足最高无混叠频率的条件是零炮检距射线间的时差小于半个周期（据 Yilmaz，1987）。最高无混叠频率依赖于此同相轴的上一层地层速度 V_{int}、倾角 θ 和面元边长。

$$b = \frac{V_{int}}{4F_{max}\sin\theta} \qquad (1-43)$$

式中，F_{max} 为最大有效波频率，V_{int} 为上一层的地层速度，b 为面元边长，θ 为地层倾角。

道间距为

$$\Delta x \leqslant \frac{\lambda_{min}^*}{2} = \frac{v_{int}}{2f_{max}\sin\theta} = 2b \qquad (1-44)$$

倾角 θ 的计算方法:在基于 2D 模型参数论证时,由于模型建立一般采用离散点首尾相连方式,因此,只要判断出分析点落入哪两个拐点之间就可以得到倾角值。

本书规定:右倾为正方向。如果建立模型时采用界面光滑函数,则可以通过对界面函数求导数得到倾角值。

(3)考虑横向分辨率时,面元尺寸小于最小有效波的视波长的一半:

$$b = \frac{v_{int}}{2f_{dom}} \tag{1-45}$$

式中,b 为面元尺寸,v_{int} 为上一层的地层速度,f_{dom} 为有效波的最大频率。

(4)满足主要干扰波无空间假频要求

依据下式估算满足主要干扰波无空间假频要求的面元 b:

$$b < \frac{v_{noise}}{4f_{ndom}} \tag{1-46}$$

式中,v_{noise} 为主要干扰波速度,f_{ndom} 为干扰波主频。

8. 偏移孔径

为了使倾斜层和断层正确归位,必须进行偏移。在布署勘探范围时,必须考虑到偏移孔径,而扩大满覆盖面积。偏移孔径主要考虑如下两个方面的因素:

(1)收集某个角度,一般为 30 度,范围内的绕射能量归位所需的距离;

(2)大于第一菲涅尔带半径。

绕射能量归位的距离为

$$d = z\,\mathrm{tg}\alpha \tag{1-47}$$

式中,d 为绕射能量归位的距离,z 为绕射点的深度,α 为绕射能量归位的角度。

菲涅尔带半径的计算公式为

$$r_f = \sqrt{\frac{z}{2}\frac{v_{int}}{f_{dom}} + \frac{1}{16}(\frac{v_{int}}{f_{dom}})^2} \tag{1-48}$$

式中,r_f 为菲涅尔带半径,z 为目的层深度,v_{int} 为目的层处的层速度,f_{dom} 为有效波主频。

9. 多次波分析

多次波在近炮检距很难消除,其原因在于剩余时差过小。要在地震处理中消除多次波,需要满足如下条件:

(1)最小炮检距(偏移距)处多次波剩余时差超过 1/2 有效低频谐波周期;

(2)最小、最大炮检距处多次波剩余时差之差,超过一个有效低频谐波周期。

两个条件的数学表示如下:

$$\Delta t_{x_{min}} > \frac{1}{2}T_L$$
$$\Delta t_{x_{max}} - \Delta t_{x_{min}} > T_L \tag{1-49}$$

式中，$\Delta t_x = \dfrac{1}{2t_0}\left(\dfrac{1}{v_m^2} - \dfrac{1}{v_p^2}\right)x^2$，$T_L$ 为有效低频谐波周期，Δt 为剩余时差。t_0 为零炮检距双程旅行时，v_m 为多次波的速度，v_p 为叠加速度，x 为炮检距，x_{min}、x_{max} 为最小、最大炮检距。

10. 最大非纵距

控制最大非纵距，以减少非纵观测误差和迭加速度误差，它与地层速度、地层倾角等有关系。

$$Y \leqslant (2t_0\delta_t)^{\frac{1}{2}} v_{int}/\sin\theta \tag{1-50}$$

式中，$\delta t < T/8$，$T = 1/F_{max}$ 为最小周期，v_{int} 为地层速度，θ 为地层倾角。

倾角 θ 的计算方法与第 7 部分的方法相同。在基于 2D 模型参数论证时，由于模型建立一般采用离散点首尾相连方式，因此，只要判断出分析点落入哪两个拐点之间就可以得到倾角值。

本书规定：右倾为正方向。如果建立模型时采用界面光滑函数，则可以通过对界面函数求导数得到倾角值。

时差限制范围值是 $T/8$，该值是根据最大频率计算出来的，不能修改。

11. 最大炮检距

最大炮检距的限定值与多种因素有关，并受多种因素的制约。足够的长排列有利于获得深层的反射信息，并能保证中、深层具有较高的有效覆盖次数，是提高深层复杂区采集质量的一种切实可行的方式。为了尽量减小处理过程中动校正拉伸量，排列长度不能太长。因此，应根据地质条件和有关地球物理参数综合考虑。最大炮检距除了影响采样间隔之外，还会影响速度分析的精度，压制多次波效果和动校正后频率畸变的长度。所以，最大炮检距要综合考虑以下因素。

（1）目标深度：X_{max} 应近似等于主要目的层的深度，这时，反射波的入射角变化不大，反射系数较稳定，避免因入射角大而引起波形畸变和寄生折射。

（2）满足动校拉伸的要求：由于每个 CMP 点的叠加都是由不同炮检距组成的共中心点道集的叠加，动校拉伸造成反射波的频率畸变，严重时影响叠加效果。为了克服这种不利的影响，对最大炮检距提出了较为严格的要求，引起的频率变化可由下式求出：

$$k = \dfrac{X_{max}^2}{2V^2 t_0^2} \times 100\% \tag{1-51}$$

式中，k 为动校拉伸率，V 为反射层上覆地层的叠加速度，X_{max} 为最大炮检距，t_0 目的层双程反射时间。设计时应考虑这种不利影响，使动校正拉伸对信号频率影响较小，把动校正拉伸率控制在 12.5% 范围内。

（3）满足速度分析精度的要求：资料处理时所需的均方根速度和叠加速度均是根据正常时差求取的，而正常时差是随炮检距的增大而增大的，即保证有足够大的最大炮检距才能保证求取高精度的速度资料。设计时应使最大炮检距满足速度分析精度要求。

$$X_{\max} \geqslant \sqrt{\frac{t_0}{f_p\left[1/(v_{rms}-\Delta v)^2 - 1/v_{rms}{}^2\right]}} \tag{1-52}$$

式中，f_p 为反射波主频，t_0 为双程旅行时，v_{rms} 为均方根速度，Δv 为 v_{rms} 的 5%。根据公式计算对浅主要目的层和较深目的层，满足速度分析精度误差小于 5% 时所需最大炮检距 $X_{\max}$。

（4）能够有效压制多次波。在实际工作中，是考虑压制与一次波速度相差多大的多次波，所以，压制多次波的效果也可以归结为对速度误差的要求。

（5）保证信号具有足够大的视波长。

（6）保证要求得到的最深低速层（折射面）的炮检距。

（7）保证要求 NMO 的 δt 大于主波长的炮检距。

（8）保证鉴别多次波所需要的炮检距大于 3 个波长。

（9）保证需要 AVO 分析的炮检距。

（10）全部接收线上的电缆长度必需达到最大炮检距。

12. 覆盖次数与信噪比关系

信噪比与覆盖次数的平方根成正比关系。

覆盖次数的选择应能充分压制干扰、增加深层目的层的反射能量，从而提高资料的信噪比，确保成像效果；同时还应考虑以往不同覆盖次数叠加剖面的效果及目的层不同埋深地段的有效叠加次数，确保深层资料的有效覆盖次数和信噪比。

13. 纵横炮间距

纵炮间距：（测线方向）由单个排列的接收道数除以 2 的覆盖次数，再乘以道距；

横炮间距：由接收线数、线距、横向覆盖次数确定。

14. 接收线距

接收线距和炮线距是相辅相成的，与最小炮检距有密切的关系。

$$R = \sqrt{\frac{v_R^2 t_0}{4f_p} + \left(\frac{v_R}{4f_p}\right)^2} \tag{1-53}$$

式中，R 为接收线距，f_p 为地震反射波主频（Hz），v_R 为均方根速度（m/s），t_0 为双程反射时间（s）。

对于倾斜地层，式 1-53 需要改进：

$$R' = R * \cos\theta \tag{1-54}$$

式中，R' 是倾斜地层的接收线距，θ 为横向地层倾角（°）。

接收线距一般要求不大于垂直入射时的菲涅尔带半径，即

$$R \leqslant \frac{v}{2}\sqrt{\frac{t_0}{f}} \tag{1-55}$$

三、组合参数分析

1. 组合距

组合法中，把组内检波器或震源排列长度称为组合基距；把组内检波器或震源间距称为组内距。组合基距 δx 和组内距 Δx 由最大干扰波和最小信号波长确定。其表达关系如下：

$$\delta x > \lambda_{\max}(\text{noise}) = \frac{v_{\max}}{f_{\min}} \tag{1-56}$$

（1）组合基距应大于最大干扰波的波长。

$$\Delta x > \frac{\delta_x}{n} \tag{1-57}$$

式中，δx 为组合基距，Δx 为组内距，$\lambda_{\max}$ 为最大干扰波视波长，$v_{\max}$ 为最大视速度，$f_{\max}$ 为干扰波最小视频率，n 为组合个数。

（2）信号衰减小于 3DB。

$$\delta x \leqslant 0.44\lambda_{\min}$$
$$\Delta x \leqslant \frac{\delta x}{n} \tag{1-58}$$

式中，δx 为组合基距，Δx 为组合内距，$\lambda_{\min}$ 为最小有效波波长，n 为组合个数。

2. 组合特性

组合特性分析就是分析不同组合的叠加响应，从而设计出图形简单、操作方便、压制干扰效果好的组合图形。组合特性分析包括检波点组合分析、炮点组合分析及检波点和炮点联合组合特性分析。

组合的特征响应表示为

$$F(k) = \frac{1}{N}\sqrt{\sum_{i=1}^{N}\sin(2\pi f\delta t_i)^2 + \sum_{i=1}^{N}\cos(2\pi f\delta t_i)^2} \tag{1-59}$$

式中，$F(k)$ 为特征响应，N 为组合个数，f 为分析波的频率，δt_i 为剩余时差。

（1）检波点组合特征响应：

$$R = \frac{1}{N}\sqrt{\left(\sum_{i=1}^{N}\sin(2\pi f\Delta t_i)\right)^2 + \left(\sum_{i=1}^{N}\cos(2\pi f\Delta t_i)\right)^2} \tag{1-60}$$

式中，R 为检波点组合特征响应值，N 为检波点组合的个数，f 为地震子波的频率，Δt_i 为时间延迟，可为正、为零、为负。

（2）炮点组合特征响应：

$$R = \frac{1}{N} \sqrt{\left(\sum_{i=1}^{N} \sin(2\pi f \Delta t_i)\right)^2 + \left(\sum_{i=1}^{N} \cos(2\pi f \Delta t_i)\right)^2} \tag{1-61}$$

式中，R 为炮点组合特征响应值，N 为炮点组合的个数，f 为地震子波的频率，Δt_i 为时间延迟，可为正、为零、为负。

（3）炮点和检波点联合特征响应：

$$R_s = \frac{1}{M} \sqrt{\left(\sum_{i=1}^{M} \sin(2\pi f \Delta t_i)\right)^2 + \left(\sum_{i=1}^{M} \cos(2\pi f \Delta t_i)\right)^2} \tag{1-62}$$

$$R_r = \frac{1}{N} \sqrt{\left(\sum_{i=1}^{N} \sin(2\pi f \Delta t_i)\right)^2 + \left(\sum_{i=1}^{N} \cos(2\pi f \Delta t_i)\right)^2}$$

$$R = R_s \times R_r$$

式中，R_s 为炮点组合特征响应值，R_r 为检波点组合特征响应值，M 为炮点组合的个数，N 为检波点组合的个数，f 为地震子波的频率，Δt_i 为时间延迟，可为正、为零、为负，R 为炮点和检波点联合特征响应值。

（4）分析结果显示：采用对数显示，即对分析结果取对数，可使分析结果的较小值相对较大值更加清楚地表示。采用对数显示是基于以下两点：① 把计算结果数据取对数是基于对数函数在其定义域内是单调递增函数；② 取对数后不会改变数据的性质和相对关系，而且对于 0～1 之间的数据还可以扩大数据的相对尺度，这样就可以更清楚看出数据之间的相对大小关系。

第二节　二维模型参数论证

为进一步提高对复杂地质构造参数论证的准确性，针对特殊地质目标，选择几条典型的二维剖面，建立二维地球物理模型，进行二维模型参数论证。模型建立包括模型参数设置、层定义、模型显示、模型转换等操作，通过鼠标在模型上指定位置实时显示计算结果。模型参数分析主要实现对排列参数（观测系统参数）论证分析，包括纵横分辨率、面元大小、偏移孔径计算（包括菲涅尔半径和偏移归位距离）、最大炮检距等分析（包括动校正拉伸和速度精度分析的结果），其计算方法与理论参数论证一致，在此不再赘述。

第三节 三维模型参数论证

针对特殊地质目标，利用老资料建立目标层系地质地球物理模型，实现基于三维模型的采集参数论证。其目标层模型包括深度、t_0、速度及倾角四种信息，作为参数论证的模型依据。主要实现面元网格、最大炮检距、最大非纵距、接收线距和偏移孔径等五个参数的论证方法研究。

一、三维采集参数论证流程

三维观测系统参数论证流程可分为 7 个步骤（图 1-3）：① 载入三维地质模型；② 选择目的层位曲面；③ 对目的层进行网格化，并计算高程坐标（将三角网曲面模型转化为规则的矩形网格模型，扫描离散化）；④ 计算倾角、倾向；⑤ 插值层位速度和 Q 值；⑥ 按论证公式计算各种参数；⑦ 可视化。

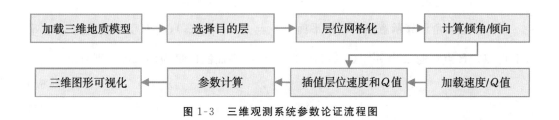

图 1-3 三维观测系统参数论证流程图

二、模型属性参数提取

三维参数论证模型按网格提取的参数有深度、倾角、速度，部分工区因特殊需要，还可能提取双程旅行时。

1. 层位深度数据提取

深度提取采用扫描线离散化方法。首先得到曲面包围盒子，根据细分步长建立一个个更小的包围盒子集合。然后遍历每个面元网格点，得到各个网格点对应的二维模型坐标。根据二维模型坐标建立三维模型坐标（深度初始全部置为 0），接着进入扫描线算法：① 从地表之上向下做垂直射线，寻找垂直射线与目的层三角网的交点；② 如果找到三角形则将三角形距离模型坐标点最近的顶点高程值赋给该三维坐标点。若找不到相交点则赋无效值。

2. 倾角与倾向数据提取

倾角为面状构造的产状要素之一，即在垂直地质界面走向的横剖面上所测定的此界面与水平参考面之间的两面角。也就是倾斜线与其水平投影线之间的夹角。这个倾角又称"真倾角"。图 1-4 中的 α 便为倾角。

层面上与走向线垂直并沿斜面向下所引的直线叫倾向线，倾向线的方向就是倾向。图 1-5 中的 OD 便为倾向。

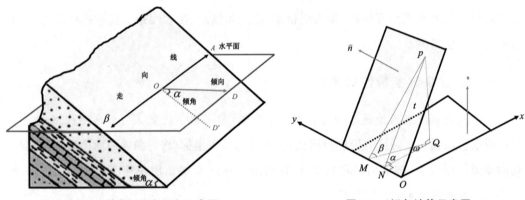

| 图 1-4 某岩层倾角倾向示意图 | 图 1-5 倾角计算示意图 |

图 1-5 为倾角计算示意图。网格平面上一点 $P(x_0,y_0,z_0)$，过 P 引一垂线交 xOy 平面于 Q 点。P 点法向量为 $\vec{n}=(n_x,n_y,n_z)$，取 xOy 平面法向量为 $(0,1,0)$，则有

$$n_x \cdot (x-x_0)+n_y \cdot (y-y_0)+n_z \cdot (y-y_0)=0 \tag{1-63}$$

$$P=Q+t \cdot (0,1,0) \tag{1-64}$$

$$\vec{n} \cdot [Q+t \cdot (0,1,0)-O]=0 \tag{1-65}$$

由以上三式联立可得

$$t=\frac{\vec{n} \cdot (O-Q)}{n_y} \tag{1-66}$$

得到 t 值后即可得出二面角 α。

在倾斜面上斜交走向线所引的任一直线均为视倾斜线（如在任一斜交岩层走向的露头断面上所见），视倾斜线与其在水平参考面上的投影线的夹角，叫视倾角。

图 1-6 中 β 为视倾角，视倾角总

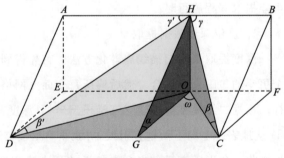

图 1-6 倾角与视倾角示意图

是小于真倾角,真倾角与视倾角之间的关系,可由公式 $\tan\beta=\tan\alpha\cos\omega$ 表示和换算,即

$$\beta=\arctan(\tan\alpha\cos\omega) \tag{1-67}$$

三、三维速度参数计算

1. 三维速度体插值与计算

当输入的速度参数是按照 CMP 点给出的叠加速度对,特点是速度分布在 CMP 下方的一条垂直线上,为了获取层位上连续变化的速度需要对用户给入的离散速度进行插值。接下来介绍数据体插值方法。

设 Ω 是存在于坐标系 $XOYOZ$ 中的数据体,如图 1-7 所示。在三维空间中有一离散点集合 $P=\{(x_i,y_i,z_i,q_i)\}$,(x_i,y_i,z_i,q_i) 是位于数据体 Ω 中的任意一点。为更好的表示离散点集合 P,B 样条插值采用了构造双三次 B 样条曲面的方式逼近它。假设该过程需要构建 $m\times n\times k$ 个双三次 B 样条曲面,即将数据体 Ω 分

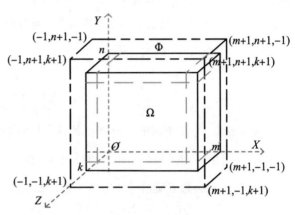

图 1-7　控制点网格体

别沿着 X、Y、Z 坐标轴方向分割成 m 份,n 份和 k 份。而这些双三次 B 样条曲面由覆盖在体数据 Ω 表面的控制点网格体 Φ 来定义,由双三次 B 样条的性质可知 Φ 中控制点的个数为 $(m+3)\times(n+3)\times(k+3)$。

如果令 ϕ_{iju} 为控制点网格体 Φ 中序列为 iju 处的控制点(其中 $i=-1,0,\cdots,m+1$;$j=-1,0,\cdots,n+1$;$u=-1,0,\cdots,k+1$),则由这些控制点定义的双三次 B 样条函数可表示为

$$G(x,y,z)=\sum_{p=0}^{3}\sum_{l=0}^{3}\sum_{h=0}^{3}B_p(s)B_1(t)B_h(l)\phi_{(i+p)(j+l)(u+h)} \tag{1-68}$$

式中,$i=[x]-1,j=[y]-1,u=[z]-1,s=x-[x],t=y-[y],l=z-[z]$;$B_p$,$B_l$ 及 B_h 分别为在各坐标轴方向上的均匀双三次 B 样条基函数。

对离散点集合 P 的逼近函数求解问题可转换成反求控制点网格体 Φ 的问题,为确定 Φ 中所有未知控制点,需要对现有离散点集进行计算。首先以其中任意一个点 (x_i,y_i,z_i,q_i) 为例,由双三次 B 样条函数的公式 1-68 可知,一个函数值与其邻域内的 64 个控制点有关,控制点阵列 $\phi_{plh}(p,l,h=0,1,2,3)$ 决定了点 (x_i,y_i,z_i) 处的函数值 $G(x_i,y_i,z_i)$,所以有

$$q_i=\sum_{p=0}^{3}\sum_{l=0}^{3}\sum_{h=0}^{3}\omega_{plh}\phi_{plh} \tag{1-69}$$

上式，$\omega_{plh} = B_p(s)B_l(t)B_h(l)$，$s = x_i - 1$，$t = y_i - 1$，$l = z_i - 1$。

作为一个欠定方程，满足公式(1-69)的解 ϕ_{plh} 不唯一，因此根据最小二乘原理可用伪矩阵求得一组解，即

$$\phi_{plh} = \frac{\omega_{plh}q_i}{\sum\limits_{a=0}^{3}\sum\limits_{b=0}^{3}\sum\limits_{c=0}^{3}\omega_{abc}^2} \tag{1-70}$$

对于离散集合 P 中的所有点，可用式(1-70)求出其相关的 64 个控制点，但不难看出，相距较近的点必然存在控制点相互覆盖的情况。所以提出了邻近点集的概念，即存在一个控制点 ϕ，我们称位于其邻近 $4 \times 4 \times 4$ 网格范围中的数据点为该控制点 ϕ 的邻近点集。

当用 P_{iju} 表示控制点 ϕ_{iju} 的邻近点集，则对应公式(1-69)P_{iju} 中的每一点(x_i, y_i, z_i, q_i)都可得到一个 ϕ_v 值，公式如下：

$$\varphi_v = \frac{\omega_v q_v}{\sum\limits_{a=0}^{3}\sum\limits_{b=0}^{3}\sum\limits_{c=0}^{3}\omega_{abc}^2} \tag{1-71}$$

邻近点集 P_{iju} 中不同的点所产生的 ϕ_v 是不同的，为了得到 ϕ_{iju} 点的数值，令为 $e(\phi_{iju}) = \sum_v (\omega_v\phi_{iju} - \omega_v\phi_v)^2$ 最小，由此可求出 ϕ_{iju} 的值。$(\omega_v\phi_{iju} - \omega_v\phi_v)$ 表示的是在点(x_i, y_i, z_i)处控制点 ϕ_{iju} 对函数真实值与期望值的差。如下所示，用 $e(\phi_{iju})$ 对 ϕ_{iju} 求导并令其为 0 可得

$$\phi_{iju} = \frac{\sum_v \omega_v^2 \phi_v}{\sum_v \omega_v^2} \tag{1-72}$$

当控制点的邻近点集包含多个数据点时，按最小二乘原理求出 ϕ_{iju} 的近似值；若邻近点集只有一个点，则 $\varphi_{iju} = \varphi_v$，由(1-72)式决定；若邻近点集为空，则 ϕ_{iju} 对 P 中的任何点都不存在影响，此时的 φ_{iju} 可以赋给任意值。

由上述计算不难发现，控制点网格体 Φ 的密度影响着近似函数 $G(x, y, z)$ 的形状。从实现效果看该算法存在着一些不足，当控制点网格过于稀疏时，相应的每个控制点将会受其邻域点集内更多数据点的影响，结果将使得插值曲面形状比较光滑，近似精度较低，相反，当控制点网格密度比较高时，任意一个数据点的影响范围将限制在较小的邻域范围内，此时曲面的近似度高，但在邻近数据点的范围内会出现局部峰值。为了使用来逼近离散点集 P 的 B 样条曲面不失光滑性，同时又有较高的精确度，本节在 B 样条插值的基础上研究了多层次 B 样条插值，并成功进行了曲面高程数据和属性数据体的插值(Forsey D R 和 Bartels R H，1995)。

层次 B 样条插值的基本思想是：假设存在同样的空间数据体 Ω，而 Φ_0，Φ_1，$\cdots$，Φ_n 则是覆盖在体数据表面的多层次控制点网格体。我们假设第一层控制点网格体 Φ_0 的大小已确定，后面各层分别为其上一层网格体分割间距的一半。若 Φ_k 是某已知的控制点网

格体,划分大小为$(m+3)\times(n+3)\times(k+3)$,则由以上假设可知下一层 Φ_{k+1} 将有$(2m+3)\times(2n+3)\times(2k+3)$个控制点。在使用多层次 B 样条进行散乱数据点逼近时,第一步同 B 样条插值一样,首先求得第一层控制点网格体 Φ_0。此时将得到的双三次 B 样条曲面函数计为 G_0,因为是逼近曲面,所以 G_0 与散乱点集 P 中的每一个点(x_i,y_i,z_i,q_i)存在一定的误差,设为 $\Delta q_i^1=q_i-G_0(x_i,y_i,z_i)$。其次进行第二层控制点网格体 Φ_1 的计算,同理又可得到新的双三次 B 样条函数 G_1,用来逼近近似差值 $p_1=\{(x_i,y_i,z_i,\Delta q_i^1)\}$。于是 G_0+G_1 就与散乱点集 P 中的每一个点具有更小的误差值,此时误差值用 Δq_i^2 表示,$\Delta q_i^2=q_i-G_0(x_i,y_i,z_i)-G_1(x_i,y_i,z_i)$。对于第 k 层控制网格点,经推论可求得 $p_k=\{(x_i,y_i,z_i,\Delta q_i^k)\}$,其中 $\Delta q_i^k=q_i-\sum_{i=0}^{k-1}G_i(x_i,y_i,z_i)$。当所有控制点网格体计算完毕即得到最后的近似函数,可表示为

$$G=\sum_{k=0}^{n}G_k \tag{1-73}$$

由于上述结果中每一层控制点所得到的逼近曲面函数都是 C^2 连续的,因此多层次 B 样条插值得到的曲面函数依然保持 C^2 连续。从实现效果看出,该算法所得逼近表面光滑、精确度高。

2. 层速度计算

利用自适应层次 B 样条插值方法,可以先对共中心点处离散的均方根速度进行插值,再利用插值函数计算目的层网格上任意位置处的均方根速度。由于在参数论证过程中,不仅需要均方根速度,同时还需要层速度,为此可以先利用式(1-74)所示的 Dix 公式,将均方根速度折算为层速度,然后建立层速度 B 样条插值函数,最后利用层速度插值函数即可求出目的层面上任意位置处的层速度了。

$$v_n^2=\frac{(v_{\mathrm{rms},n})^2 t_{0,n}-(v_{\mathrm{rms},n-1})^2 t_{0,n-1}}{t_{0,n}-t_{0,n-1}} \tag{1-74}$$

第四节　SWParamAnalysis 软件研发

SWParamAnalysis 软件模块的主要功能是基于地震勘探工区内的表层结构数据和地下地质结构等信息进行论证分析,为野外地震勘探提供最佳地震数据采集参数,确保采集资料的品质,满足地质目标要求,控制合理成本。本模块不仅提供特定目标点的参数论证,还可以根据该地区攻关线二维剖面或者三维模型,开展基于模型的参数论证;模块能够进行地震勘探运动学特征分析,同时,还可以开展动力学特征分析。模块分析内容主要包括地震激发参数分析、地震接收参数分析以及组合特征分析等,通过这些特征分析,为各种复杂条件下的地震数据采集工程提供科学、定量的地震采集参数。

一、软件系统架构

参数论证模块主要有三个内容,即理论参数分析、二维模型参数论证、三维模型参数论证,如图 1-8 所示。

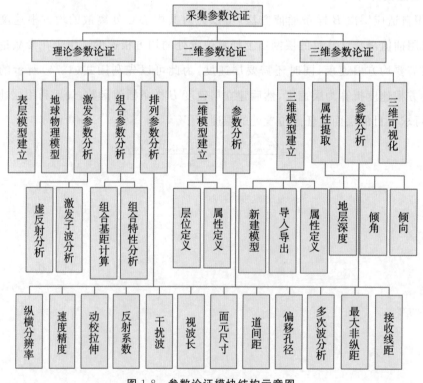

图 1-8　参数论证模块结构示意图

二、软件流程简介

软件操作流程见图 1-9。

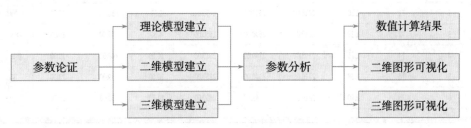

图 1-9　软件操作流程图

三、软件功能简介

（1）理论参数分析主要实现以下功能：对激发参数、排列参数（观测系统参数）和组合参数（接收参数）等进行论证分析。一般地，激发参数分析包括：激发井深度、激发频率、激发能量方向及激发子波的分析；排列参数分析包括：分辨率、最大炮检距、面元与道距、偏移孔径和多次波等的分析计算；组合参数分析包括：组合距计算、组合特性分析、检波器耦合和传感器接收响应。通过系统的论证分析，可获得：最佳激发井深度、药量、激发方向和激发频率、激发子波特性、纵横向分辨率、合理的最大炮检距、偏移距、面元尺寸、道间距、偏移孔径、检波器耦合特性、传感器接收响应特性以及理想的组合参数和组合图形等。

（2）二维模型参数分析主要实现对排列参数（观测系统参数）进行论证分析，它首先创建或导入二维地质模型，并显示模型。模型建立包括模型参数设置、层定义、模型显示、模型转换等，通过鼠标在模型上指定位置，实时显示以下参数的计算结果：纵横分辨率、面元大小、偏移孔径计算（包括非涅尔半径和偏移归位距离）、最大炮检距等的分析（包括动校正拉伸和速度精度分析）。

（3）三维模型参数分析主要实现基于三维模型的采集参数论证。提取目标层的深度、T0、速度及倾角信息，实现面元网格、最大炮检距、最大非纵距、接收线距和偏移孔径等参数的论证方法。

四、软件主要功能展示

1. 理论模型参数论证

（1）理论模型建立。地球物理模型是进行虚反射分析和排列分析的前提条件，其中包括表层结构模型和地球物理模型，如图 1-10 所示。

序号	层名	双程时(s)	叠加速度(m/s)	层速度(m/s)	深度(m)	地层倾角(°)	最大频率(Hz)	主频(Hz)
1	T0	1.00	2404.00	2404.00	1050.00	1.20	63.00	50.00
2	T1	1.30	2488.00	2551.00	1450.00	2.30	56.00	40.00
3	T2	1.35	2530.00	2600.00	1550.00	4.00	49.00	35.00
4	T4	1.75	2595.00	2740.00	2075.00	10.00	42.00	30.00
5	T6	1.88	2716.00	3040.00	2250.00	10.00	39.00	28.00
6	Tg	2.10	2819.00	3141.00	2650.00	11.20	32.00	23.00

图 1-10　地下目标体地震模型

（2）激发参数分析。主要实现激发井深度、激发频率、激发能量方向及激发子波等分析。

虚反射分析的目的是获得最佳的激发井深，如图 1-11。根据实际需要改变频率、角度、井深的组合方式，可得到不同的虚反射分析结果；根据最佳的虚反射分析，获得最佳激发井深度、激发频率和激发能量方向。

通过定义地震波传播速度、炸药药量、衰减时间等参数，可计算激发子波；选择不同分析类型，得到不同分析结果。图 1-12 为激发子波位移谱。

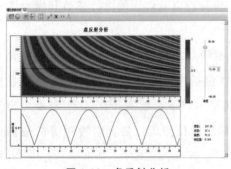

图 1-11　虚反射分析

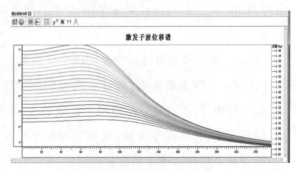

图 1-12　激发子波位移谱

（3）排列参数分析。排列分析又可以称为观测系统参数分析。主要包括内容：计算各目的层的纵横向分辨率，从多角度论证各目的层的最大炮检距，计算面元和道距的尺寸，计算偏移孔径，进行多次波分析等。图 1-13 为部分排列参数分析结果图。

（4）组合分析。组合分析分为组合距、组合特性、检波器耦合和传感器接收响应四部分，组合距用来计算组合基距；组合特性是通过分析不同组合的叠加响应，设计出图形简单、操作方便、压制干扰效果好的组合图形；检波器耦合用来做检波器耦合特性分析；传感器接收响应用来分析传感器接收特性。图 1-14 与图 1-15 为组合特性分析和检波器耦合特性分析图。

（a）排列参数分析图

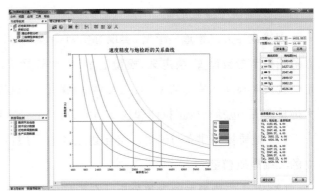

（b）纵向分辨率与频率关系图

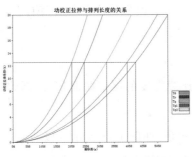

（c）动校拉伸与排列关系图

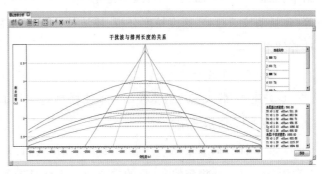

（d）干扰波分析图

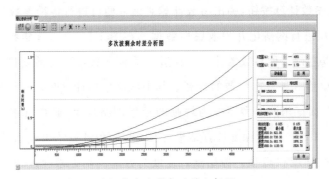

（e）多次波剩余时差分析图

图 1-13 排列参数分析图

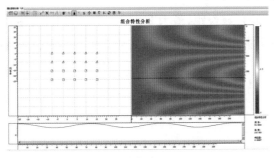

图 1-14 组合特性分析图

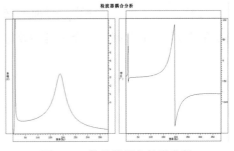

图 1-15 检波器耦合特性分析

2. 二维模型参数论证

创建或导入二维地质模型,实现对排列参数(观测系统参数)进行论证分析。模型建立包括模型参数设置、层定义、模型显示、模型转换等。通过鼠标移动,在模型的鼠标指定位置实时显示纵横分辨率、面元大小、偏移孔径(包括非涅尔半径和偏移归位距离)、最大炮检距等(包括动校正拉伸和速度精度分析)的计算结果。

(1)地质模型建立与编辑。交互建立各地质层位,并定义其属性,图 1-16 为交互建立的二维地质模型。

(2)基于二维模型的参数分析。在模型的鼠标指定位置,实时显示以下参数的计算结果:纵横分辨率、面元大小、偏移孔径(包括绕射归位和菲涅尔半径计算)和最大炮检距等(包括动校正拉伸、速度精度分析、视波长计算等),图 1-17 为模型某论证点最大炮检距计算结果。

3. 三维参数论证

(1)建立/载入三维地质模型。地质模型是多个非连续深度的层位曲面集合,新建/导入如图 1-17 所示地质模型。

(2)选择目的层位曲面。选择目的层曲面进行参数论证,如图 1-18 所示。以曲面 j_1 为例,选中后,其相应信息(目的层位曲面名称、ID)便在左侧树形控件中自动选中,然后在工具栏中单击参数计算按钮,弹出参数计算对话框便可进行各种参数的计算。

(3)对目的层进行网格化并提取属性数据。在图 1-18 中选择参数计算弹出对话框后,根据需要可以进行 7 种参数的计算。在进行 7 种参数计算之前要进行深度、倾角、倾向、层位速度和 Q 值 5 种基本参数的计算。其中深度坐标计算时要先对目的层进行网格化,网格化是将曲面三角网模型转换为规则的矩形网格模型,其中深度参数提取方法为扫描线离散化。如图 1-19 为深度计算结果,图 1-20 倾角计算结果显示图。

(4)插值层位速度和 Q 值。原始给入速度为叠加的均方根速度,需要插值建立四维插值函数,利用插值函数计算层位上的均方根速度,最后再用 Dix 公式将均方根速度转换为层速度。图 1-21 为均方根速度计算结果显示图。

(5)三维采集参数计算。对面元网格、最大炮检距、最大非纵距、接收线距、偏移孔径、最大频率、分辨率等 7 个关键参数进行论证,论证结果以三维可视化形式展现。见图 1-22(a)-(d)。

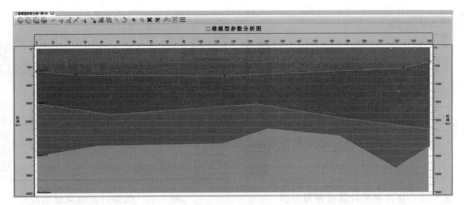

（a）二维地质模型建立

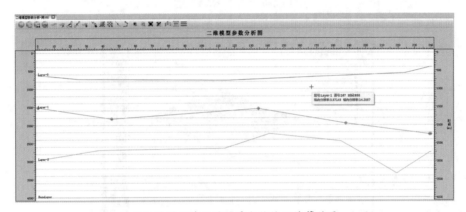

（b）模型当前位置的最大炮检距计算结果

图 1-16　二维地质模型建立及参数分析

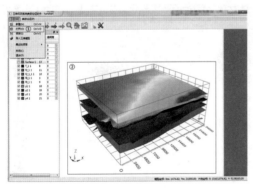

图 1-17　载入地质模型步骤展示图

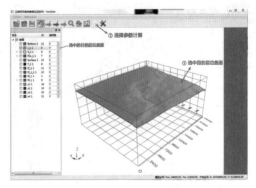

图 1-18　选中目的层位曲面步骤展示图

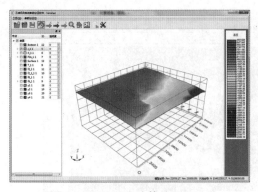

图 1-19　层位深度计算结果显示图

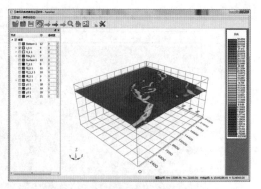

图 1-20　倾角计算结果显示图

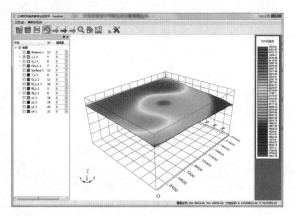

图 1-21　均方根速度计算结果显示图

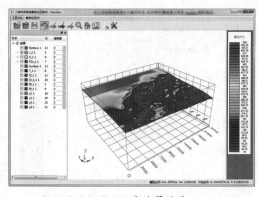

（a）面元尺寸计算结果

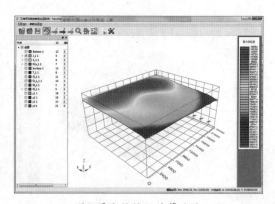

（b）最大炮检距计算结果

图 1-22(1)　三维参数论证计算结果显示

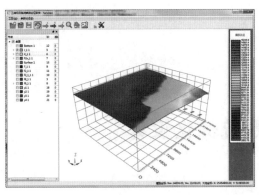 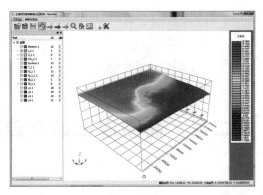

（c）偏移孔径计算结果　　　　　　　　　（d）分辨率计算结果

图 1-22(2)　三维参数论证计算结果显示

第二章　高精度三维观测系统优化设计

观测系统设计是地震采集中很重要的环节，它不但决定了勘探需要的成本投入，也可以直接影响地震勘探横向分辨率和构造的成像效果。

目前，在我国胜利油田东部老区勘探开发已经经历了常规三维地震、二次采集三维地震、高精度地震三个阶段，目前正处于高精度向高密度地震过渡阶段；我国西部山区也逐步走向高精度三维地震勘探阶段；在沙特、埃及等地区的海外项目处于高效地震采集项目施工阶段。

例如，2006—2019 年施工的 G6、DWZ、LJ、NZ、S84 等高精度/高密度三维地震采集项目，观测系统关键参数对比如表 2-1 所列，观测系统布设和属性分析计算量增加了几十倍甚至几百倍。常规的数据读取\管理方式、数学算法、图形渲染技术等已经无法满足目前观测系统设计和属性分析的要求，需要进行全面的技术和软件升级，以满足地震采集技术新需求。

表 2-1　不同年度施工观测系统关键参数对比

工 区	G6	DWZ	LJ	NZ	S84
施工年度	2006	2014	2017	2019	2019
观测系统	8L10S120R	24L6S280R	36L5S620R	40L5S364R	40L12S480R
道数	960	24×280=6 720	36×620=22 320	40×364=14 560	40×480=19 200
面元大小(米)	25×50	15×15（面元细分）	12.5×6.25	12.5×12.5	12.5×12.5
覆盖次数	4×15=60	14×12=168	9×31=279	10×26=260	40×60=2 400
总炮数	14 974	18 486	62 880	51 600	1 770 000

另外，在我国东部老区工业发展迅速，地表情况异常复杂，因此需要高清遥感卫星图片或者无人机航拍图像为底图，进行观测系统变观，且为保证高精度/高密度地震采集数据的质量，要求对观测系统变观后覆盖次数进行实时监控，以确保更高的采集质量。这

对观测系统变观底图的精度、变观算法精度和覆盖次数实时显示效率等都提出了更高的要求。

本章采用基于并行处理的海量观测系统布设与属性分析技术、基于 Google 地图的观测系统自动变观技术以及覆盖次数实时分析的观测系统优化技术等，提高复杂地表区地震采集资料质量。

第一节 海量数据观测系统布设与属性分析

观测系统布设与属性分析是一项成熟的技术方法，本节重点讨论如何提高海量数据观测系统布设与属性分析效率[74]。

一、自适应的面元分块并行计算技术

利用操作系统提供的内存映射文件管理机制（物理内存缓存＋磁盘文件缓存双缓存模式），解决大数据量观测系统面元属性计算的 I/O 效率和存储能力。图 2-1 示意了自适应面元分块及并行计算模式。

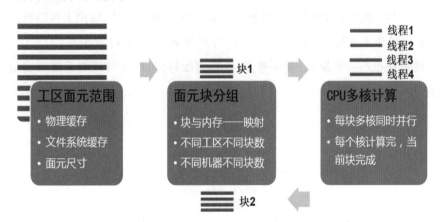

图 2-1 自适应面元分块及并行计算模式

（1）基础数据结构优化。为了提升面元处理的效率，调整了单个面元的基础数据结构和面元信息数组，建立了块方式的数据结构。通过数据结构的优化，减少面元属性信息存储需要的存储空间，提高面元属性计算和显示的处理效率。

（2）基于分块的面元属性数据管理。基于分块的面元属性管理主要目的是通过内存＋磁盘文件共同管理面元分析计算过程中和面元属性数据显示过程中的炮检距、方位角数据。内存文件作为一块面元属性数据的临时存储以加快数据读取和保存速度,磁盘文件作为计算结果存储,提高数据的存储量。

首先计算一遍覆盖次数,根据目前计算机物理内存实际状态,动态计算当前缓存块的大小(最小 8 M),然后根据每个面元的覆盖次数计算每块能够存储的面元属性数据,根据面元覆盖次数信息,将面元划分为不同的块,采取分块的方式,管理面元属性数据,达到能够处理大数据的目的,如图 2-2 所示。

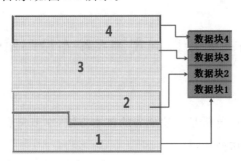

图 2-2　面元属性数据分块结构

对面元数据分析计算时,每次只操作一个数据块,从而解决了系统对地震数据大小的限制,理论上可以管理任意数据量。利用操作系统提供的内存映射文件管理机制,数据 I/O 效率高。面元数据管理流程如图 2-3 所示。

这种分块组织管理方式,具有如下优势:① 分块管理数据;② 每次只操作一个数据块,降低系统对物理内存的要求;③ 管理海量数据的计算和存储,理论上可以管理任意数据量;④ 利用操作系统提供的内存映射文件管理机制,数据 I/O 效率高。

但分块策略也有一些缺陷:分块越多,计算速度越慢;块数与观测系统数据量和内存大小相关。

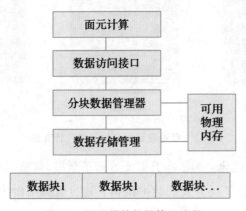

图 2-3　面元属性数据管理流程

采用合适的内存分配策略是分块数据管理实现的关键技术,在实现过程中,采用自适应内存分配策略,分配内存缓存时,根据使用 PC 机的总内存情况,采用总内存大小的

1/4 或 1/8 作为内存缓存的大小，或采用动态分配方式，根据实际可用物理内存量，按 8 M 的整数倍，分配出最大内存缓存。

循环进行内存分配，直到分配出合适的内存块。

（3）基于多线程面元分析并行计算。分块管理技术解决数据管理能力问题，多线程并行计算解决观测系统面元属性分析计算效率问题。按观测系统面元属性数据分块原则，每次计算炮检距、方位角数据以块为单位，计算完成一块将该块数据保存到文件中，然后计算下一块。计算时，将当前块的面元分为 N 块（N 为当前计算机 CPU 核数），每块数据由一个单独的线程进行计算，如图 2-4 所示。

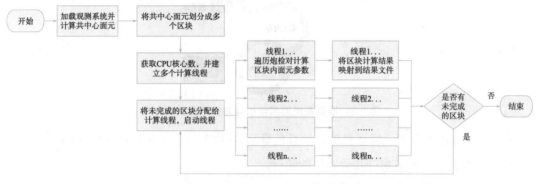

图 2-4　块数据划分以适应多线程计算

如果当前 CPU 有 4 核，那么将该块的面元分为 4 部分，启动 4 个计算线程，每个线程负责一部分面元的计算。

多线程面元分析并行计算优势如下：充分利用计算机 CPU 多核特性，最大限度利用计算机硬件资源；多线程同时计算，能够提高 N（CPU 核数）倍计算速度；每部分计算数据不存在重合，不用考虑多线程互斥问题，降低实现难度。

二、基于图层的观测系统属性多线程并行绘制技术

要实现观测系统变观属性实时分析，不仅要提高属性计算效率，还要提高图形渲染效率，达到图形辅助人工分析的效果。

图 2-5 示意了观测系统属性颜色填充图的观测系统图层组织与并行计算机制。

（1）基于多图层图形绘制管理。将观测系统数据按类型分为多个图层，包括炮点、接收点、覆盖次数、炮检距、方位角、面元网格、CMP 点、桩号等图层。图层管理采取以下策略：① 每个图层间相互独立；② 在同一状态下，每个图层只绘制一次，绘制完成后保存在图形缓存中，如果需要再次显示，直接调用显示缓存数据，不重新绘制。

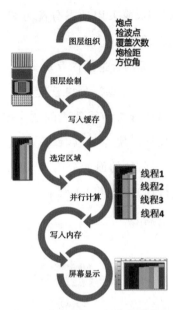

图 2-5　观测系统图层组织与并行计算机制

（2）生成图像数据。根据覆盖次数彩色显示、炮检距颜色填充显示的特点,采用直接生成显示数据的方式实现这几类图像的绘制。

生成的图像数据为位图数据,SWGeoSurvey 软件封装了 Qt 的绘图机制,能够高效地实现位图重绘,速度较快,且立即显示。显示数据大小:W（当前绘图窗口的宽度）$\times H$（当前绘图窗口高度）$\times 4$ Bytes。

数据量和绘图速度与实际观测系统无关,不会随观测系统数据量增长而增长。

基于多图层图形绘制管理优势:减少图形绘制次数,如果图形显示范围不变,显示时直接显示已经生成的图形;直接生成图形数据的绘图方式,绘图时间与显示区域大小相关,与数据量大小无关,能够提高绘图效率。

（3）基于多线程并行的观测系统属性数据绘制。在多图层图形显示的基础上,利用CPU 多核特性,实现多线程并行图形绘制。将要绘制的数据分为 N 部分（N 为 CPU 核数）,每部分由独立的线程进行绘制。

多线程并行观测系统属性数据绘制优势:充分利用计算机 CPU 多核特性,最大限度利用计算机硬件资源;多线程同时绘制,能够提高 N 倍速度;每部分绘制数据重叠,不用考虑多线程互斥问题,降低实现难度。

（4）其他措施。图形数据缓存:缓存当前已绘制的数据,显示状态如果不是直接显示,则不重新绘制。

抽稀:根据显示的窗口大小,对数据进行抽稀显示。

计算方法优化:对覆盖次数、炮检距、方位角等显示中间结果计算算法优化,提高计算速度。

三、属性分析算法优化前后测试效果分析

(一)覆盖次数算法优化前后效果分析

为测试多线程与单线程的效率差异,在实验中分别采用 3 600 炮、10 万炮、100 万炮 3 个不同规模的工区数据进行未采用自适应分块等技术的单线程算法(以下简称就原始方法)、单线程、双线程、四线程和八线程对比试验,观测系统参数分别为

工区一:3 600 炮,28 线,252 道/线,7 056 道,面元总数 469 200 个;

工区二:10 万炮,28 线,715 道/线,20 020 道,面元总数 5 044 032 个;

工区三:100 万炮,28 线,715 道/线,20 020 道,面元总数 19 622 592 个。

对比分析结果如图 2-6 所示。

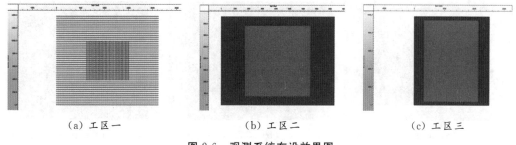

(a) 工区一　　　　　　(b) 工区二　　　　　　(c) 工区三

图 2-6 观测系统布设效果图

覆盖次数计算结果如图 2-7 所示。结果表明,多线程并行运算比单线程的运算效率有明显提升,如图 2-8 所示。

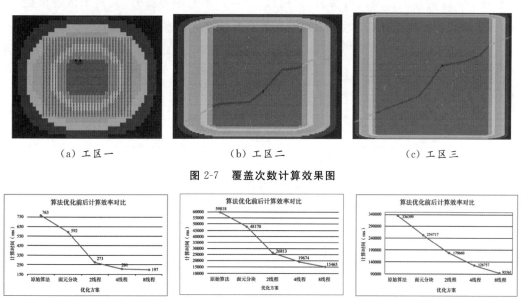

(a) 工区一　　　　　　(b) 工区二　　　　　　(c) 工区三

图 2-7 覆盖次数计算效果图

(a) 工区一　　　　　　(b) 工区二　　　　　　(c) 工区三

图 2-8 算法优化前后计算效率对比图

（二）炮检距/方位角算法优化前后效果分析

计算炮检距与方位角，要先计算出炮点与检波点的中点所在位置坐标，首先使用倾斜角将网格工作区域调整为水平，此时可直接由面元网格坐标系得出。将网格工作区域调整为水平的方法如下。

记录工作区域网格与水平的 θ 角，指定网格原点开始，以水平为基准，旋转 θ 角后得到网格坐标系，再除以网格的间距，则可以得到在正型下的坐标点。

由于每个面元有多个方位角与偏移距，都以浮点数形式存储，当工区炮检点数量庞大时，方位角与偏移距的数据能达到几十 GB 甚至更多，计算和存储消耗巨大，因此需采用并行化和虚拟内存映射技术。

仍采用上面三个工区数据进行对比测试，炮检距方位角分析结果如图 2-9 所示。

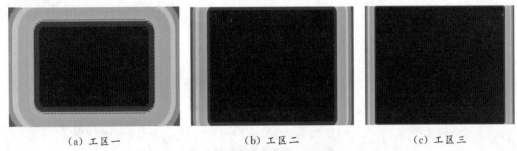

（a）工区一　　　　　　（b）工区二　　　　　　（c）工区三

图 2-9　炮检距方位角和计算效果

计算效率如图 2-10 所示，在 100 万炮的方位角和偏移距计算实验中，还使用了 12 核心双路 128 G 内存工作站进行实验，优化后，计算效率有明显提升，尤其工区规模超大时，开启多线程并行化计算方位角和偏移距在计算速度方面有着显著提高。

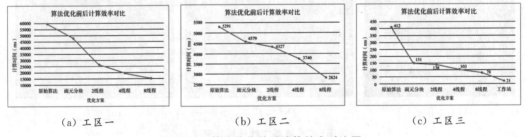

（a）工区一　　　　　　（b）工区二　　　　　　（c）工区三

图 2-10　算法优化前后计算效率对比图

第二节　高清地图获取与校准技术

针对复杂地表条件工区,依据高清遥感卫星图片、无人机航拍图像或者其他方式获取的图像数据,替代前期野外踏勘,预先进行室内变观设计,以达到改善地震资料属性分布和观测质量,减少资料缺口提高施工时效的目的,最终获取高品质采集资料,该项技术在复杂地表区尤为重要。

本节分别针对电子地图自动下载、拼接技术以及遥感卫片重定位等关键技术开展讨论,解决大数据量遥感卫片在观测系统设计中底图加载的问题,为后续观测系统变观提供数据基础。

一、Google 地图获取与纠偏技术

(一)大地坐标投影变换基本原理

地图投影是利用一定数学法则把地球表面的经、纬线转换到平面上的理论和方法。地球上的位置,是以经纬度来表示,我们把它称为"球面坐标系统"或"地理坐标系统"。在球面上计算角度距离十分麻烦,而且地图是印刷在平面纸张上,要将球面上的物体画到纸上,就必须展平,这种将球面转化为平面的过程,称为"投影"。

由于地球是一个赤道略宽两极略扁的不规则的梨形球体,故其表面是一个不可展平的曲面,所以运用任何数学方法进行这种转换都会产生误差和变形,为按照不同的需求缩小误差,就产生了不同的投影方式。如按变形方式可以分为等角投影、等(面)积投影和任意投影。根据正轴投影时经纬网的形状可分为几何投影和条件投影,几何投影又可以细分为平面投影、圆锥投影和圆柱投影。

地理坐标是用纬度、经度表示地面点位置的球面坐标。地理坐标分为天文坐标系、大地坐标系与地心坐标系。

在地震勘探领域采用大地坐标系,是以椭球面法线为基准线,以参考椭球面为基准面建立的坐标系,在我国以北京 54 坐标系和西安 80 坐标系为主。根据投影原理,精确的投影方法是获取准确大地坐标的关键。

(二)高斯克吕格投影

高斯-克吕格投影是由德国数学家、物理学家、天文学家高斯于 19 世纪 20 年代拟定,后经德国大地测量学家克吕格于 1912 年对投影公式加以补充,故称为高斯-克吕格投影,

又名"等角横切椭圆柱投影",是地球椭球面和平面间正形投影的一种。

高斯克吕格投影这一投影的几何概念是,假想有一个椭圆柱与地球椭球体上某一经线相切,其椭圆柱的中心轴与赤道平面重合,将地球椭球体面有条件地投影到椭球圆柱面上高斯克吕格投影条件:① 中央经线和赤道投影为互相垂直的直线,且为投影的对称轴;② 具有等角投影的性质;③ 中央经线投影后保持长度不变。

高斯克吕格投影用于地形图的有关规定有以下内容。

1. 分带规定

高斯投影 6 度带:自 0 子午线起每隔经差 6 自西向东分带,依次编号 1,2,3,……我国 6 度带中央子午线的经度,由 69°起每隔 6°而至 135°,共计 12 带(12—23 带),带号用 N 表示,中央子午线的经度用 L_0 表示,它们的关系是:$L_0 = 6N - 3$。

高斯投影 3 度带:它的中央子午线一部分同 6 度带中央子午线重合,一部分同 6 度带的分界子午线重合,我国带共计 22 带(24—45 带)。

2. 坐标规定

高斯克吕格投影采用高斯平面直角坐标系,简称高斯坐标,是经高斯投影后的地面点坐标。

全球有 60 个(对于六度带投影)或 120 个(对于三度带投影)地面点具有相同的 Y 坐标值,为使 Y 坐标值能与地球椭球体面上的地面点一一对应,并反映地面点所处投影带的带号,常在移轴后的 Y 坐标值之前,加上相应的带号,此时 Y 坐标值连同相应的 X 坐标值,称高斯坐标的通用值(常称高斯坐标)。

高斯平面投影有三个的特点:① 中央子午线无变形;② 无角度变形,图形保持相似;③ 离中央子午线越远,变形越大。

当地形图测绘或施工测量的面积较小时,可将测区范围内的椭球面或水准面用水平面来代替,在此水平面上设一坐标原点,以过原点的南北方向为纵轴(向北为正,向南为负),东西方向为横轴(向东为正,向西为负),建立独立的平面直角坐标系,测区内任一点的平面位置即可以用其坐标值表示。

无论是高斯平面直角坐标系还是独立平面直角坐标系,均以纵轴为 X 轴,横轴为 Y 轴,这与数学上的平面坐标系 X 轴和 Y 轴正好相反,其原因在于测量与数学上表示直线方向的方位角定义不同。测量上的方位角为纵轴的指北端起始,顺时针至直线的夹角;数学上的方位角则为横轴的指东端起始,逆时针至直线的夹角。将二者的 X 轴和 Y 轴互换,是为了仍旧可以将已有的数学公式用于测量计算。出于同样的原因,测量与数学上关于坐标象限的规定也有所不同。二者均以北东为第一象限,但数学上的四个象限为逆时针递增,而测量上则为顺时针递增。

（三）坐标加偏与纠偏

在进行地图开发过程中，一般用国际 GPS 记录仪通过 GPS 定位拿到的原始经纬度是基于 WGS-84 原始坐标系，Google 和高德地图定位的经纬度都是基于 WGS-84 坐标系的。而在我国，所有的电子地图、导航设备，都需要加入国家保密插件，也叫做加偏或者 SM 模组，其实就是对真实坐标系统进行人为的加偏处理，按照特殊的算法，将真实的坐标加密成虚假的坐标，而这个加偏并不是线性的加偏，所以各地的偏移情况都会有所不同。而加密后的坐标也常被人称为火星坐标系统或国测局坐标系（GCJ02）。其中加密流程可以分两个步骤：① 地图公司测绘地图，测绘完成后，送到国家测绘局，将基于真实坐标的电子地图，加密成"火星坐标"，这样的地图才是可以出版和发布的，然后才可以让 GPS 公司处理；② 所有的 GPS 公司，只要需要汽车导航的，需要用到导航电子地图的，都需要在软件中加入国家保密算法，将 COM 口读出来的真实的坐标信号，加密转换成国家要求的保密的坐标。这样，GPS 导航仪和导航电子地图就可以完全匹配，GPS 也就可以正常工作了。

由于从 WGS-84 原始坐标转换成火星坐标公式比较复杂而且为非线性，所以根据加偏公式难以得到从火星坐标到 WGS-84 坐标解偏公式，因而不存在相应的解偏坐标转换解析解。我们使用一种迭代法求解解偏坐标，其基本思想为选定一初始坐标值，将其代入加偏公式得到火星坐标，然后与给定火星坐标求差，若误差满足要求，则退出；否则将误差赋值给初始坐标值，反复迭代循环使用加偏公式得到新的火星坐标，直到误差满足要求。

二、高清遥感卫星图像定位与校准技术

另外一种通过购买或者下载等其他方式获得的遥感卫星图片，常用格式有 BMP、JPEG 和 TIFF 等不带地理信息的图片，较为通用的是 GeoTIFF。卫星图片和遥感图像格较多，解编较为复杂，另外，导入后的卫星图片或遥感图像一般还需要进行坐标定位和校准，才能用于勘探变观设计。为此，需要多格式的地理图片校准及其变观技术进行研究。

（一）常用图像文件格式分析

有别于带有坐标等信息的卫星图片和遥感影像文件，普通图像文件是二维平面图像，早期由于平面图像文件体积较大，为便于存储和传输，发展了多种图像文件压缩技术和相应的图像文件格式。常见的格式有 .bmp，tiff，tif，png，gif，ipeg，jpg 等。

由于图像文件格式比较多，所以在图像文件使用上并不是很方便，虽然现今已经发展出来多种图形库，也不能解决各种图像文件格式的识别与解码。

（二）卫星图片与遥感影像数据分析与加载

1. 相关概念

遥感卫星数据是遥感卫星在太空探测地球地表物体对电磁波的反射及其发射的电磁波，从而提取该物体的信息，完成远距离物体识别。识别得到的可视图像即为卫星影像，通俗简单解释为：卫星在空中给地面拍的照片，地面长什么样，它就拍什么样，并且，带有经纬度信息实时地貌照片。图片是既没有任何文字的识别，但可以进行后期的加工处理，添加任何需要的补充信息，当然，卫星公司默认的原始数据是不提供这个后期处理的。遥感卫星的飞行高度一般为 4 000 km—600 km，图像分辨率一般在 1 km—1 m。

在 GoogleEarth 中，全球 98% 的影像都是卫片，国外有不少是航片，即航拍得到的照片，分为两种分辨率：野外通常是 15 m 的低分辨率卫图，城市通常是 0.6 m 的高分辨率卫图。日常在 GoogleEarth 中所说的高清晰卫星图片就是特指由 DigitalGlobe、GEOEYES、SPOT 等公司为 GoogleEarth 提供的高分辨率卫图，如 0.5 m 分辨率的影像。

2. 遥感卫星的波段或波谱

全色波段：具有黑白数据，同一颗卫星的全色波段，有较高的分辨率，没有彩色效果。

光谱：具有彩色数据，同一颗卫星的多光谱波段，相比较其他波段而言，分辨率不够高，多光谱波段通常是红、绿、蓝加近红外，不同卫星的多光谱一般不同，SPOT 没有蓝波段。

将分辨率较高的全色波段和彩色效果的多光谱波段融合在一起，就形成了分辨率较高的彩色数据。

3. 遥感数字图像格式

遥感数字图像格式是通过不同的遥感平台、不同的遥感器收集而来，遥感图像中像素的数值是由传感器所探测的地面目标地物的电磁辐射强度决定的。为便于应用，将电磁辐射强度的绝对值转化成相对值，使他们都落在 0—255（用 1 个字节表示）。按照波段数量，遥感数字图像可分为二值数字图像、单波段数字图像、彩色数字图像和多波段数字图像。

多波段数字图像是传感器从多个波段获得的遥感数字图像。例如，Landsat 卫星提供的遥感数字图像就包含了 7 个波段的数据，全彩色图像包含红、绿、蓝 3 个波段。

4. GeoTiff

随着地理信息系统被广泛应用和遥感技术的日渐成熟，遥感影像及数据获取正在向多种传感器、多种分辨率、多波段和多时相方向发展，这就迫切需要一种标准的遥感卫星数字影像格式。GeoTiff(Geographically Registered Tagged File Format)格式应运而生。Aldus—Adobe 公司的 Tiff 格式是当今应用最广泛的栅格图像格式之一，它不但独立而且还提供扩展。GeoTiff 就是利用了 Tiff 的可扩展性,在其基础上加了一系列标志地理信息的标签,描述卫星成像系统、航空摄影、地图信息和 DEM 等。

一个 GeoTiff 文件其实就是一个 Tiff 6.0 文件,其结构继承自 Tiff 6.0 标准,所以在结构上严格符合 Tiff 的要求,所有的 GeoTiff 特有的信息都编码在 Tiff 的一些预留 Tag 中,它没有自己的 IFD、二进制结构以及其他一些对 Tiff 来说不可见的信息。

Tiff 是栅格文件的通用格式之一,但在测量和制图应用等方面有局限性,没有提供地理信息方面的公共域。

(三)遥感卫星图像定位与校准

遥感成像的时候,由于飞行器的姿态、高度、速度以及地球自转等因素的影响,造成图像相对于地面目标发生几何畸变,这种畸变表现为像元相对于地面目标的实际位置发生挤压、扭曲、拉伸和偏移等,同时也造成航片上各处的比例尺不尽相同。由被摄地区地面起伏较大所引起的遥感影像几何畸变称为投影误差,由航摄的飞行姿态出现较大倾斜所引起的遥感影像几何畸变称为倾斜误差。对于这两种误差,包括比例尺的差异,我们都要予以消除。针对几何畸变进行的误差校正就叫几何校正。

多光谱、多时相影像配准和遥感影像制图,必须经过上述几何校正。因人们已习惯于用正射投影地图,故多数遥感影像的几何校正以正射投影为基准进行。某些大比例尺遥感影像专题制图,可采用不同地图投影作为几何校正基准,主要是解决投影变换问题,一些畸变不能完全得到消除。遥感影像的几何校正可应用光学、电子学或计算机数字处理技术来实现。

所谓几何校正,就是将一幅含有几何畸变和比例尺差异的原始遥感影像,通过一种数学变换,生成一幅符合数字化地图实际的新的遥感影像。几何校正的具体方法为:先在每幅原始遥感影像上选取若干个控制点,再求出这些控制点在数字化地图上对应点的真实坐标,然后把这些已知坐标的控制点代入计算机的校正软件进行运算。校正运算实际上包含着两个基本的运算过程:一是将每个原始像素点的行列值换算成它在新生成的遥感影像中的坐标值,二是重新计算出每个原始像素点在新生成的遥感影像中的像元亮度值。当所有的控制点被选好后,其校正运算的过程由计算机校正软件自动完成。而控制点的选取则需要人工干预,其选择的准确性与合理性将直接影响到校正的处理效果。

在几何校正的过程中,我们需要着重把握好两个关键环节。一是选取什么样的像素点作为控制点。根据以往几何校正的经验,通常选择原始遥感影像上地面的突变点来作为控制点,比如道路的交叉口、河流的分叉或拐弯处等。另外像小河的桥梁、建筑物的房基等也适合选作控制点。这样选择的好处:作为控制点的地物标志明显,易于识别。二是在每幅原始遥感影像上选取多少数目的控制点。从理论上讲,被选择的控制点的数目应越多越好,但选择得太多会使几何校正的工作量太大,反过来选择得太少又达不到几何校正所需的精度。这个问题究竟应该如何把握,目前还没有很好的解决办法,仍需通过几何校正的具体实践,视每幅原始遥感影像的几何畸变程度来逐一确定。

按照实践经验,对几何畸变程度较小的原始遥感影像来说,被选择的控制点的数目可以少一些,通常不少于 15 个;对几何畸变程度较大的原始遥感影像来说,被选择的控制点的数目可以多一些,通常要在 30 个以上。在同一幅原始遥感影像中,不同的区域其几何畸变的程度也不同。原则上也是几何畸变较大的区域,被选择的控制点的数目多一些;而几何畸变较小的区域,被选择的控制点的数目少一些。

另外在选取控制点时,每幅原始遥感影像的中心区域应少选一些,四周区域应多选一些,因为中心区域的几何畸变要比四周区域的几何畸变来得小。但是控制点的分布应尽量地均匀,尤其是在几何畸变程度相近的同一区域要均匀地分布。这样所获得的校正影像其精度才能满足要求,并且整体性也好。

常用的方法有基于多项式的遥感图像纠正、基于共线方程的遥感图像纠正、基于有理函数的遥感图像纠正、基于自动配准的小面元微分纠正等。

在地震勘探施工设计中,具体采用的校正方法和需要的校正点数取决于施工面积,只有经过几何校正的正射影像才能用来作为设计底图,并需要校准底图的坐标,以便将炮检点展布到底图上,进行变观设计。其具体流程如图 2-11 所示。

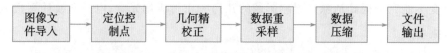

图 2-11　遥感卫星图像定位与校正流程图

第三节　观测系统自动避障技术

在地震采集观测系统设计过程中,覆盖次数分析是必须的环节,覆盖次数的均匀性是评价观测系统好坏的重要属性之一,理论的观测系统满覆盖区域的观测系统覆盖次数是均匀一致的。随着我国城镇化建设和国民经济的快速发展,大型的建筑群、厂矿企业、养殖场、路网等逐年增多,加之自然形成的高山、湖泊等,在地震勘探中,这些地区无法布设炮点和检波点成为地震勘探的障碍区。由于这些障碍区造成地震勘探中炮点、检波点不能按设计的观测系统进行规则布设,致使最终处理得到的地震资料中浅层缺失,影响了构造区块的整体认识和凹陷的资源评价。这样就需要进行避障处理，调整炮点的位置，炮点位置的调整直接影响观测系统覆盖次数的均匀性。传统的覆盖次数分析方法是计算出每个面元的覆盖次数，根据每个面元覆盖次数对应的不同的颜色绘制图形，展示给设计人员，或者直接显示每个面元覆盖次数，基本上是通过人工来大致识别，重点识别最低覆盖次数是否满足要求，对于覆盖次数整体的离散程度没有科学地进行评价。有鉴于此，项目组开发了一种观测系统自动避障方法及系统。系统可以满足用户的交互式避障，还可以进行自动避障。自动避障分为两种方式，一是基于移动距离最短的自动避障，二是基于覆盖次数均衡的自动避障。由于覆盖次数均衡的自动避障采用贪婪法，在可移动区域内随机选择障碍物的移动未知，因此自动避障的结果具有一定随机性，项目组在此避障方法上使用模拟退火算法进行了优化，优化后的算法使得避障后的覆盖次数更加均衡，可以取得更好的自动变观效果。

一、观测系统变观基本原则

野外进行三维地震勘探时，受地形地物的影响不能正点布设时，应根据具体情况按照以下原则进行变观。

（1）一般情况下，炮点要沿平行接收线方向移动，数量尽量前后平均分配，移动距离为道间距的整数倍。炮点移动原则上控制在原设计最小炮检距的基础上增加或减少两个炮线距，目的层浅的地区应控制移动距离，确保地质任务的完成。

（2）当纵向偏移无法满足施工要求时，炮点也可以沿垂直线束方向即横向偏移一定距离布设，炮点偏移的距离应是接收线间距的整数倍。

（3）变观时应就近选择炮点，采用观测系统设计软件进行设计，使得有效覆盖次数尽量达到设计要求、方位角尽量呈现多样性，炮检距分布尽量均匀，浅层资料缺口尽量小，避免"开天窗"。

二、基于移动距离最短的观测系统自动避障方法

（一）核心思想

基于障碍物边界的观测系统全自动变观方法，其核心思想是采用恢复性放炮方式。该方法既不改变应变观点所对应的反射点分布范围，又不增加炮点数量。因此，对于这种通过改变炮点与排列片之间的空间对应关系，从而完全实现原设计炮点所对应的反射点（即确保覆盖次数不变）的变观方法叫做恢复性放炮。

恢复性放炮只能是三维地震数据采集过程中的一种补救措施而已，它只保证了达到设计覆盖次数不变的目的，而保证道集内炮检距和方位角不变的目的是不能实现的。

理论上恢复性放炮法有三种实现方式。

1. 纯纵向移动炮点的恢复性放炮方法

当某个炮点 O_1 因地物影响不能激发时,炮点沿束线方向(纵向)偏移任一距离 δ_{mx} 布设在 O_2 点,而接收排列(片)A 则应沿束线做同向等距离移动变为 B,所得地下反射点分布位置不变。炮点移动距离的大小如果与纵向道间距 ΔX(或说与 CMP 网格的纵向大小 D_x)建立起简单关系,会使野外数据采集工作方便不少,变观时检波点改变得越少越好。所以 δ_{mx} 应是纵向道间距 ΔX 的整数倍,即

$$\delta_{mx} = k * \Delta X = 2k * D_x \quad (\Delta X = 2k * D_x; k = 1, 2, \cdots, n) \tag{2-1}$$

2. 纯横向移动炮点的恢复性放炮方法

当炮点 O_1 因地物影响沿垂直束线方向(纵向)偏移任一距离 δ_{mx} 布设在 O_3 点,而接收排列(片)A 垂直束线方向做同向等距离移动后为 C,所得地下反射点分布位置不变。当 δ_{my} 是线间距的倍数(也可以说是 CMP 面元横向大小 D_y 的一定倍数)时只需改动部分测线检波器即可,施工工作量小,对保证施工效率有明显之处。即:

$$\delta_{my} = C * \Delta Y = 2c * D_y \quad (C = 2c; k = 1, 2, \cdots, n) \tag{2-2}$$

否则,线束重新铺设的工作量太大,不易实现。

3. 斜向移动炮点的恢复性放炮方法

当炮点 O_1 因地物影响沿任意方向偏移一定距离(既有纵向移动的分量,又有横向移动的分量)至 O_4 点,接收排列(片)做同向等距离移动为 D,所得地下反射点分布位置也不改变。这种实现方式,纵向移动距离分量由纵向移动公式选定,横向移动距离分量由横向移动公式选定。

综上,后两种方法因为变动排列片时需要大量铺设检波器,施工起来非常不便而且效率低下,尤其是第三种方法,因此一般都不采用。最常用的是纵向恢复性放炮方法,当纵向偏移不出去的时候,考虑横向恢复性放炮。

(二)自动变观流程

将需要变观的炮点首先沿测线纵向开始偏移,炮点偏移的位置为道距的整数倍,炮点从障碍物安全区的边界按所述道距的整数倍,沿测线纵向方向移出障碍物安全区,如果在偏移位置已经存在炮点,跳过已经存在炮点,接着按整道距沿侧向方向移动,直到移动到合适的位置。

若炮点移动超过纵向最大距离,在原位置垂直测线横向移动,移动位置为接收线距的整数倍,炮点从障碍物安全区的边界按接收线距的整数倍,垂直测线横向方向移出障碍物安全区,如果在偏移位置已经存在炮点,跳过已经存在炮点,接着按接收线距垂直测线方向移动,直到移动到合适的位置。

基于障碍物的观测系统自动变观流程如图 2-12 所示。

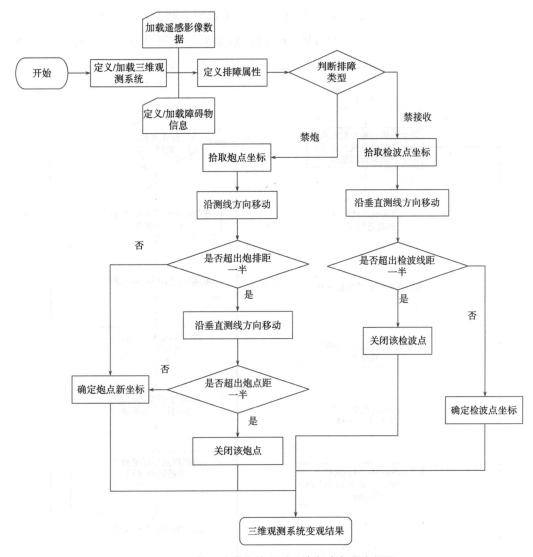

图 2-12　基于障碍物的观测系统自动变观流程图

（三）基于总移动距离最短的观测系统自动避障方法

前文仅考虑如何将障碍物内炮点排出，并相应改变炮排关系。炮点变观一定会对覆盖次数产生不利影响，为尽量减少对覆盖次数的的影响，要求变观炮点变化越小越好，常规算法是遍历障碍物内所有炮点，并逐一将其排除到障碍物外最近的网格点上，保证每一炮的移动距离最小。但由于炮点排除的顺序不同，且受障碍物边界形状影响，可能会造成先排除的炮点占据了较近位置，而后排除的炮点被排到很远的位置，对覆盖次数均匀性影响较大。因此对排障算法做了进一步优化，保证总体排障距离最短，以降低对覆盖次数的影响。

基于移动距离最短的自动避障算法首先寻找需要排障处理的测点,然后为每个障碍区内的炮点寻找允许条件下的最近网格点,并将其关系加入映射表。接下来根据网格点索引遍历映射表,进行测点移动的排障,此时注意,如果一个网格点存在多个可移动测点,则在一轮循环中仅移动距离最大的测点。其具体算法流程如图 2-13 所示。

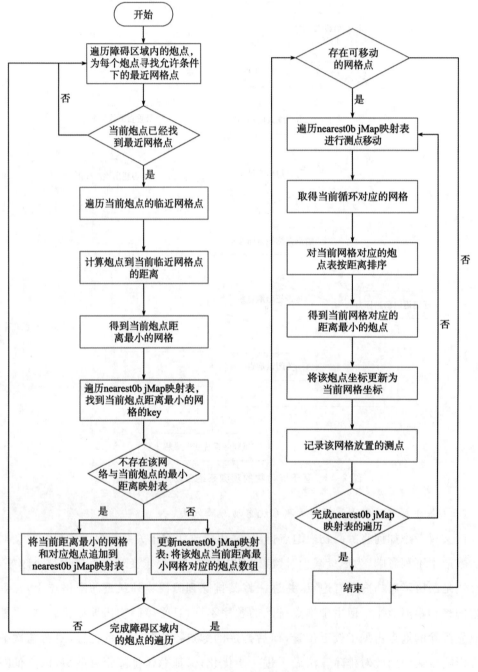

图 2-13 基于移动距离最短的自动避障算法流程图

（四）效果测试

采用图 2-6 所示的工区一和工区二观测系统，测试基于移动距离最短的自动避障算法执行效率和效果。图 2-14 为工区一原始覆盖次数和基于移动距离最短的自动避障后覆盖次数对比图，其中 AB 为障碍区。图 2-15 为工区二原始覆盖次数和基于移动距离最短的自动避障后覆盖次数对比图，其中障碍区为一条横跨整个工区的河流。可以看出，使用基于移动距离最短的自动避障算法变观后虽然对覆盖次数均匀性影响略小，但仍较为明显，即便在满次覆盖区域，也会有一定影响。

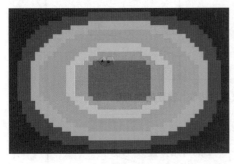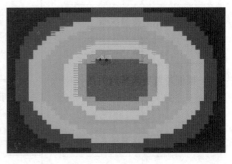

（a）原始覆盖次数　　　　　（b）基于移动距离最短的自动避障算法后的覆盖次数

图 2-14　工区一变观前后覆盖次数对比图

（a）原始覆盖次数　　　　　（b）基于移动距离最短的自动避障算法后的覆盖次数

图 2-15　工区二变观前后覆盖次数对比图

三、基于覆盖次数均衡的自动避障方法

（一）算法原理

基于覆盖次数均衡的自动避障是在移动距离最短的自动避障方法基础上，进行覆盖次数均衡的优化。算法首先获取原始覆盖次数，然后根据用户是否需要更新排列关系选择不同的覆盖次数计算方案，即若用户选择不需要更新排列关系时，覆盖次数在障碍区外的两个炮点间交换位置时相应改变；若需要更新排列关系时，则覆盖次数在上述情况下不发生变换。选择覆盖次数计算方案后，算法进入循环，迭代查找可以交换的炮点，并选择最优的方案。查找可交换的炮点时首先随机选择一个炮点 A，然后获取炮点 A 的可

用临近网格表,根据可交换条件在临近网格表中选择一个可以进行测点交换的网格,这里可以交换的含义包含两种情况:一是网格中没有放置其他点,则可以直接使用;二是网格中含有其他点 B,但 B 点的可用位置包含 A,则可以进行炮点 A 和 B 的交换。基于覆盖次数均衡的自动避障算法流程图如图 2-16 所示。

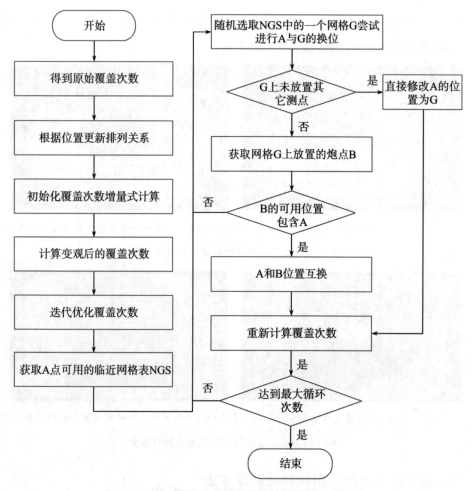

图 2-16 基于覆盖次数均衡的自动避障算法流程图

(二)效果测试

依然采用本章第一节中两个工区观测系统,测试基于覆盖次数均衡的自动避障算法,并与基于距离最短的自动避障算法进行执行效率和效果对比。如图 2-17 和图 2-18 所示,使用基于覆盖次数均衡的自动避障算法变观后的覆盖次数和原始覆盖次数相比改动较小,在原始覆盖次数最高的区域也不存在明显差别。基于覆盖次数均衡的自动避障算法要比基于距离最短的自动避障算法得到更好的变观效果。

虽然基于覆盖次数均衡的自动避障算法会取得较好的自动变观结果,但同时由于其是在基于距离最短的自动避障算法基础上进行迭代优化,因此该算法执行效率要略低。因此,进一步针对基于覆盖次数均衡的自动避障算法进行了优化,即在搜索可交换测点时使用模拟退火算法寻找最优点。

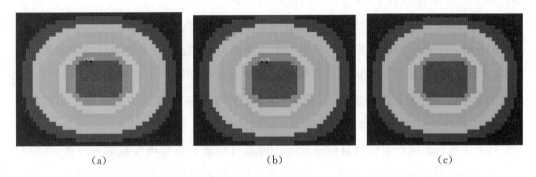

(a)　　　　　　　　　　　(b)　　　　　　　　　　　(c)

图 2-17　工区一变观前后覆盖次数对比图(a 原始覆盖次数图,b 基于移动距离最短的
自动避障覆盖次数图,c 基于覆盖次数均衡的自动避障覆盖次数图)

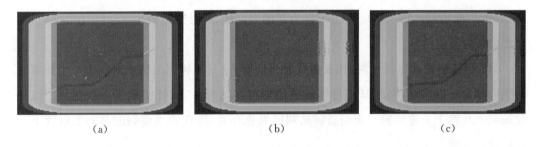

(a)　　　　　　　　　　　(b)　　　　　　　　　　　(c)

图 2-18　工区二变观前后覆盖次数对比图(a 原始覆盖次数图,b 基于移动距离最短的
自动避障覆盖次数图,c 基于覆盖次数均衡的自动避障覆盖次数图)

模拟退火算法(Simulate Anneal,SA)是一种通用概率演算法[80],用来在一个大的搜寻空间内找寻命题的最优解,是解决 TSP 问题的有效方法之一。它的出发点是基于物理中固体物质的退火过程与一般组合优化问题之间的相似性。模拟退火的原理也和金属退火的原理近似:将热力学的理论套用到统计学上,将搜寻空间内每一点想像成空气内的分子;分子的能量就是它本身的动能;而搜寻空间内的每一点也像空气分子一样有"能量",以表示该点对命题的合适程度。演算法先以搜寻空间内一个任意点作起始,每一步先选择一个"邻居",然后再计算从现有位置到达"邻居"的概率。

模拟退火算法的模型如下。

(1)模拟退火算法可以分解为解空间、目标函数和初始解三部分。

(2)模拟退火的基本思想。① 初始化:初始温度 T(充分大),初始解状态 S(是算法迭代的起点），每个 T 值的迭代次数 L；② 对 $k=1,\cdots,L$ 做第（3）至第（6）步；③ 产生新解 S'；④ 计算增量 $\Delta T=C(S')-C(S)$，其中 $C(S)$ 为评价函数；⑤ 若 $\Delta T<0$ 则接受 S' 作为新的当前解，否则以概率 $exp(-\Delta T/T)$ 接受 S' 作为新的当前解；⑥ 如果满足终止条件则输出当前解作为最优解，结束程序。终止条件通常取为连续若干个新解都没有被接受时终止算法。⑦ T 逐渐减少，且 $T>0$，然后转第 2 步。

模拟退火算法新解的产生和接受可分为如下 4 个步骤。

（1）由一个产生函数从当前解产生一个位于解空间的新解；为便于后续的计算和接受，减少算法耗时，通常选择由当前新解经过简单地变换即可产生新解的方法，如对构成新解的全部或部分元素进行置换、互换等，注意到产生新解的变换方法决定了当前新解的邻域结构，因而对冷却进度表的选取有一定的影响。

（2）计算与新解所对应的目标函数差。因为目标函数差仅由变换部分产生，所以目标函数差的计算最好按增量计算。事实表明，对大多数应用而言，这是计算目标函数差的最快方法。

（3）判断新解是否被接受，判断的依据是一个接受准则，最常用的接受准则是 Metropolis 准则：若 $\Delta T<0$ 则接受 S' 作为新的当前解 S，否则以概率 $exp(-\Delta T/T)$ 接受 S' 作为新的当前解 S。

（4）当新解被确定接受时，用新解代替当前解，这只需将当前解中对应于产生新解时的变换部分予以实现，同时修正目标函数值即可。此时，当前解实现了一次迭代。可在此基础上开始下一轮试验。而当新解被判定为舍弃时，则在原当前解的基础上继续下一轮试验。

模拟退火算法与初始值无关，算法求得的解与初始解状态 S（是算法迭代的起点）无关；模拟退火算法具有渐近收敛性，已在理论上被证明是一种以概率 l 收敛于全局最优解的全局优化算法；模拟退火算法具有并行性。算法流程图如图 2-19 所示。

实验证明该方法可以取得更好的避障效果，图 2-20 和图 2-21 为原始覆盖次数、基于覆盖次数均衡的自动避障覆盖次数与模拟退火优化算法得到的覆盖次数对比效果图。可以看出，执行该优化算法后的覆盖次数相比优化前基于覆盖次数均衡的自动避障算法更加均衡。

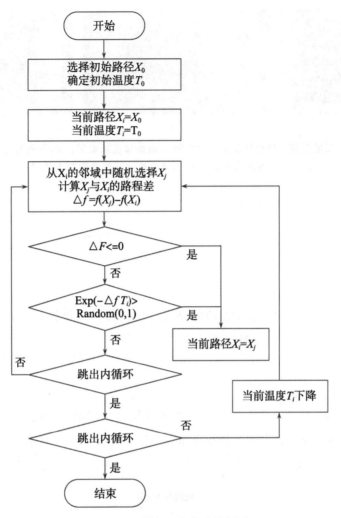

图 2-19 模拟退火算法流程图

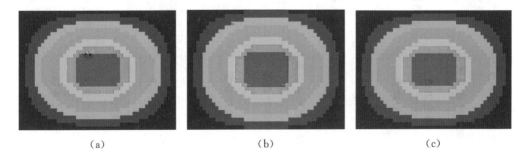

（a）　　　　　　　　　　（b）　　　　　　　　　　（c）

图 2-20 工区一变观前后覆盖次数对比图（a 原始覆盖次数图，b 基于覆盖次数均衡的
自动避障覆盖次数图，c 模拟退火优化算法后覆盖次数图）

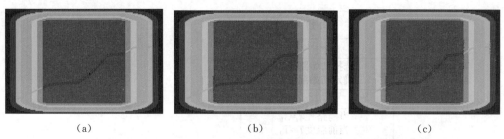

（a）　　　　　　　　　　（b）　　　　　　　　　　（c）

图 2-21　工区二变观前后覆盖次数对比图(a 原始覆盖次数图,b 基于覆盖次数均衡的
自动避障覆盖次数图,c 模拟退火优化算法后覆盖次数图)

第四节　SWGeoSurvey 软件研发

　　SWGeoSurvey 软件模块的主要功能是实现不同激发与接收方式的观测系统布设、面元属性分析及复杂地表的实时变观设计。

一、软件系统架构

　　根据软件需求,设计了如图 2-22 所示的软件架构。观测系统设计共分成 8 个部分,分别是"观测系统方案管理""单元模板编辑""观测系统布设""观测系统显示""障碍物编辑""变观设计""面元分析""工具"和"观测系统优化与评价"等主要功能。

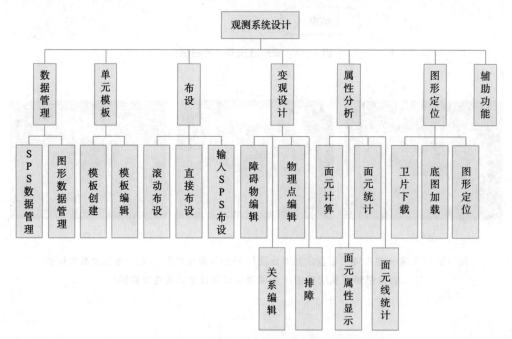

图 2-22　观测系统设计模块结构示意图

二、软件流程简介

SWGeoSurvey 软件操作流程如图 2-23 所示。

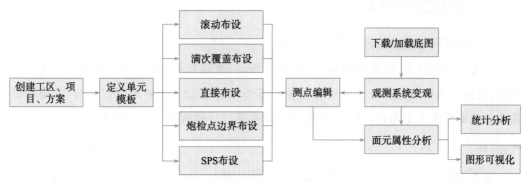

图 2-23　SWGeoSurvey **软件操作流程图**

三、软件功能简介

观测系统设计功能主要实现基于 CMP、CDP 的观测系统设计,适应常规二维、三维地震数据采集观测系统设计与分析。

观测系统设计共分为 8 部分功能,分别是"观测系统方案管理""单元模板编辑""观测系统布设""观测系统显示""障碍物编辑""变观设计""面元分析""工具"等主要功能。

(1)观测系统方案管理:实现观测系统方案新建、删除、方案数据导入和观测系统方案数据的保存。

(2)单元模板编辑:实现单元模板创建、编辑等功能。

(3)观测系统布设:实现观测系统滚动布设和直接布设功能,可实现 4 种布设方式,即滚动布设、满次覆盖布设、直接布设(用户可定义布设方式:线、砖墙、纽扣)、导入 SPS 文件布设。

(4)观测系统显示:对炮点、检波点的显示形状、颜色、大小进行设置,对炮检关系、重炮和未放炮等状态的颜色及相关操作需要不同显示的颜色进行设置。

(5)障碍物编辑:实现障碍物的编辑、保存和导入功能。

(6)变观设计:实现全自动/交互式观测系统变观设计。

(7)面元分析:通过不同的计算方法,分析工区内面元的各种属性。设计了四部分内容:"面元网格定义""面元计算""面元统计""面元线属性"。根据不同目的,统计分析不同的面元信息,比如,查看一条面元线上每个面元点的最小炮检距、最大炮检距,检查炮检距的变化率,统计覆盖次数分布情况等。

(8)实用工具:提供实用工具,例如,统计工区信息,编辑关系,模拟放炮,设置模拟放炮属性,数据输入/输出及其格式定义,桩号编排,Google电子地图下载、拼接及纠偏,遥感卫星图片等其他格式图片重定位,背景图加载、卸载,图形输出等。

四、软件主要功能展示

1. 单元模板定义/观测系统模板布设

实现5种布设方式:滚动布设、满次覆盖布设、直接布设(用户可定义布设方式:线、砖墙、纽扣)、炮检点边界自动布设以及导入SPS文件布设。能够多模板组合,实现任意复杂的观测系统方案布设。图2-24为由不同模板设计的观测系统对比图。

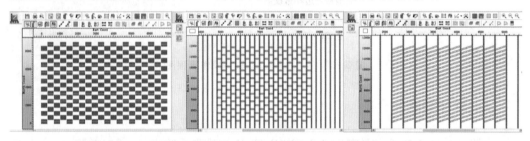

图2-24 不同模板构建的观测系统(左:纽扣式;中:砖墙式;右:斜线式)

2. 炮检点全自动/交互式避障

由于野外施工存在不适合激发和接收的障碍物,很多物理点很难按理论设计的坐标位置进行施工。为得到最佳观测系统变观方案,加载高清底图,并进行观测系统全自动/交互式变观。根据加载工区背景图或高清数字卫片的地形、地貌等实际情况,对障碍物进行编辑,确定障碍物的面积,对障碍物内的炮检点进行灵活的编辑、测线选线、激发分区等炮检点的优化设计,既可以确保野外最佳的激发和接收环境,提高采集质量,又可以大幅减少野外施工的盲目性和重复工作量,降低复杂地表障碍区的施工难度,提高施工效率。图2-25为电子底图下载及观测系统展布图,图2-26为变观前后观测系统对比图。

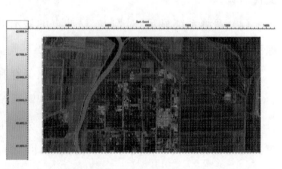

(a) Google电子底图自动下载　　　　　(b) 观测系统展布

图2-25 电子地图下载及观测系统展布图

 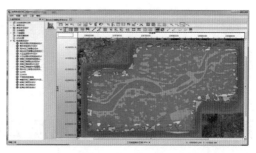

（a）观测系统自动变观（局部放大图）　　　　（b）变观后，覆盖次数叠合显示

图 2-26　变观前后观测系统对比图

3. 面元属性分析

面元属性分析是观测系统属性分析中非常重要的一部分，主要是通过不同的计算方法，分析工区内面元的各种属性。包括五部分的内容："面元定义""面元计算""面元限制""面元属性分析"和"面元统计"。根据不同目的，统计分析不同的面元信息，比如查看一条面元线上每个面元点的最小炮检距、最大炮检距，检查炮检距的变化率和统计覆盖次数的分布情况等。该模块的面元信息统计、分析、显示多样化，通过对多种观测系统的面元属性分析优化出最佳观测系统。图 2-27 是观测系统面元属性分析的不同效果图。

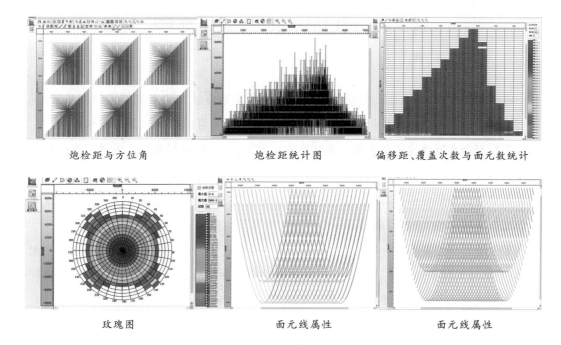

炮检距与方位角　　　　　　炮检距统计图　　　　偏移距、覆盖次数与面元数统计

玫瑰图　　　　　　　　面元线属性　　　　　　　面元线属性

图 2-27　观测系统面元属性分析的不同效果图

第三章　面向复杂地质目标的高精度三维地质建模

目前我国油气勘探进入一个新的阶段,老油田已基本处于勘探的中后期,新的勘探区域是复杂的地表和地质条件,地震采集面临着许多新的挑战。裂隙、空洞、古潜山等复杂地下地质构造勘探,更需要开展面向地质目标的地震勘探,而解决这些数据采集方法和对地下地质的认识要借助新的技术手段,如地震波数值模拟等,精细三维地质模型起到关键性作用[81-83]。

第一节　面向地震波正演的三维建模

在地震勘探中,三维地质模型最重要的作用是为地震波正演模拟提供数据基础,进而对观测系统进行优化和评价,提高复杂地表、复杂勘探目标区地震采集资料质量。三维地质模型能够准确描述和表达地质对象的几何特征、属性特征和拓扑关系。然而真实地质结构复杂多样,三维地质模型非常复杂,传统的层状结构建模方法通过对已知层面的离散点进行曲面插值,仅仅能够创建层状地质模型,无法有效描述断层、透镜体、侵入体等复杂地质结构,对于目前勘探所面临的复杂地下地质构造是远远不够的。

若要建立任意复杂的三维模型,采用块体建模方式。块体模型由若干个三维块状地质体组成,三维块状地质体是一个由三角网面定义的封闭体,封闭体内的介质具有相同或近似的地质属性。因此块体模型能够准确描述各种特殊地质体,表达地质体对象的几何特征、拓扑结构和属性参数。

射线正演和波动正演是目前地震波数值模拟的两类主要方法。其中射线正演主要根据模型结构速度变化,追踪地震波在地下介质中的运动轨迹及波经过速度界面发生反射、透射变化。射线正演的特点决定了该方法可以直接使用三维块状地质模型,通过追踪射线在块体内部的运行轨迹以及在块体边界面上的反射和透射即可得到正演记录。而波动正演需要直接或间接求解差分方程,因此需要将三维块状模型转换成离散的网格模型。

综上所述,面向地震采集正演的三维地质建模软件应具备以下主要功能:① 基于三维块状地质模型,能够构建任意复杂的地质结构模型,包括层状、正逆断层、尖灭、透镜体、侵入体等各种复杂结构,具有很强的实用性;② 能够导入真实地表模型和地下层面/断层数据建立真实的地质曲面;③ 具有灵活的曲面编辑功能,能够编辑建立拓扑一致的曲面模型,并利用自动块体追踪功能构造封闭块体模型;④ 能够利用扫描线方法将块体模型转化为适用于波动方程算法的离散网格模型。

第二节　三维块体模型数据结构设计

在三维地质空间中地层往往被断层切割划分成有限数量的地质结构层块,每个层块就是一个独立的地质块体,每一个独立的地质块体具有自己的地质属性和外表面。使用表面模型描述空间三维地质块体,可以将三维地质块体定义为

$$g = H_u \bigcup H_d \bigcup S_b$$

式中,H_u 为层块上层界面;H_d 为层块下层界面;S_b 为围成层块上下层界面的闭合边界面,如图3-1所示。不难看出,三维地质块体的定义给出了空域三维地质模型定义和地质块体的集合运算性质。

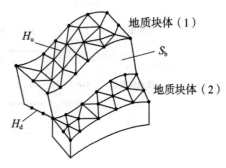

图 3-1　三维地质块体示意图

(1)复杂地质地层结构模型体的三维重构可以由空间 n 个独立地质块体的并集描述,记为 $G = \bigcup_{i=1}^{n} g_i$。这意味着,任意复杂的三维地质模型可以应用结构简单的地质单元体集合构成。

(2)在任意复杂地质结构中,各地质块体独立存在且互不相交,即 $\bigcap_{i=1}^{n} g_i = \phi$。

(3)复杂地质模型可任意分解成不同块体集合子模型,即 $V = G - \bigcup_{j=1}^{l} g_j$。

在上面的表面模型定义中,三维地质块体由多个面片构成,每个面片都有自己的边界曲线和控制点,其中边界曲线是面片与其它面片的交线决定了面片的作用范围,而控制点决定了面片的几何外观。这些三维曲面片不具有规则的外观往往比较复杂,通常使

用三角网来表示空间中这些复杂的曲面片,将连续的三维曲面片离散化成一系列的三角拼接而成的三角网,可以有效地表示曲面片的三维几何外观。这样,整个三维地质模型的空间拓扑关系可以表示成:三维地质模型→三维地质块体→三角网→三角形→边→控制点。

这些对象的基本数据结构成员及关系如图 3-2 所示。

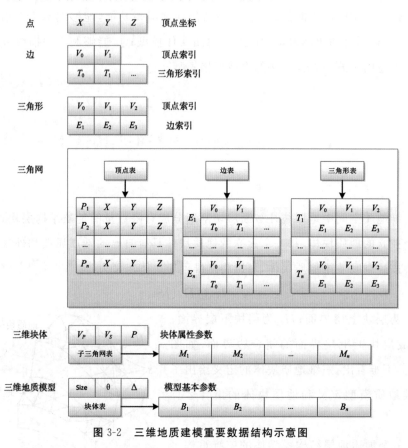

图 3-2　三维地质建模重要数据结构示意图

第三节　模型曲面重构

曲面是描述三维地质体分界面的重要工具,也是三维块状建模的基础。在建模系统中通常使用三角网来表示地层曲面或断层面,因此三角网是三维地质建模中最基础也是最重要的工具。利用三角剖分可以将绘制在多个剖面上不规则分布的数据点或者是导入的离散数据点连接起来,构造连续的三角网来逼近三维地质体表面。通常对于三角剖分问题可以提出许多约束条件，如最小角最大化、边的总长度最小化等。在许多应用中，最好的三角剖分是使所有的三角形尽可能成为"等边的"，或边长的总长度最小。Delaunay 三角剖分使得剖分后任意一个三角形的外接圆不包含点集中其他任何点，因而可以保证所有三角形尽可能成为"等边的"，从而避免出现狭长的三角形。

在地质曲面构建过程中，由于输入的离散数据点疏密程度不一，直接利用 Delaunay 剖分得到的三角网比较粗糙，因此，需要利用曲面插值和拟合方法对原有三角网进行加密处理。插值和拟合都是利用曲面函数插值或逼近空间离散数据点方法来构造空间三维曲面。早在 20 世纪 60 年代曲面插值问题就已经引起了人们的注意，经过多年的研究，已经有多种算法被提出，并且应用广泛。但是，由于实际应用中数据量大小不同，对连续性的要求也不同，还没有一种算法能够适应所有的应用场合。大多数的方法只能适用中、小规模数据量的插值问题，大规模散乱数据的插值方法目前还以拟合逼近为主。再提出自适应层次 B 样条插值方法，实现大规模散点数据插值，用于三维地质建模中。

一、反距离加权法

该方法最早是由气象及地质工作者提出的，后来由于 D. Shepard 的工作被称为 Shepard 方法。其基本思想是将插值函数 $F(x,y)$ 定义为各数据点函数值 f_k 的加权平均，即

$$F(x,y) = \frac{\sum\limits_{k=1}^{n} \dfrac{f_k}{[d_k(x,y)]^\mu}}{\sum\limits_{k=1}^{n} \dfrac{1}{[d_k(x,y)]^\mu}} \tag{3-1}$$

式中，$d_k(x,y) = \sqrt{(x-x_k)^2 + (y-y_k)^2}$，表示由点 (x,y) 到点 (x_k,y_k) 的距离。μ 值一般取为 2。不同的 μ 值对曲面形态有一定的影响，如果对式(3-1)求导则有如下结论。

如果 $0 < \mu \leq 1$，则 (x_k,y_k) 处不存在一阶偏导数，即在该点处形成角点或尖点；如果 $\mu > 1$，则 (x_k,y_k) 处的一阶偏导数为 0，即在该点处的切平面平行于 (x,y)，形成平台效应。

Shepard 方法是一种常用的曲面插值算法，该方法的插值结果是 C^0 连续。而且当增加、删除或者改变一个控制点时，需要重新计算整个曲面，因而是一种全局插值算法。当插值数据比较多时，采用全局 Shepard 方法计算速度比较慢，可以对每个控制点的作用范围加以限制，按区块划分控制点，使得当 (x_k,y_k) 与某一点距离大于给定值时就令权值为 0，这样可以加快插值速度，同时因为控制点距离待插值位置较远时对待插值点影响不大，所以对插值效果没有太大损害。

二、径向基函数插值法

一个点(x,y)的这种基函数形式往往是$h_k(x,y)=h(d_k)$,这里d_k表示由点(x,y)至第k个控制点的距离。Multiquadric方法是最早提出并且应用最为成功的一种径向基函数插值方法。它采用的插值基函数为

$$F(x,y)=\sum_{i=1}^{n}a_i[(x-x_i)^2+(y-y_i)^2+\Delta^2]^{1/2} \tag{3-2}$$

式(3-2)中,Δ为任意常数,用于控制曲面的圆滑程度,Δ越大曲面越圆滑,但Δ的取值过大会导致病态的系数矩阵,影响求解,因此在大多数情况下,Δ取值小些则效果会比较好。

对于一组已知的原始数据点$(P_1,P_2,\cdots,P_n)$,将每个数据点对应的坐标(x_i,y_i,z_i)代入式(3-2),可以得到n个关于系数$(a_1,a_2,\cdots,a_n)$的线性方程(3-3),利用数值算法求解,可以得到n个系数的数值解。这样当需要计算某一未知点(x,y)处的高程坐标z时,只需将x,y代入上面的插值基函数即可。

$$z=\sum_{i=1}^{n}a_i[(x-x_i)^2+(y-y_i)^2+\Delta^2]^{1/2} \tag{3-3}$$

Multiquadric方法构造的曲面具有二阶连续性,因此插值的曲面比较光滑。但是由于求解基函数系数需要解线性方程组,当数据点较多时,计算量太大,影响插值效率,因此,该方法通常用于中小规模散乱数据插值。

三、薄板样条法

这一方法是R. L. Harder和R. N. Desmarais在1972年提出的,后来由J. Duchon及J. Meingute等人予以发展。薄板样条法得名于如下事实,即使用此方法求出的散乱点插值函数使得式(3-4)这一泛函表达式具有最小值:

$$I(F)=\iint_{R^2}\left[\left(\frac{\partial^2 F}{\partial x^2}\right)^2+2\left(\frac{\partial^2 F}{\partial x\partial y}\right)^2+\left(\frac{\partial^2 F}{\partial y^2}\right)^2\right]\mathrm{d}x\mathrm{d}y \tag{3-4}$$

在这里,$I(F)$表示受限于插值点的无限弹性薄板的弯曲能量。

因此,这一方法的实质从力学观点看是使插值函数所代表的弹性薄板受限于插值点,并且具有最小的弯曲能量。这是一个泛函求极值的问题。这一变分问题的解即为所求的插值函数,其基函数具有$h_k(x,y)=h(d_k)=d_k^2\log d_k$的形式,其中$d_k$表示控制点$k$距离点$(x,y)$的距离。

式(3-5)是薄板样条的插值基函数:

$$F(x,y)=w_0+w_1x+w_2y+\sum_{i=1}^{n}a_ir_i^2\ln(r_i^2+\Delta) \tag{3-5}$$
$$r_i^2=(x-x_i)^2+(y-y_i)^2$$

在式(3-5)中,Δ 为任意常数,与径向基函数中的 Δ 作用一样,用于控制曲面的圆滑程度,Δ 越大曲面越圆滑,通常 Δ 根据实际情况取值不宜过大。对于一组已知的原始数据点$(P_1,P_2,\cdots,P_n)$,将每个数据点对应的坐标(x_i,y_i,z_i)代入式(3-6)所示的线性方程组,建立 $n+3$ 个关于系数$(w_0,w_1,w_2,a_1,a_2,\cdots,a_n)$的线性方程组,利用数值算法求解,可以得到 $n+3$ 个系数的数值解。这样当需要计算某一未知点(x,y)处的高程坐标 z 时,只需将 x,y 反代入上面的插值基函数即可。

$$
\begin{pmatrix}
0 & R_{12} & R_{13} & \cdots & R_{1n} & 1 & x_1 & y_1 \\
R_{21} & 0 & R_{23} & \cdots & R_{2n} & 1 & x_2 & y_2 \\
\vdots & \vdots & \vdots & & \vdots & \vdots & \vdots & \vdots \\
R_{n1} & R_{n2} & R_{n3} & \cdots & 0 & 1 & x_n & y_n \\
1 & 1 & 1 & \cdots & 1 & 0 & 0 & 0 \\
x_1 & x_2 & x_3 & \cdots & x_n & 0 & 0 & 0 \\
y_1 & y_2 & y_3 & \cdots & y_n & 0 & 0 & 0
\end{pmatrix}
\begin{pmatrix}
a_1 \\ a_2 \\ \vdots \\ a_n \\ w_0 \\ w_1 \\ w_2
\end{pmatrix}
=
\begin{pmatrix}
z_1 \\ z_2 \\ \vdots \\ z_n \\ 0 \\ 0 \\ 0
\end{pmatrix}
\tag{3-6}
$$

式中,$R_{ij}=r_{ij}^2\ln(r_{ij}^2+\Delta)$。

薄板样条插值法构造的曲面也具有二阶连续性,曲面光滑美观并且通过所有给定的控制点。但是该方法也需要求解大型线性方程组,当插值数据点太多时,求解方程组的代价很高,因而该方法也主要应用于中、小规模的散乱数据插值,效果与径向基函数相似。

四、B样条插值

在三维地质建模中,如果地下构造较为平缓,可以用较少的控制点描述,但当地表非常剧烈或者地下构造异常复杂,则控制点较多。以 400 km^2 范围的模型为例,12.5 m$\times$12.5 m 的网格,大概需要 1.96×10^6 个控制点,对地下构造还要考虑边界不整合条件,因此需要使用大规模散乱数据插值方法。基于 B 样条的大规模插值方法是一种有效的大规模散乱数据插值方法,虽然方法无法保证插值曲面能够完全通过所有插值控制点,但该方法的拟合曲面精度较高,能够满足三维地质建模的需要。

设在三维空间中,有一散乱点集合 $P=\{(x_c,y_c,z_c)\}$ 在 XOY 平面上有一个矩形域 Ω,

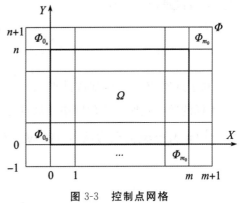

图 3-3　控制点网格

(x_c, y_c) 是 Ω 中的一个点。为了近似地表示散乱点集合 P，可以构造 $m \times n$ 个均匀的双三次 B 样条曲面片集合来逼近它，m 表示沿 X 方向将 Ω 分成 m 等分，n 表示沿 Y 方向 Ω 将分成 n 等分。这 $m \times n$ 个双三次 B 样条曲面片由覆盖在 Ω 上的控制点网格 Φ 来定义，如图3-3所示，Φ 为 $(m+3) \times (n+3)$ 的控制点网格，均匀覆盖在矩形域 Ω 的整数网格点上。Φ_{ij} 表示网格 Φ 中序号为 ij 的控制点，其中，$i = -1, 0, \cdots, m+1; j = -1, 0, \cdots, n+1$。

于是，由这些控制点定义的上三次 B 样条函数为

$$F(x, y) = \sum_{k=0}^{3} \sum_{l=0}^{3} B_k(s) B_l(t) \phi_{(i+k)(j+l)} \tag{3-7}$$

式中，$i = [x] - 1, j = [y] - 1, s = x - [x], t = y - [y]$，$B_k$ 及 B_l 为均匀双三次 B 样条的基函数：

$$B_0 = \frac{1}{6}(-t^3 + 3t^2 - 3t + 1)$$

$$B_1 = \frac{1}{6}(3t^3 - 6t^2 + 4)$$

$$B_2 = \frac{1}{6}(-3t^3 + 3t^2 + 3t + 1) \tag{3-8}$$

$$B_3 = \frac{1}{6}t^3$$

根据式(3-7)和(3-8)可以知道，求解表示散乱数据点集双三次 B 样条曲面的问题归根结底是求解控制点网格 Φ。

为了确定未知的控制点网格，先考虑点集 P 中的一个点 (x_c, y_c, z_c)，由式(3-7)可知，函数值 $F(x, y)$ 与其领域内的 16 个控制点有关，控制点阵列 $\Phi_{i+k, j+l}$ 决定了函数值，于是有

$$z_c = \sum_{k=0}^{3} \sum_{l=0}^{3} w_{kl} \phi_{(i+k)(j+l)} \tag{3-9}$$

式中，$w_{kl} = B_k(s) B_l(t), s = x_c - [x_c], t = y_c - [y_c]$。

显然有很多组 $\Phi_{i+k, j+l}$ 可满足式(3-9)，这是一个欠定方程，根据最小二乘原理，用伪逆矩阵可以求出一组解为

$$\Phi_{(i+k), (j+l)} = \frac{w_{kl} z_c}{\sum_{a=0}^{3} \sum_{b=0}^{3} w_{ab}^2} \tag{3-10}$$

对于点集 P 中的全部散乱点，每一个点都可以用式(3-10)求出其相关的 16 个控制点，不同的散乱点所产生的网格控制点 Φ_c 是不同的，为了得到 Φ_{ij} 的最终值，可以令 $e(\phi_{ij}) = \sum (w_c \phi_{ij} - w_c \phi_c)^2$ 为最小，将 $e(\Phi_{ij})$ 对 Φ_{ij} 求导并令其为 0，由此可求出 Φ_{ij} 的值：

$$(\phi_{ij}) = \frac{\sum_c w_c^2 \phi_c}{\sum_c w_c^2} \tag{3-11}$$

五、层次 B 样条插值

为进一步提高 B 样条函数插值精度,提出多层 B 样条函数。

假设在矩形域 Ω 上定义了层次化的控制点网格 $\Phi_0,\Phi_1,\cdots\Phi_n$,并设第一层控制点网格 Φ_0 的规模已经给定,而且后续的各层控制网格的间距均为前一层的一半。如果 Φ_k 是一个 $(m+3)\times(n+3)$ 的控制点网格,则下一层 Φ_{k+1} 将有 $(2m+3)\times(2n+3)$ 个控制点。

使用多层 B 样条来逼近散点数据时,首先用上述 B 样条插值算法,在第一层网格 Φ_0 上求得控制点,构造逼近散乱点集 P 的初始曲面。这一双三次 B 样条曲面函数计为 F_0,它与 P 中的每一个点 (x_c,y_c,z_c) 存在着一定的差距,设为 $\Delta^1 Z_c=z_c-F_0(x_c,y_c)$。然后,在较为精细的控制点网格 Φ_1 上求取控制点,以形成双三次 B 样条函数 F_1,用来逼近近似差值 $P_1=\{(x_c,y_c,\Delta^1 z_c)\}$。于是 F_0+F_1 就与 P 中的每一点具有更小的差值,即 $\Delta^2 z_c=z_c-F_0(x_c,y_c)-F_1(x_c,y_c)$。依次类推,在第 k 层时,可以在网格 Φ_k 上得到控制点,用以表示 $P_k=\{(x_c,y_c,\Delta^k z_c)\}$,其中,$\Delta^k z_c=z_c-\sum_{i=0}^{k-1}F_i(x_c,y_c)$。最终的近似函数可以表示为

$$F=\sum_{k=0}^{n}F_k \tag{3-12}$$

式中,每一层的近似函数均为 C^2 连续,因此最终的双三次 B 样条函数也是 C^2 连续。图 3-4 是使用 6 层和 10 层 B 样条方法插值结果对比图,由图可见,插值得到的曲面既有良好的光滑程度,又有很高的逼近程度,且层数越高效果越好。另外对于不均匀的散点数据使用层次 B 样条方法可以在数据点稀疏的地方保持曲面的大体趋势,又能够在数据点密集的地方更好地逼近散点数据,因而可以适用于大规模规则或者不规则的三维地表和地层曲面插值。

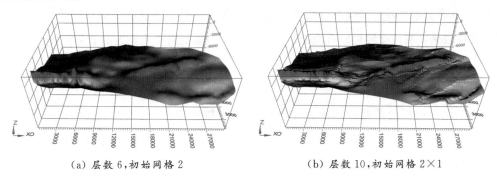

(a) 层数 6,初始网格 2 　　　　　　　(b) 层数 10,初始网格 2×1

图 3-4　使用层次 B 样条方法的插值效果对比

六、自适应层次 B 样条插值

前面介绍的层次 B 样条方法在实际使用中具有良好的效果,但是插值前,需要自定

义初始网格规模和层数,难度较大,因此提出自适应层次 B 样条方法,只需指定插值精度,系统自动确定初始网格的规模和层数。

对于初始网格规模,可以根据矩形域的横纵比来确定,将短边的网格数设为 1 或一个基数 n,长边的网格数设为长短比例与短边网格数乘积的取整。这样可以保证每一小片 B 样条曲面控制矩形的横纵边比例基本为 $1:1$,这样构造的 B 样条曲面比较美观。

层次 B 样条的层数,可以在插值过程中确定,对于第 k 层 B 样条曲面,求出 $\Delta^k z_c$ 后与给定的误差限进行比较,如果大于给定误差限则继续增加第 $k+1$ 层曲面,否则说明已达到精度要求,Φ_k 就是最终控制网格,层次 B 样条的层数为 $0,1,\cdots,k$。

第四节　曲面求交算法优化

三维地质曲面求交和分割是一个相对复杂的技术,它的基本思路是先进行曲面三角网的碰撞检查,找出碰撞的三角形对,求出三角形对的交线段,并且串联形成曲面交线,最后用交线将被切割曲面划分成多个子曲面。求交前相交曲面的三角网是各自独立划分的,因此求出的交线形态可能不理想,交线段长短不一,甚至存在极短的交线段。用这样的交线段对原有的曲面进行限定和划分,同时考虑到原有曲面中可能存在距离交线非常近的点,那么直接划分的新三角网在交线附近会出现大量的狭长三角形,这严重影响了曲面网格的质量,对之后的地质块体追踪和射线追踪都造成了严重的影响,因此需要对曲面切割进行优化,尽量避免产生狭长的三角形。通过上述分析,曲面优化可以从两方面进行,一方面对求交后的交线进行优化,在保持交线整体形态的情况下去除较短的交线段;另一方面则是在利用交线对原有曲面进行限定前先去除距离交线较近的非关键点。

一、交线优化

交线优化的目的是删除间距小于指定阈值的较短交线段,同时保留交线的关键点(如交线的端点、交线与其它交线的交点),且尽可能地保持交线的整体形态。交线优化的基本思路是遍历交线中的交点,每个交点最多关联两个交线段(交线端点则只关联一个交线段),如果交点 Pi 关联的交线段长度小于指定阈值 ε,且该交点不是关键点,那么该交点是潜在可以删除的点。优化算法会在一轮遍历中找出所有潜在的可删除点,并且计算该点与其前后两个相邻点所形成的夹角 θ,最后在本轮迭代中仅删除 θ 最小的顶点。接下来算法会在删除后的交线上继续迭代,找出下一个删除点,直至所有交线段间距都大于指定阈值ε为止。

利用该算法可以去除原有交线中较短的交线段,并且在最大程度上保持了交线的原有形态。图 3-5(a)是使用一条未经优化的交线,对曲面三角网进行重划分的结果,可以看出由于交线上存在一些较短的交线段,三角网在交线处形成了一些狭长三角形,而图 3-5(b)则是使用上述算法优化后的交线,优化后较短的交线段被去除了,且优化后的交线段与原有交线的形态基本一致,且优化后的交线去除了较短的交线段,因此利用该交线对原有曲面进行重新限定或者分割时有效避免狭长三角形的产生,提高曲面三角形网格的质量。

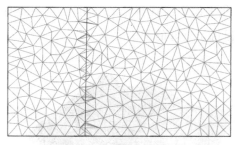 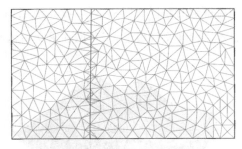

　（a）未经优化的交线限定剖分结果　　　　　　（b）优化后交线限定剖分结果

图 3-5　交线优化效果对比图

二、曲面限定、分割优化

删除交线中较短的交线段可以有效提高和改善限定或分割后曲面三角网的形态,另外三角网中可能还存在距离交线较近的顶点,为了进一步提高和改善网格质量,在曲面进行限定或分割前,应当删除距离交线在一定阈值ε范围内的顶点,然后再使用保留的顶点与交线点一起进行限定三角网剖分,建立新的三角网,图 3-6(a)是原始未经任何优化所得到的切割后曲面三角网格,图 3-6(b)是使用了上述 2 种优化算法得到的切割后曲面三角网格。通过对比可以看出优化后三角网格的质量得到了很大提升,网格中基本不存在狭长三角形,这为后续块体追踪和射线追踪打下了良好基础,在一定程度上提高了程序的稳定性。

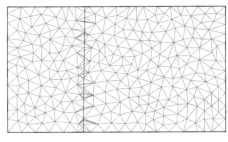 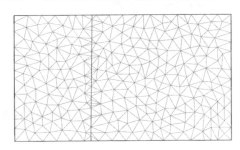

　（a）未经优化的限定剖分结果　　　　　　　　（b）优化后限定剖分结果

图 3-6　曲面切割优化效果对比图

三、曲面求交优化效果分析

为了验证曲面求交切割优化算法的效果和适用性,项目组对大量模型进行了试算,经对比分析发现上述优化算法对各种曲面模型均具有较好的优化效果,图 3-7(a)显示了一个主断层和多个待切割的地层曲面;图 3-7(b)是曲面切割后的效果,经曲面切割后的地层超出断层部分被断层面去除掉,在相交的位置形成了拓扑一致的交线;图 3-7(c)是使用原有未优化算法得到的切割后断层面网格,可以看见断层面上留下了明显的交线痕迹,而且交线附近三角形变得很不均匀,且有狭长三角形出现;图 3-7(d)是使用优化算法处理后得到的断层面网格,可以看见断层面上几乎没有出现狭长的三角形,如果不仔细观察难以发现交线痕迹,三角网在求交后依然保持了良好的网格质量。

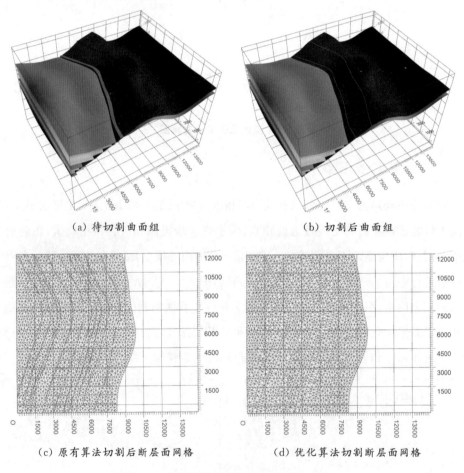

(a) 待切割曲面组　　　　　　　　　(b) 切割后曲面组

(c) 原有算法切割后断层面网格　　　　(d) 优化算法切割断层面网格

图 3-7　复杂模型曲面优化切割效果对比图

第五节　块的形成与检测

通过三角网剖分及空间插值与拟合算法生成的只是三维空间曲面模型,模型不仅没有从视觉上展示出地层块体的三维效果,更谈不上区分地层与描述地层属性,因此需要通过块体追踪,将各地层曲面和断层面之间的地质块体块追踪出来,生成一个个单独的封闭块体对象。这样一来就可以为每一个单独的块体赋予相应属性(地层横波速度、纵波速度、密度等),同时还可以赋予不同的颜色,以表示不同的地质块体。通过对曲面模型进行块体追踪后生成的模型称为块体模型。

一、块体追踪原理

块体追踪的基本原理是通过空间三角网中各三角形的边棱关系以及一定的追块方向来进行块体追踪的。

为了方便块体精确追踪原理的描述,首先在二维情况下探究块体追踪的基本思路。如 3-8 所示,由肉眼观察可立即识别出该图中存在两个明显的块体:左半部分(灰色背景)、右半部分(白色背景)。假设块体追踪从顶点 A 开始,并逆时针进行。按照逆时针方向,与 A 相连的顶点为 B,于是从 A 追踪找到 B 顶点;而由 B 顶点继续逆时针追踪发现

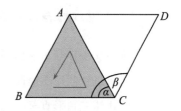

图 3-8　二维块体追踪示意图

C 顶点;此时与 C 顶点相连的边分别为 CA 和 CD;追块算法需要决定继续向哪一条边进行块体追踪。

若按照逆时针的方向,可以观察到由 BC 边出发追踪到 CA 边的角度 α 比从 BC 边出发追踪 CD 边的角度 β 小,所以应当选择从 CA 边继续向下追踪而不是 CD 边,依次进行下去,可追踪得到块体 $A \rightarrow B \rightarrow C \rightarrow A$,即当追踪到已经存在的顶点后表示已成功追踪到一个块体。此时,从空间中任意选择一个未遍历过的顶点,如 D,继续进行块体追踪,直至所有的顶点都被遍历完成。于是,追块程序能够成功的追踪到两个独立的二维块体。

注意,算法中计算两个向量间的夹角 α 及 β 可采用向量的叉乘和点乘。假设 $\overrightarrow{DE}$ 和 $\overrightarrow{EB}$ 均为单位向量(长度为1),则可知 $\cos \alpha = \overrightarrow{BC} \times \overrightarrow{CA}$,于是

$$\begin{cases} \alpha = \arccos(\overrightarrow{BC} \times \overrightarrow{CA}) \\ \beta = \arccos(\overrightarrow{BC} \times \overrightarrow{CD}) \end{cases} \qquad (3\text{-}13)$$

上面是二维追块的大致思路和描述。然而，三维追块算法相对于二维会增加更多的细节。如图 3-9 所示，假设算法追踪到三角形 ABC 的 BC 边（图中粗黑线所示），可以知道与 BC 边相邻的三角形有两个：BCE 和 BCD。根据肉眼我们可以直观地观察到，若我们采取同二维追块一样的逆时针追踪方法，应当选择三角形 BCE 而不是 BCD 继续追踪。

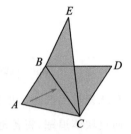

图 3-9 三维追块

如何让计算机知道向着旋转角小的三角形继续追踪呢？假设如图 3-10 中所在平面为与 BC 边垂直的平面。A'、D'、E' 分别为 A、D、E 向该平面的投影点。由此将三维空间中比较角度大小的过程转换到了二维追块中的向量角度比较。此时，只需要按照之前描述的方法计算出角度 α 及 β 的大小，并选择较小角度的邻边继续进行追踪即可。

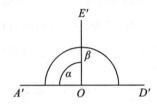

图 3-10 沿 BC 棱进行二维投影

二、三维块体自动追踪过程

三维地质块体是由层面、断层面和外边界面三角网片构成的封闭块体，块体内部介质具有相同或近似的地质属性。三维块体追踪是逐三角形进行的，以某一三角形开始不断搜寻邻接的块体三角形直至构成一个完整的封闭块体，三维块体追踪的具体方法如下。

（1）除外边界、地表、底层三角形外，将其余层面、断层面三角形多复制一份，改变其旋向，并将所有三角形的访问标志都置为 False。

（2）新建一个空的三维地质块体 Bi，选择一个访问标志为 False 的起始三角形，将它加入可用三角形队列 Q。

（3）取出 Q 队列的队头三角形 T。

（4）将 T 加入到块体中，并将其访问标志置为 True。

（5）遍历三角形 T 的三条棱边 $E1$、$E2$ 和 $E3$ 执行步骤⑥和⑦。

（6）根据棱边 Ei 找出以此为公共棱边的相邻三角形，如果相邻三角形只有一个则将其作为追踪的下一个三角形 Tb，若有多个，则确定一个垂直于棱边 Ei 的平面，将当前三角形 T 和多个相邻三角形都投影到该平面上，三角形投影到平面上以后缩为一条线段，找出与三角形 T 投影线段 L 夹角最小的三角形，将其作为追踪的下一个三角形 Tb。

（7）检查待追踪的相邻三角形，如果其访问标志为 False 则将其加入到队列 Q 中。

（8）如果队列 Q 为空说明当前块体追踪已结束执行步骤（9），否则返回步骤（3）处理下一个可用三角形。

（9）如果还存在未被追踪的三角形返回步骤（2），否则退出。

三、三维块体自动追踪效果

如图 3-11 所示，(a)为各曲面间相互求交后的结果（图中红色线条代表曲面间的交线）；(b)为采用三维精确追块算法后产生的不同地层块（不同的地层块以不同的颜色区分）。

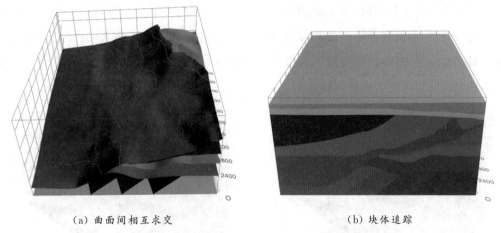

（a）曲面间相互求交　　　　　　　　　（b）块体追踪

图 3-11　三维块体精确追踪效果

可以看到，追块完成后，算法产生了完全正确的地层块体，无镂空曲面或者错误的块体存在。

第六节　块状建模技术流程

三维块状地质建模以地质曲面的创建与编辑为核心，用户通常以两种方法构建地质曲面，一种方法是通过编辑一组二维剖面，并从二维剖面上提取相同层位或断层的曲线构建三维曲面；另一种方法则是直接导入层位或断层的散点数据，通过对散点数据插值拟合建立三维曲面模型。在获得初始曲面模型后，用户需要利用交互编辑工具，对曲面进行适当的扩展和裁剪，当曲面模型达到拓扑一致后，就可以自动建立模型的外边界面，并进行自动块体追踪，获得封闭的三维地质块体，并利用射线离散化方法将块体模型最终转换为网格模型。

图 3-12 直观地展示了块状三维地质建模中的 4 个关键步骤，如图 3-12(a)所示，用于通过对剖面或离散点数据插值建立了初始曲面模型，该模型为拓扑不一致模型，模型中曲面相互交错，没有建立正确的切割关系。利用曲面裁剪功能对图 3-12(a)中的初始曲面模型进行裁剪，用切割曲面裁去其他曲面的多余部分并建立交切关系可以得到如图 3-12(b)所示的拓扑一致模型。以该模型为基础通过搜索模型的外边界曲线，可以自动创建模型四周的外立面，并对外立面进行三角网构建得到如图 3-12(c)所示的模型。此时利用自动块体追踪算法对模型中的曲面进行追踪，可以得到图 3-12(d)所示的封闭块体模型。建立块体模型后，每个块体具有自身封闭的曲面结构，同时每个地质块体可以填充近似的地球物体参数，如速度、密度、孔隙度等。此时得到的三维块体模型不仅具有可视化的外观，而且具有物性参数，可以作为射线、射线束方法的输入，进行数值模拟计算。对于波动类方法，块体模型不能直接作为输入，还需要利用射线离散化方法将三维块体模型进一步转换为离散网格模型。

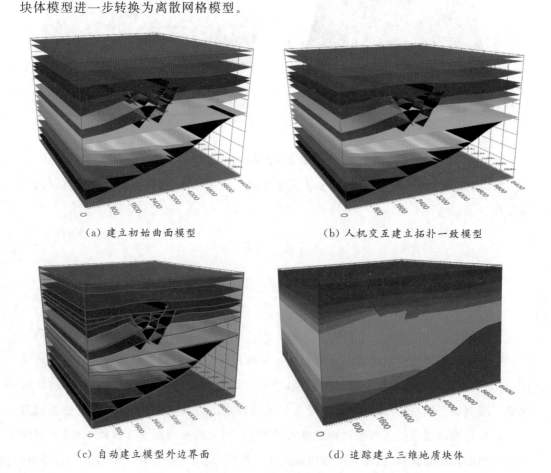

(a) 建立初始曲面模型　　　　　　　　　(b) 人机交互建立拓扑一致模型

(c) 自动建立模型外边界面　　　　　　　(d) 追踪建立三维地质块体

图 3-12　自动建立模型外边界面

第七节　SWGeoModel 软件研发

SWGeoModel 软件模块是一套交互式三维地质建模系统。

一、软件系统架构

软件包含工程管理、数据导入导出、三维视图管理、剖面编辑、曲面编辑和三维地质块体编辑等 6 个功能模块，如图 3-13 所示。

二、软件流程简介

完整的三维地质建模交互过程如图 3-14 所示，建模以新建工程、定义层位、块体基本参数为开始，以三维曲面模型的创建和编辑为核心，最终创建三维块状模型并导出离散网格模型。

三、软件功能简介

SWGeoModel 是一套交互式三维地质建模系统，支持剖面和曲面两类建模方法，能够生成三维块状地质模型，并可导出为 Segy 格式的离散网格模型。系统在建模方法上既支持剖面构造曲面模型的方法，也支持散点插值或直接三维编辑构造曲面的方法，具有完备的三维地质建模功能和完善的三维可视化效果。除此之外系统还增加了 GIS 支持，能够导入 GeoTiff 格式的地表高程，能够建立真实地表的三维地质模型。

四、软件主要功能展示

（1）工程管理及数据导入导出。包括新建、打开、保存、项目设置、导入、导出、最近的项目、关闭和退出等子项，如图 3-15、图 3-16 所示。

（2）地层属性、块体属性、剖面编辑功能。包括地层属性编辑、块体属性编辑、剖面编辑等，如图 3-17 所示。

（3）曲面编辑。包括曲面创建、曲面旋转平移、曲面局部编辑、曲面扩展、曲面剪裁、曲面切割等，如图 3-18 所示。

（4）三维块体模型创建。包括外立面创建、拓扑关系构建以及自动块体追踪等，如图 3-19 和图 3-20 所示。

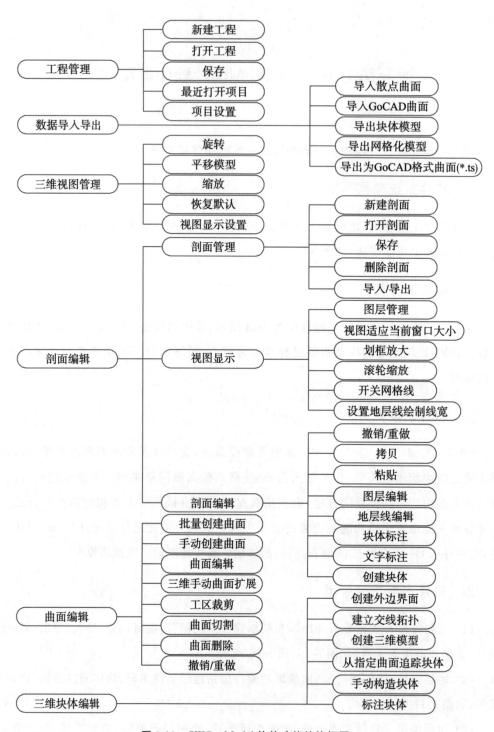

图 3-13 SWGeoModel 软件功能结构框图

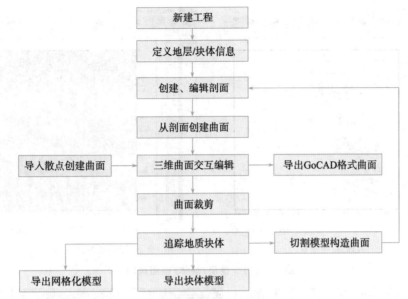

图 3-14 三维建模流程图

图 3-15 工程设置

图 3-16 导入散点数据

（a）地层属性编辑

（b）块体属性编辑

图 3-17(1) 地层/块体/剖面编辑

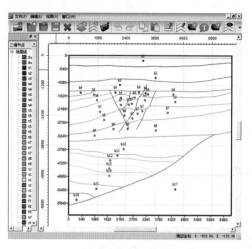

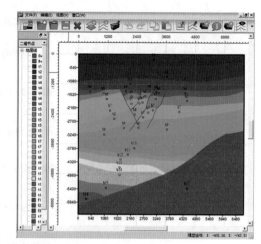

（c）剖面编辑窗口　　　　　　　　　　　　（d）剖面内块体定义

图 3-17(2)　地层/块体/剖面编辑

（a）批量创建曲面　　　　　　　　　　　　（b）曲面剪裁

图 3-18　曲面编辑

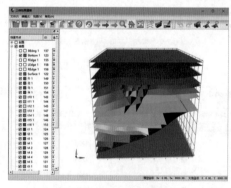

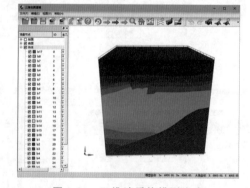

图 3-19　层位模型生成　　　　　　　**图 3-20　三维地质体模型生成**

　　将 DEM 数据加载的三维模型上，更有利于了解工区整体地貌，便于施工方案决策，如图 3-21 所示。

 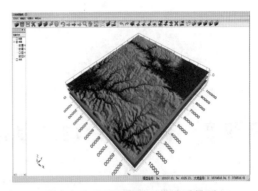

（a）三维地质模型　　　　　　　　（b）加入 DEM 数据三维地质模型

图 3-21　　DEM 三维真地表模型

第四章 面向复杂地质目标的菲涅尔高斯束正演

地震波正演模拟在资料采集、处理和解释中都具有至关重要的作用[89]。前文分析，波动方程方法模拟波场丰富、精度高，但计算量大、计算时间长，不满足野外施工现场三维地震勘探技术设计的时效性要求。射线类方法计算效率快，占用系统资源小，但只能模拟地震波的运动学特征，对复杂地质体模型存在阴影区，不满足对复杂地质目标勘探技术设计的精确性要求。

高斯射线束方法既考虑了波的运动学特征，又考虑了波的动力学特征，能够适用于复杂非均匀介质模型[90]。与射线类方法相比较，对阴影区能量有一定补偿作用；与波动类方法相比较，其计算效率快，计算精度也能够满足地震勘探前期技术设计需求，在野外生产中具有重要的推广应用价值[91]。

第一节 二维菲涅尔高斯束正演

一、二维高斯束正演模拟

Červený 等人从弹性动力学方程出发，引入如图 4-1 所示的射线中心坐标系，求二维弹性动力学方程在该坐标系下，集中于中心射线的高频近似解，其波场的主分量在频率域具有如下表达形式[92]：

$$U_p(s,n,\omega,t) = A(s)\exp\left\{-i\omega[t-\tau(s)] + \frac{i\omega}{2}M(s)n^2\right\} \tag{4-1}$$

式中，U_p 为 P 波主分量，(s,n) 为某一中心射线 Ω 的射线坐标系坐标，s 为中心射线 Ω 上某点到任意参考点的弧长，n 代表 Ω 附近一点到 s 点的距离；与射线 Ω 相切的单位切向量 t 和与射线 Ω 垂直并指向 Ω 同一侧的单位法向量 n 为坐标系的两个基矢量；ω 为圆频率；i 为虚数单位；t 为时间参量。$\tau(s)$ 和 $M(s)$ 可表示为

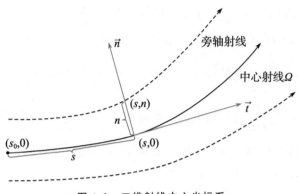

图 4-1　二维射线中心坐标系

$\tau(s) = \displaystyle\int_{s0}^{s} \frac{\mathrm{d}s}{v(s,0)}$，$\tau(s)$ 为中心射线 Ω 上某点的走时。

$M(s) = \dfrac{p(s)}{q(s)}$，式中，$p(s)$ 和 $q(s)$ 是两个复值动力学参数，与射线传播路程和传播速度相关，满足动力学射线追踪方程：

$$\begin{cases} \dfrac{\mathrm{d}q(s)}{\mathrm{d}s} = v(s,n)\,p(s) \\[3mm] \dfrac{\mathrm{d}q(s)}{\mathrm{d}s} = -\dfrac{v_{,nn}}{v^2(s,n)}q(s) \end{cases} \tag{4-2}$$

式中，$v_{,nn} = \dfrac{\partial^2 v(s,n)}{\partial n^2}\Big|_{n=0}$；$v(s,n)$ 为中心射线的传播速度。

$A(s)$ 为振幅值。基于层状介质假设，S_0 为激发点，R 为接收点，经过 N 个界面反射，则接收点 R 点处振幅值可以用式(4-3)表示：

$$A(R) = A(S_0)\left[\frac{\rho(S_0)v(S_0)q(S_0)}{\rho(R)v(R)q(R)}\right]^{1/2}\prod_{i=1}^{N}R_i\prod_{i=1}^{N}\left[\frac{\rho'(Q)v'(Q)}{\rho(Q)v(Q)}\right]^{1/2}\prod_{i=1}^{N}\left[\frac{\sin\beta_i}{\sin\alpha_i}\right]^{1/2} \tag{4-3}$$

式中，R_i 为第 i 个界面的反射系数或者透射系数，Q 为某个目的层的反射点或者透射点，ρ 和 ρ' 分别为射线入射一侧和出射一侧的介质密度，v 和 v' 分别为射线入射一侧和出射一侧的地震波传播速度，a_i 和 β_i 分别为中心射线经过第 i 个反射界面时，与射线中心坐标系 X 轴正方向的夹角，如图 4-2 所示。

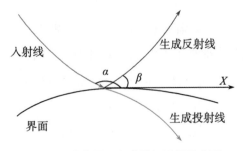

图 4-2　波在界面上反射与透射示意图

为方便对高斯束的基本性质与特点进行简单分析,忽略式(4-1)中的 e^{iwt},并分离 $P(s)/Q(s)$ 的实部和虚部,则可以得到具有更为明显的物理意义的高斯束表达式:

$$U_p(s,n,\omega,t)=A(s)\exp\left\{i\omega\tau(s)+n^2\left[\frac{i\omega}{2v(s)}K(s)-\frac{1}{L^2(s)}\right]\right\} \tag{4-4}$$

式中, $K(s)=v(s)\mathrm{Re}\left[\frac{p(s)}{q(s)}\right]$ 为高斯束的波前曲率; $L(s)=\left[\frac{\omega}{2}\mathrm{Im}\left(\frac{p(s)}{q(s)}\right)\right]^{-1/2}$ 为高斯射线束的有效半宽度,它依赖于频率值,如图 4-3 所示,在距中心射线 $L(s)$ 以外的接收点处,近似认为该中心射线没有贡献。

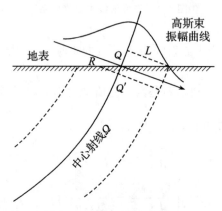

图 4-3　高斯射线束示意图

由式(4-4)可见, u_p 除与 s 有关外,还与 n 有关,随着 n 值的增大而呈指数型衰减,截取中心射线的振幅横截面分析,振幅呈高斯型分布。在中心射线上,延时为 $\tau(s)=\int_{s0}^{s}\frac{\mathrm{d}s}{v(s)}$,离开中心射线,延时便与 n 和 $K(s)$ 有关。

两个动力学参数 $p(s)$、$q(s)$ 满足以下两个条件:

(1) $q(s)\neq0$,则 $A(s)\nrightarrow\infty$,故沿整条中心射线的高斯射线束处处是正则的;

(2) $I_m\left[\frac{p(s)}{q(s)}\right]>0$,该条件使得射线束有效半宽度是有限的实数(能量集中于中心射线附近)。

当 $p(s)=0$ 时, $L(s)\rightarrow\infty$,振幅不随 n 的增大而衰减,则称之为旁轴射线法;当 $n=0$ 时, $A(s,n)=A(s)$,即能量全部集中于中心射线,则称之为普通射线法。

为了满足以上条件,在初始点处选取两组互相独立的初始条件:

$$\begin{bmatrix} q_1^{(0)} & q_2^{(0)} \\ p_1^{(0)} & p_2^{(0)} \end{bmatrix} = \begin{bmatrix} 1 & 0 \\ 0 & v^{-1}(s_0) \end{bmatrix} \tag{4-5}$$

根据龙格-库塔法可以解出中心射线上任意一点的两组独立线性方程解:

$$\begin{bmatrix} q_1(s) & q_2(s) \\ p_1(s) & p_2(s) \end{bmatrix}$$

构造复数解为

$$\begin{cases} p(s) = \varepsilon p_1(s) + p_2(s) \\ q(s) = \varepsilon q_1(s) + q_2(s) \end{cases} \tag{4-6}$$

式中,ε 为任意复常数,其决定了高斯射线束的波前曲率和有效半宽度,因此 ε 的选取非常重要,它决定了高斯束的性质。Weber 采用式(4-7)约束 ε 值,则能够在射线束终点处具有最小的半宽度,进而提高计算精度。

$$\varepsilon_1 = 0, \varepsilon_2 = -|q_2^{(R)}/q_1^{(R)}|, \varepsilon = \varepsilon_1 + i\varepsilon_2 = -i|q_2^{(R)}/q_1^{(R)}| \tag{4-7}$$

式中,i 为虚数单位。

将从震源点出发的所有射线束在接收点处叠加,并通过傅立叶变换即可得到时间域的地震波场:

$$u(R,t) = \frac{1}{\pi} \int_0^\infty (-i\omega)^{1/2} F(\omega) \int_0^{2\pi} \Phi(\varphi) u_\varphi(R,\omega) \mathrm{d}\varphi \mathrm{d}\omega \tag{4-8}$$

式中,$u(R,t)$ 为时间域的地震波场;i 为虚数单位;ω 为角频率;$F(\omega)$ 为震源函数 $f(t)$ 的频谱,这里为保证高斯射线束能够达到高频近似,$f(t)$ 为高频函数;φ 为中心射线入射角,$\Phi(\varphi)$ 为与 φ 有关的权函数;R 为接收点;$u_\varphi(R,\omega)$ 为初始入射角为 φ 的高斯射线束。

由 Červený 理论,$\Phi(\varphi)$ 满足式(4-9):

$$\Phi(\varphi) = -\frac{i}{4\pi} \left(\frac{\varepsilon}{v_0} \right)^{1/2} \tag{4-9}$$

式中,v_0 为震源处射线传播速度。

随后采用波包法,在时间域将射线能量进行叠加。波包法合成地震记录的离散表达式为

$$u(R,t) = \sum_{\varphi = \varphi_0}^{\varphi_N} g(R,\varphi) \Delta\varphi \tag{4-10}$$

式中,$\Delta\varphi$ 为中心射线的入射角间隔;$g(R,\varphi)$ 为接收点 R,波包 $g(R,\varphi)$ 的子波函数由式(4-11)给出:

$$f(t) = \exp\left[-(2\pi f_m t/\gamma)^2 \right] \cos(2\pi f_m t + v) \tag{4-11}$$

式中,$f(t)$ 称为 Gabor 子波,f_m 为主频,γ 为包络宽度,v 为介质速度。

由 Červený and Pšenčík 研究结论,可得波包 $g(R,\varphi)$ 的近似解析表达式:

$$g(R,\varphi) = (2\pi f_m)^{1/2} |\Phi A| \exp\left\{ -\left[2\pi f_m(t-\theta) \right]^2 + \left(\frac{2\pi f_m G}{\gamma} \right)^2 - 2\pi f_m G \right\} \times$$

$$\cos\left[2\pi f^*(t-\theta)+\upsilon+\frac{\pi}{4}-\arg(\Phi A)\right] \tag{4-12}$$

式中，$f^*=f_m(1-4\pi f_m G/\gamma^2)$，在 $2\pi f_m G/\gamma^2 \ll 1$ 时适用。由式（4-12）可知，高斯波包主频为 f^*，并且在时间上和空间上都具有高斯包络的特点。

综上所述，高斯射线束正演模拟流程主要包括三个步骤：

（1）作运动学射线追踪，求中心射线路径；

（2）作动力学射线追踪，求动力学参数 $p(s)$ 和 $q(s)$ 的值；

（3）对检波点附近的所有高斯束贡献加权叠加，得到波场值。

二、基于菲涅尔带约束的二维高斯束正演

由 Červený 和 Mülle 可知，高斯束的有效半宽度为

$$l(s)=\left[\frac{\omega_{ref}}{2}\text{Im}\left(\frac{\varepsilon p_1(s)+p_2(s)}{\varepsilon q_1(s)+q_2(s)}\right)\right]^{-1/2} \tag{4-13}$$

式中，ω_{ref} 为参考频率，ε 为复值初始束参数，$[p_1(s),q_1(s)]$ 和 $[p_2(s),q_2(s)]$ 分别为动力学射线追踪方程组平面波解和球面波解，Im 代表了复数的虚部。

由菲涅尔体射线追踪理论可知，第一菲涅尔带半径可近似写为

$$r_F(s)=\sqrt{\frac{\pi}{\omega_{ref}}\frac{q_2(s)}{p_2(s)}} \tag{4-14}$$

该表达式在震源处会存在不稳定问题，结合均匀介质中的菲涅尔带半径的解析解 $r(s)=\sqrt{\frac{\lambda s}{2}+\frac{\lambda^2}{16}}$，可以将其修正为

$$r_F(s)=\sqrt{\frac{\pi q_2(s)}{\omega_{ref}p_2(s)}+\frac{\lambda_{ave}^2}{16}} \tag{4-15}$$

式中，$\lambda_{avg}=2\pi\upsilon_{avg}/\omega_{ref}$，$\upsilon_{avg}$ 为介质的平均速度。

由惠更斯-菲涅尔原理可知，地震波波场能量主要分布在第一菲涅尔半径范围内，由此，使用式（4-16）约束条件：

$$l(s)=r_F(s) \tag{4-16}$$

将式（4-13）和式（4-15）带入式（4-16），并考虑到 $\varepsilon_1=0$，$\varepsilon=\varepsilon_1+\text{i}\varepsilon_2$，$q_1 p_2-q_2 p_1=1$，可以得

$$\varepsilon(s)=-\text{i}\frac{\omega_{ref}r_F^2+2\sqrt{|(\omega_{ref}r_F^2/2)^2-4q_1^2(s)q_2^2(s)|}}{4q_1^2(s)} \tag{4-17}$$

与常规高斯束方法不同的是，这里的 ε 不再是一个复常数，而是随射线弧长动态变化的函数，这是基于菲涅尔带约束的高斯束（以下简称菲涅尔高斯束）正演方法与常规高斯

束方法的主要区别。

此时,可以给出该种情况下高斯射线束在频率域的表达式为

$$U(s,n,\omega)=\sqrt{\frac{v(s)}{\varepsilon(s)q_1(s)+q^2(s)}}\exp\left\{i\omega\left[\tau(s)+\frac{1}{2}\frac{\varepsilon(s)p_1(s)+p_2(s)}{\varepsilon(s)q_1(s)+q_2(s)}n^2\right]\right\} \quad (4\text{-}18)$$

式中,$\varepsilon(s)$如式(4-17)所示。为了对比常规高斯束与菲涅尔高斯束的传播形态差异,建立均匀介质模型,速度为 2 000 m/s,频率为 20 Hz,参考频率为 10 Hz,两者传播形态以及有效半宽度对比如图 4-4 所示。

通过对比可知,常规高斯射线束的初始有效半宽度约为$\sqrt{2}\lambda$,在后续的射线路径上以双曲规律增大;而菲涅尔高斯束的初始有效半宽度约为$\frac{1}{4}\lambda$,在后续的传播路径上以平方根规律增大。因此,相对于常规高斯射线束而言,菲涅尔高斯束在整条射线路径上得到限制,具有较小的有效半宽度,这使得中心射线附近的接收点波场振幅和走时计算更准确,进而提高了波动方程数值解的精度,尤其对起伏地表和起伏地层模型更具优势。

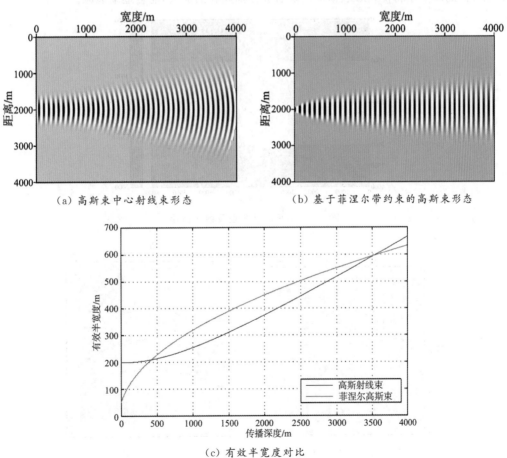

(a) 高斯束中心射线束形态　　　　　　(b) 基于菲涅尔带约束的高斯束形态

(c) 有效半宽度对比

图 4-4　常规高斯射线束和菲涅尔高斯束形态以及有效半宽度对比

三、理论模型验证

下面通过典型理论模型,验证本文实现的基于菲涅尔带约束的高斯束正演方法的正确性,并与常规高斯射线束、射线追踪方法和波动方程方法做对比分析。

(一)水平层状模型

水平层状模型及射线路径如图4-5所示。模型大小为8 000 m×4 000 m,3个水平目标层深度分别为1 000 m、2 000 m和3 000 m。中间放炮两边接收,炮点位于4 000 m处,道间距25 m,接收道数320道,采样间隔2 ms,记录长度4 s。分别采用有限差分法、试射迭代法、高斯射线束和菲涅尔高斯束方法模拟得到单炮记录,如图4-6,可见波动方程正演波场较为丰富,能够模拟出直达波,而射线类正演方法则不考虑直达波;4种正演模拟方法得到的反射波同相轴的位置和形态基本一致,说明其运动学特征一致;射线追踪方法没有考虑波传播的动力学特征,因此在纵向上没有能量变化,而高斯束正演和波动方程正演方法考虑地震波的动力学特征,在纵、横向上随着波传播路径的加大,能量逐渐衰减。

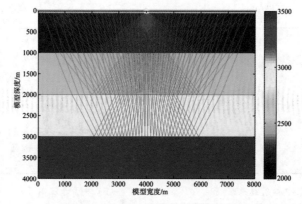

图4-5 水平层状模型及射线路径

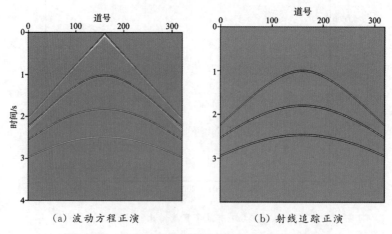

(a)波动方程正演　　　　　　　　(b)射线追踪正演

图4-6(1) 水平层状模型四种正演方法模拟结果对比

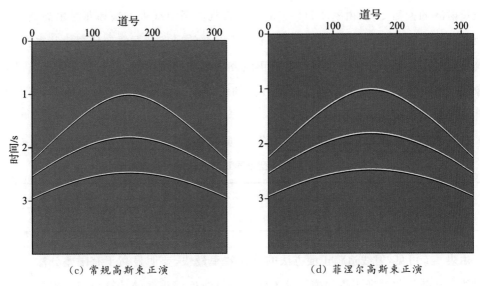

（c）常规高斯束正演　　　　　　　　（d）菲涅尔高斯束正演

图 4-6(2)　水平层状模型四种正演方法模拟结果对比

分别提取 4 种正演模拟单炮的某一单道做对比，如图 4-7 所示，地震波在传播过程中，子波的相位和振幅均在发生变化，相位变化主要由介质的非均匀性引起；振幅变化主要由地震波传播过程中的反射、透射以及几何扩散引起的。由图 4-7(a)可知，射线追踪正演方法不考虑地震波传播过程中的反射、透射和几何扩散产生的能量损失，因此不能

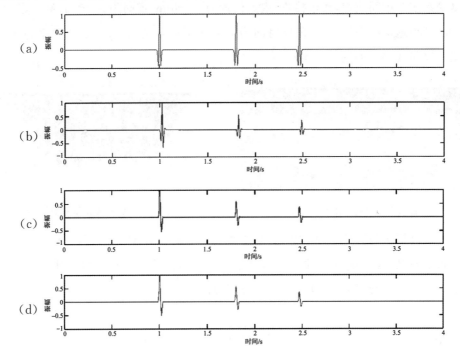

（a）射线正演；（b）波动方程正演；（c）高斯束正演；（d）菲涅尔高斯束正演

图 4-7　炮记录的单道提取结果对比

反映反射波的振幅变化；由图 4-7(b)-(d)可见常规高斯射线束方法和菲涅尔高斯束方法以及波动方程有限差分法得到的单炮记录中反射波的形态及振幅变化规律基本吻合，表明高斯射线束正演方法和菲涅尔高斯束正演方法都能够对反射、透射和几何扩散等波场现象较为准确地刻画，验证了本文提出方法的正确性。由于该模型较为简单，高斯束正演和菲涅尔高斯束正演差别不明显。

针对四种正演模拟方法耗时做对比分析，见表 4-1。

表 4-1 水平层状模型不同正演方法所用时间对比

	有限差分正演	射线正演	高斯射线束正演	菲涅尔高斯束正演
正演时间(s)	896.836	18.437	21.642	22.580

由表 4-1 可见，射线追踪正演方法的计算效率最快，要明显高于有限差分法正演；高斯射线束和菲涅尔高斯束正演模拟计算效率与射线追踪正演的计算效率基本接近，菲涅尔高斯束方法略慢，但都远高于有限差分法。

（二）背斜模型

模型大小为 10 000 m×4 000 m，各层速度依次为 2 000 m/s，2 500 m/s，3 000 m/s，3 500 m/s，见图 4-8。

观测系统为中间放炮，两边接收，炮点位置为 5 000 m，道间距为 25 m，最大炮检距为 4 000 m，最小炮检距为 25 m。采样时间为 4 s，采样间隔为 2 ms。子波频率为 30 Hz。高斯束正演射线路径如图 4-9 所示。

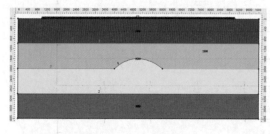

图 4-8 背斜速度模型

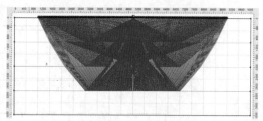

图 4-9 高斯束正演射线路径

菲涅尔高斯束与射线追踪方法、波动方程方法单炮记录对比，如图 4-10 所示。该模型背斜坡度较缓，范围较小，3 种正演模拟方法得到的目的层同相轴形态基本一致，只是在背斜与水平层位交界处，高斯束和波动方程方法产生了绕射波。

（三）向斜模型

模型大小为 10 000 m×4 000 m，各层速度依次为 2 000 m/s，2 500 m/s ，3 000 m/s，3 500 m/s，如图 4-11 所示。

观测系统为中间放炮，两边接收，炮点位置为 5 000 m，道间距为 25 m，最大炮检距为

4 000 m,最小炮检距为 25 m。采样时间为 4 s,采样间隔为 2 ms。子波频率为 30 Hz。高斯束正演射线路径如图 4-12 所示。

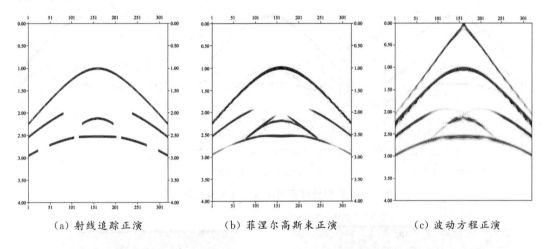

（a）射线追踪正演　　　　　（b）菲涅尔高斯束正演　　　　　（c）波动方程正演

图 4-10　背斜模型不同正演方法模拟记录对比

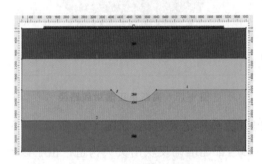

图 4-11　向斜速度模型

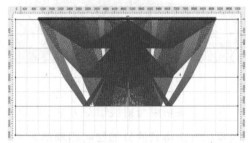

图 4-12　高斯束正演射线路径

菲涅尔高斯束方法与射线追踪方法、波动方程方法单炮记录对比,如图 4-13 所示。3 种正演模拟方法得到的目的层同相轴形态基本一致,都能准确反映出向斜构造。向斜构造对地震波传播影响较大,射线追踪方法单炮记录同相轴明显有缺失,菲涅尔高斯束方法和波动方程方法得到的单炮记录对同相轴反射盲区有一定弥补作用,菲涅尔高斯束方法弥补范围较小,波动方程正演波场较为丰富。

（四）尖灭模型

模型大小为 10 000 m×4 000 m,各层速度依次为 2 000 m/s,2 500 m/s,3 000 m/s,3 500 m/s,4 000 m/s,如图 4-14 所示。

观测系统为中间放炮,两边接收,炮点位置为 5 000 m,道间距为 25 m,最大炮检距为 4 000 m,最小炮检距 25 m。采样时间为 4 s,采样间隔为 2 ms。子波频率为 30 Hz。高斯束正演射线路径如图 4-15 所示。

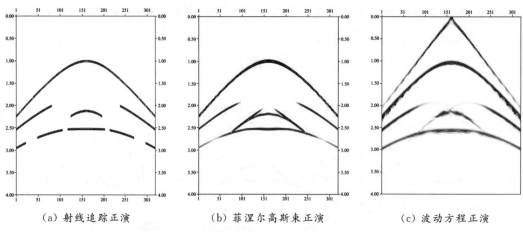

（a）射线追踪正演　　　　（b）菲涅尔高斯束正演　　　　（c）波动方程正演

图 4-13　向斜模型不同正演方法模拟记录对比

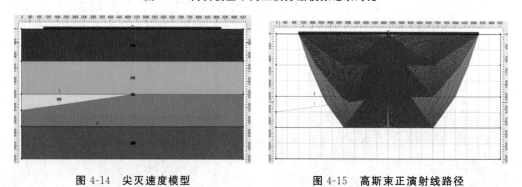

图 4-14　尖灭速度模型　　　　　　**图 4-15　高斯束正演射线路径**

　　菲涅尔高斯束与射线追踪方法、波动方程方法单炮记录对比，如图 4-16 所示。3 种正演模拟方法得到的目的层同相轴形态基本一致，都能准确反映出尖灭构造。由于该模型尖灭坡度较缓，范围较小，射线追踪方法单炮记录的反射轴有 4 道空缺，高斯束和波动方程方法产生的绕射波能量有效弥补了该同相轴的反射盲区。

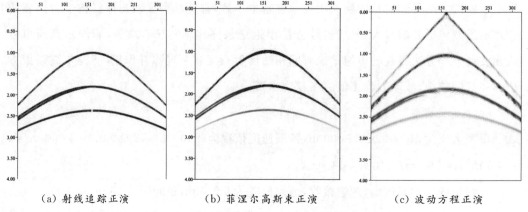

（a）射线追踪正演　　　　（b）菲涅尔高斯束正演　　　　（c）波动方程正演

图 4-16　尖灭斜模型不同正演方法模拟记录对比

（五）双斜模型

模型大小为 10 000 m×4 000 m,各层速度依次为 2 000 m/s,2 500 m/s,3 000 m/s, 3 500 m/s,如图 4-17 所示。

观测系统为中间放炮,两边接收,炮点位置为 5 000 m,道间距为 25 m,最大炮检距为 4 000 m,最小炮检距为 25 m。采样时间为 4 s,采样间隔为 2 ms。子波频率为 30 Hz。高斯束正演射线路径如图 4-18 所示。

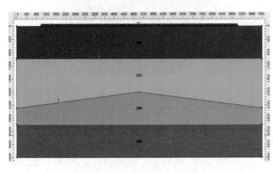

图 4-17　双斜速度模型　　　　　　　图 4-18　高斯束正演射线路径

菲涅尔高斯束与射线追踪方法、波动方程方法单炮记录对比,如图 4-19 所示。

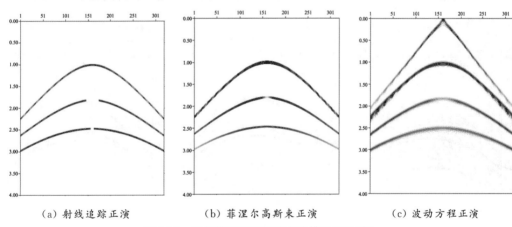

（a）射线追踪正演　　　　　　（b）菲涅尔高斯束正演　　　　　（c）波动方程正演

图 4-19　双斜模型不同正演方法模拟记录对比

3 种正演模拟方法得到的目的层同相轴形态基本一致,都能准确反映出双斜构造。双斜构造坡度较陡,从射线追踪方法单炮记录可见,双斜构造目的层同相轴能量缺失 25 道,对下覆地层也产生了影响,下覆地层同相轴缺失 5 道。菲涅尔高斯束方法和波动方程方法得到的单炮记录对同相轴反射盲区有明显补偿作用。菲涅尔高斯束正演模拟单炮中,双斜构造目的层有 10 道能量较弱,但基本不缺失,同时对下覆地层无影响。波动方程正演同相轴反射盲区都得到有效补偿,同相轴连续性更好。

（六）透镜体模型

模型大小为 10 000 m×4 000 m,各层速度依次为 2 000 m/s,2 500 m/s,3 000 m/s,

4 000 m/s,如图 4-20 所示。

观测系统为中间放炮,两边接收,炮点位置为 5 000 m,道间距为 25 m,最大炮检距为 4 000 m,最小炮检距为 25 m。采样时间为 4 s,采样间隔为 2 ms。子波频率为 30 Hz。高斯束正演射线路径如图 4-21 所示。

图 4-20　透镜体速度模型　　　　　图 4-21　高斯束正演射线路径

菲涅尔高斯束与射线追踪方法、波动方程方法单炮记录对比,如图 4-22 所示。三种正演模拟方法得到的目的层同相轴位置和形态基本一致,都能准确反映出透镜体构造。菲涅尔高斯束方法能够准确反映出波动动力学特征,波动方程方法得到的单炮记录波场更为丰富。

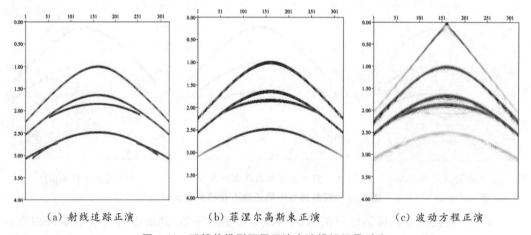

（a）射线追踪正演　　　　（b）菲涅尔高斯束正演　　　　（c）波动方程正演

图 4-22　透镜体模型不同正演方法模拟记录对比

（七）正断层模型

模型大小为 10 000 m×4 000 m,各层速度依次为 2 000 m/s,2 500 m/s,3 000 m/s,3 500 m/s,如图 4-23 所示。

观测系统为中间放炮,两边接收,炮点位置为 5 000 m,道间距为 25 m,最大炮检距为 4 000 m,最小炮检距为 25 m。采样时间为 4 s,采样间隔为 2 ms。子波频率为 30 Hz。高斯束正演射线路径如图 4-24 所示。

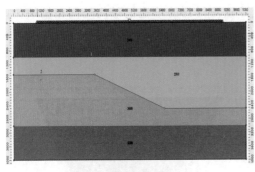
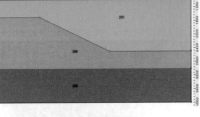
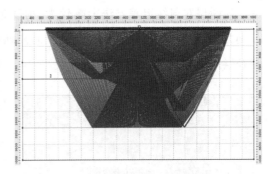

图 4-23　正断层速度模型　　　　　　图 4-24　高斯束正演射线路径

　　菲涅尔高斯束与射线追踪方法、波动方程方法单炮记录对比,如图 4-25 所示。3 种正演模拟方法得到的目的层同相轴位置和形态基本一致,都能准确反映出正断层构造。正断层对射线追踪和菲涅尔高斯束方法影响较大,射线追踪正演得到的单炮记录同相轴缺失 50 道,缺失较为严重,并且对下覆地层也产生了影响,下覆地层也缺失 3 道。而菲涅尔高斯束正演方法能够对能量产生一定补偿作用,造成 30 道缺失,下覆地层基本不受影响。波动方程正演模拟同向轴被有效弥补,基本无缺失。

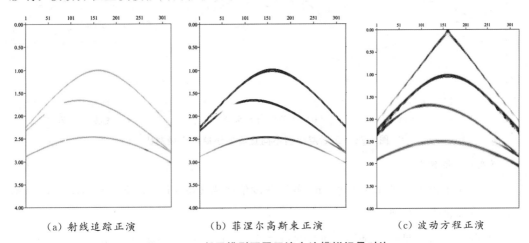

（a）射线追踪正演　　　　　（b）菲涅尔高斯束正演　　　　　（c）波动方程正演

图 4-25　正断层模型不同正演方法模拟记录对比

（八）逆断层模型

　　模型大小为 10 000 m×4 000 m,各层速度依次为 2 000 m/s,2 500 m/s,3 000 m/s,3 500 m/s,如图 4-26 所示。

　　观测系统为中间放炮,两边接收,炮点位置为 5 000 m,道间距为 25 m,最大炮检距为 4 000 m,最小炮检距为 25 m。采样时间为 4 s,采样间隔为 2 ms。子波频率为 30 Hz。高斯束正演射线路径如图 4-27 所示。

　　菲涅尔高斯束正演与射线追踪方法、波动方程方法单炮记录对比,如图 4-28 所示。三种正演模拟方法得到的目的层同相轴位置和形态基本一致,都能准确反映出逆断层构造。逆断层对射线追踪方法影响较大,射线追踪正演得到的单炮记录两处同相轴缺失,分别为 20 道和 5 道,缺失较为严重。而高斯束正演和波动方程正演能够对能量产生一定补偿作用,同相轴基本无缺失。

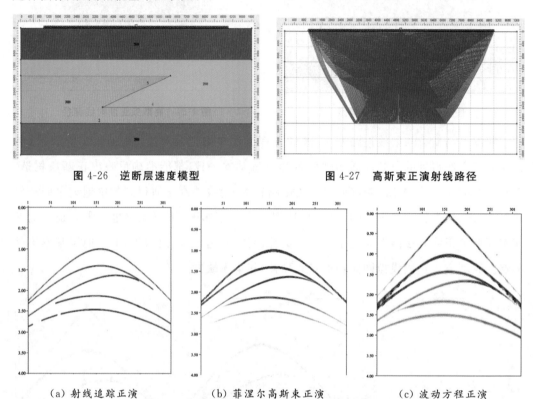

图 4-26　逆断层速度模型　　　　　　　图 4-27　高斯束正演射线路径

（a）射线追踪正演　　　　　（b）菲涅尔高斯束正演　　　　　（c）波动方程正演

图 4-28　正断层模型不同正演方法模拟记录对比

（九）台地模型

模型大小为 10 000 m×4 000 m,各层速度依次为 2 000 m/s,2 500 m/s,3 000 m/s,3 500 m/s,如图 4-29 所示。

观测系统为中间放炮,两边接收,炮点位置为 5 000 m,道间距为 25 m,最大炮检距为 4 000 m,最小炮检距为 25 m。采样时间为 4 s,采样间隔为 2 ms。子波频率为 30 Hz。射线路径如图 4-30 所示。

菲涅尔高斯束与射线追踪方法、波动方程方法单炮记录对比,如图 4-31 所示。3 种正演模拟方法得到的目的层同相轴位置和形态基本一致,都能准确反映出逆断层构造。逆断层对射线追踪方法影响较大,射线追踪正演得到的单炮记录两处同相轴缺失,分别为 20 道和 5 道,缺失较为严重。而菲涅尔高斯束正演和波动方程正演能够对能量产生一定补偿作用,同相轴基本无缺失。

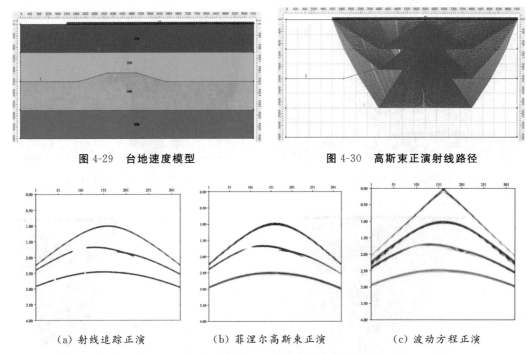

图 4-29 台地速度模型   图 4-30 高斯束正演射线路径

(a) 射线追踪正演   (b) 菲涅尔高斯束正演   (c) 波动方程正演

图 4-31 台地模型不同正演方法模拟记录对比

综上所述,针对上述模型、观测系统和正演参数,射线追踪正演、菲涅尔高斯束正演、波动方程正演都能有效反应同相轴位置和形态。但射线追踪方法仅能反应波场的运动学特征,对正/断层、双斜模型、向斜构造等模型,射线追踪方法存在反射阴影区,对复杂构造成像不利。菲涅尔高斯束方法对同相轴的能量补偿约 20 道,过大的范围则无法补偿。波动方程正演,计算精度高,波场丰富,能准确刻画复杂地质构造及微幅构造,但波动方程正演计算效率要明显低于菲涅尔高斯束正演和射线追踪正演。

（十）Marmousi 模型

高斯射线束能够适应于复杂地质目标的正演模拟,与射线追踪正演相比,具有较高的计算精度,与波动方程正演相比,具有较高的计算效率,计算精度基本相当。

为验证菲涅尔高斯束对复杂地质构造、小尺度构造及高陡构造的分辨能力,建立了 Marmousi 模型,模型大小为 9 200 m×3 000 m,各层速度见图 4-32(a)。中间放炮,两边接收,共模拟 3 炮,炮点位置依次为 2 000 m,5 000 m,8 000 m 处,道间距为 25 m,最大炮检距为 6 275 m,最小炮检距为 25 m。采样间隔为 2 ms,记录长度为 4 s,子波频率为 30 Hz。

高斯束正演中心射线路径如图 4-32(b)-(d)。由射线路径可见,Marmousi 模型较为复杂,来自各目的层射线路径交织在一起,局部目的层有反射盲区。

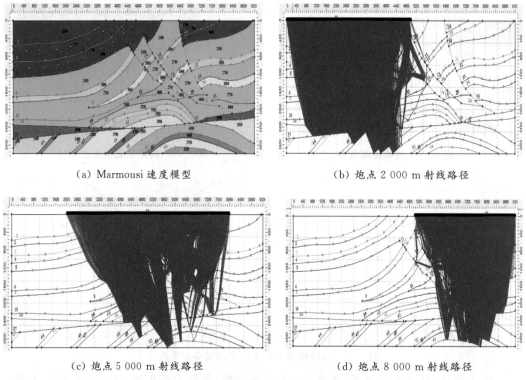

（a）Marmousi 速度模型　　　　　　　　　　（b）炮点 2 000 m 射线路径

（c）炮点 5 000 m 射线路径　　　　　　　　　（d）炮点 8 000 m 射线路径

图 4-32　Marmousi 速度模型及高斯束正演射线路径

图 4-33 是分别采用射线追踪、菲涅尔高斯束和波动方程正演得到的单炮记录。其中图 4-33（a）分别是炮点位置 2 000 m、5 000 m、8 000 m 的射线追踪单炮正演记录，图 4-33（b）是对应的高斯束正演单炮记录，图 4-33（c）是对应的波动方程正演单炮记录。

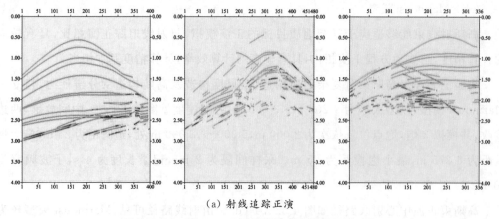

（a）射线追踪正演

图 4-33（1）　Marmousi 不同正演方法模拟记录对比

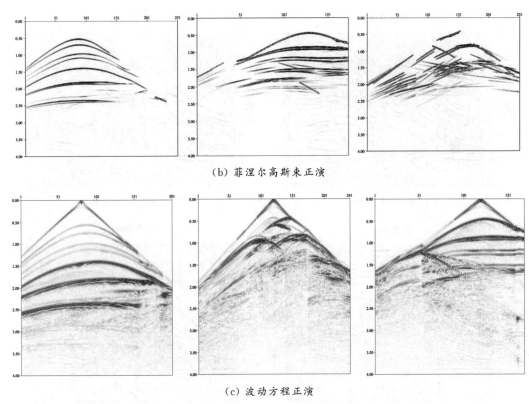

（b）菲涅尔高斯束正演

（c）波动方程正演

图 4-33(2) Marmousi **不同正演方法模拟记录对比**

对比图 4-33 中射线追踪、菲涅尔高斯束和波动方程正演的单炮记录，由于模型复杂，造成地震波场比较复杂，总体分析，射线追踪方法反射层位阴影区较多，且不考虑地震波传播的运动学特征，波场复杂造成出现反射假象。高斯束正演和波动正演在构造形态和构造位置上基本一致，波动方程正演波场更丰富，尤其绕射波较为发育，单炮整体信噪比要略低于高斯束正演单炮。

图 4-34 是分别采用 Kirchhoff 偏移、常规高斯束偏移、波动方程有限差分偏移、菲涅尔高斯束偏移方法的效果对比，从偏移结果可以看出，Kirchhoff 偏移具有较高的偏移噪音，常规高斯束偏移成像有所改善，但在近地表处对小尺度地质体和强横向变速的高陡构造处成像较差，波动方程有限差分偏移在成像角度上也有一定限制，而菲涅尔高斯束不仅准确识别了近地表小尺度构造，而且可对复杂构造准确成像。

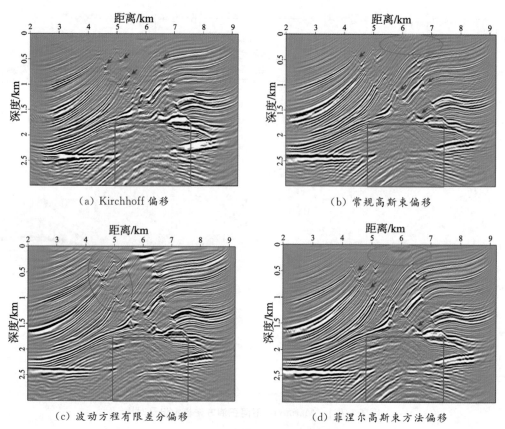

（a）Kirchhoff 偏移　　　　　　　　　　（b）常规高斯束偏移

（c）波动方程有限差分偏移　　　　　　　（d）菲涅尔高斯束方法偏移

图 4-34　偏移剖面对比图

四、实际模型验证

为验证本文研究的菲涅尔高斯束正演方法对薄互层的分辨能力，在胜利探区 DWZ 模型基础上，加入 20 m 薄互层。模型大小为 20 000 m×6 000 m，速度模型如图 4-35(a) 所示，加入 20 m 薄互层后，速度模型如图 4-35(b)所示。

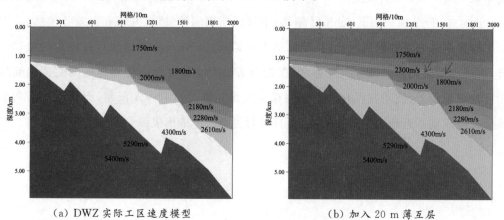

（a）DWZ 实际工区速度模型　　　　　　　（b）加入 20 m 薄互层

图 4-35　DWZ 速度模型加入薄互层前后对比

中间放炮两边接收,激发点位于 10 000 m 处,道间距为 25 m,接收道数为 480 道,采样间隔为 2 ms,记录长度为 6 s。

如图 4-36 分别为试射迭代法、波动方程有限差分法、常规高斯束和菲涅尔高斯束正演模拟合成单炮记录,图 4-36(e)为野外实际单炮记录,由图可见,4 种正演模拟方法得到的反射波同相轴位置和形态基本一致;菲涅尔高斯束方法与常规高斯束方法相比,反射波同相轴更加连续且与野外实际单炮记录的同相轴形态更为接近,如图中箭头所指和方框区域所示。

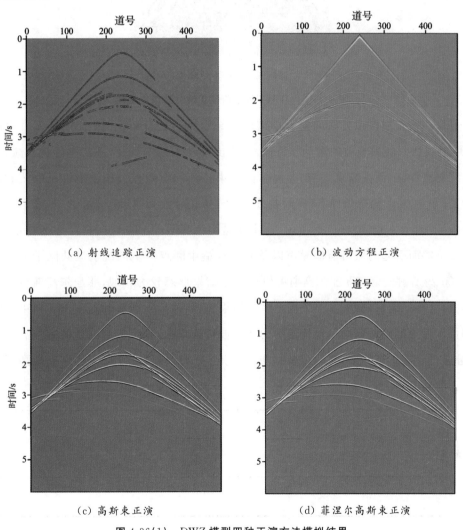

(a)射线追踪正演　　　　　　　　(b)波动方程正演

(c)高斯束正演　　　　　　　　(d)菲涅尔高斯束正演

图 4-36(1)　DWZ 模型四种正演方法模拟结果

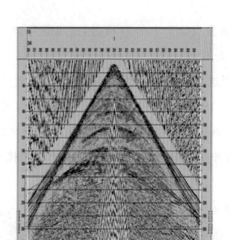

（e）实际资料单炮记录

图 4-36(2)　DWZ 模型四种正演方法模拟结果

　　提取四种正演模拟方法的同一单道模拟结果做对比分析，如图 4-37 所示。由图可见：① 射线法只能模拟波的运动学特征，而不能模拟动力学特征，不产生能量衰减，不能反映绕射波能量，而高斯束正演、菲涅尔高斯束正演和有限差分正演能够反映波的动力学特征；② 在复杂构造条件下，有限差分正演模拟记录除有效反射能量之外，还有较强的噪声信号，如图 4-37(b)红色框所示，这主要是因为有限差分算法网格尺寸选择不当、算子精度不够而引起的数值模拟噪声以及复杂构造中断点产生的绕射波共同干涉作用的结果；③ 高斯射线束和菲涅尔高斯束模拟单道结果形态较为相似，菲涅尔高斯束能量更为集中，且有一定保幅性。DWZ 模型试算结果表明，高斯射线束和菲涅尔高斯束正演方法都可以较为准确地刻画复杂构造中的地震波传播现象，精度较射线正演方法有明显提高，且通过菲涅尔带约束，高斯束传播更为稳定，更加聚焦，可以一定程度上提高高斯射线束正演精度。

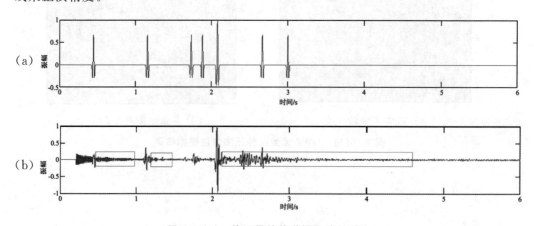

图 4-37(1)　炮记录的单道提取结果对比

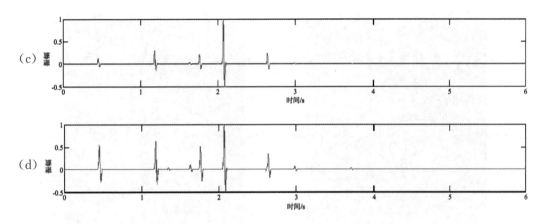

（a）射线正演方法；（b）波动方程正演方法；（c）高斯束正演方法；（d）菲涅尔高斯束正演方法

图 4-37(2)　炮记录的单道提取结果对比

　　图 4-38 是 DWZ 模型加入薄互层前后菲涅尔高斯束正演结果对比,图 4-39 是加入薄互层后菲涅尔高斯束与波动方程正演结果对比,根据正演结果可以看出,本文研究的方法能够有效识别 20 m 的薄互层,各反射波的位置与波动方程正演结果基本一致。波动正演结果波场丰富,但正演时间较长。

　　分别对加入薄互层前后的菲涅尔高斯射线束正演记录进行偏移成像,成像结果如图 4-40 所示。从偏移成像结果来看,菲涅尔高斯束能够对 20 m 厚度薄互层较好地成像,垂直分辨率较高。

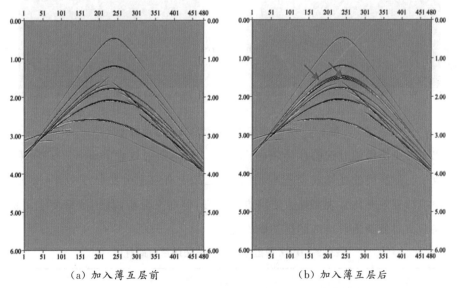

（a）加入薄互层前　　　　　　　　　　（b）加入薄互层后

图 4-38　加入薄互层前后菲涅尔高斯束正演单炮对比

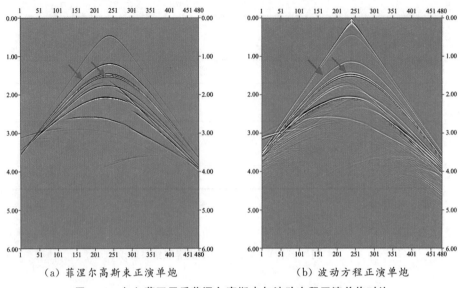

（a）菲涅尔高斯束正演单炮　　　　　　（b）波动方程正演单炮

图 4-39　加入薄互层后菲涅尔高斯束与波动方程正演单炮对比

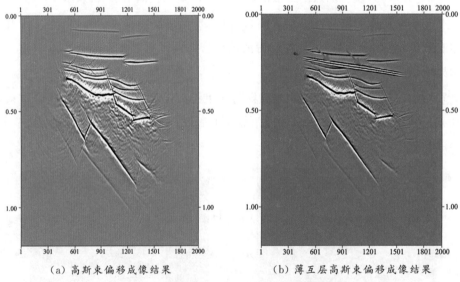

（a）高斯束偏移成像结果　　　　　　　（b）薄互层高斯束偏移成像结果

图 4-40　加入薄互层前后偏移成像结果对比

对比 4 种正演模拟方法的计算效率，见表 4-2。高斯射线束和菲涅尔高斯束正演模拟计算效率与射线类的计算效率基本相当，都远高于有限差分法正演效率，菲涅尔高斯束正演模拟计算效率比常规高斯束正演方法略慢，但前文分析，其正演精度也更优，可见菲涅尔高斯束对复杂地质构造的描述能力更强。

表 4-2　DWZ 模型不同正演方法所用时间对比

正演方法	有限差分正演	射线正演	高斯射线束正演	菲涅尔高斯束正演
正演时间（s）	2 495.543	34.063	38.389	40.045

第二节 三维菲涅尔高斯束正演

起伏地表和起伏构造高斯射线束正演精度的影响主要集中在两个方面。

（1）对检波点走时的影响：由于中心射线终点处高斯束的有效半宽椭圆具有一定大小，并且在此椭圆内接收点与中心射线终点的高程和速度差异较大，使得计算的检波点走时不准确。

（2）对波场能量的影响：由于高斯束正演是基于在能量贡献范围内为均匀介质的假设，而复杂地表、复杂构造条件不能满足这一假设，因此会使得不同中心射线在接收点处贡献的叠加能量计算不准确。

因此，对起伏地表和起伏构造条件而言，对高斯束传播过程加以控制，对提高接收点处叠加能量精度至关重要。

一、三维起伏地表高斯束表达式

将二维高斯束方法拓展到三维空间，引入三维射线中心坐标系，如图 4-41 所示，从震源点 S_0 出发传播至接收点 $s(s,n,m)$，三维高斯束位移主分量（本文中设定为射线切线方向）的一般表达式为

$$u_p(s,n,m,\omega,t) = A(s)\mathrm{e}^{-\mathrm{i}\omega\left\{t-\left[\left(\tau(s)+\frac{1}{2}q^T M q\right]\right\}\right.} \tag{4-19}$$

式中，u_p 为位移主分量，s 为从点 S_0 沿中心射线传播到 S 点的弧长，n 和 m 分别为接收点 S 到中心射线的两个垂直方向分量；ω 为圆频率；t 为时间参量；$\tau(s) = \displaystyle\int_{s_0}^{s} \frac{\mathrm{d}s}{v(s)}$ 为沿中心射线的传播时间，$v(s)$ 为中心射线在 S 点处的传播速度；$q = \begin{bmatrix} n \\ m \end{bmatrix}$，$q^T$ 为 q 的转置；$A(s)$ 为中心射线 S 点处振幅；M 为动力学参数矩阵。

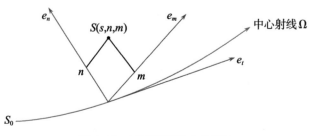

图 4-41　三维射线中心坐标系

$M = PQ^{-1}$，P 和 Q 满足：

$$\begin{cases} \dfrac{\partial Q}{\partial s} = v(s)P \\ \dfrac{\partial P}{\partial s} = -v(s)^{-2}VQ \end{cases} \tag{4-20}$$

式中，$V = \begin{bmatrix} v_{,nn} & v_{,nm} \\ v_{,nm} & v_{,mm} \end{bmatrix}$，这里的 $v_{,nn} = \dfrac{\partial^2 v}{\partial n^2}$，$v_{,nm} = \dfrac{\partial^2 v}{\partial n \partial m}$，$v_{,nm} = \dfrac{\partial^2 v}{\partial m \partial n}$，$v_{,mm} = \dfrac{\partial^2 v}{\partial m^2}$

M 决定了高斯射线束的特征，M 的实部决定相前曲率，M 的虚部决定垂直于中心射线截面上的振幅分布。η_1、η_2 分别为 M 的两个实部特征值，当 $\eta_1 \cdot \eta_2 > 0$ 时，高斯束的波前面呈椭圆形；当 $\eta_1 \cdot \eta_2 < 0$ 时，高斯束的波前面呈双曲形。

与二维高斯束思想一致，引入有效半宽度矩阵：

$$L(s) = \left[\frac{\omega}{2}\mathrm{Im}M(s) \right]^{\frac{1}{2}} \tag{4-21}$$

$L(s)$ 与频率有关，ξ_1，ξ_2（$\xi_1 \geqslant \xi_2$）分别为 $L(s)$ 的两个特征值，分别决定了垂直于中心射线的椭圆形振幅剖面的长轴和短轴。

如果根据式(4-19)来计算 S 点的位移，需要存储整条中心射线路径上各网格点上的信息，包括网格点坐标、射线走时、振幅值以及动力学参数值等，系统负载压力非常大，尤其复杂地质目标，网格取太小，计算量难以承受，网格取太大，难以描述复杂波场。为了减少内存开销和避免繁杂的搜索过程，黄建平等基于有效邻域波场近似理论，导出了直接由地表出射点 Q 的振幅值、射线走时和动力学参数矩阵表示的 S 点位移表达式。由泰勒展开式得

$$\begin{cases} A(S) = A(Q)(1 + o(\omega^{-1/2})) \\ T(S) = \tau^S + \dfrac{1}{2}(q^s)^T M^s q^s = \tau^Q + \dfrac{1}{v^Q}(s - s^Q) - \dfrac{\partial v^Q/\partial s}{2(v^Q)^2}(s - s^Q)^2 + \dfrac{1}{2}(q^s)^T M^Q q^s \end{cases} \tag{4-22}$$

式中，$o(\omega^{-1/2})$ 为高阶无穷小量，$T(S)$ 为 S 点的复值走时，s 为沿中心射线到 S 点的弧长，v 为中心射线的传播速度，上标 Q 代表空间位置。利用射线中心坐标系和以 Q 为起点的局部笛卡尔坐标系的转换关系：

$$\begin{cases} n = n'(1 + o(\omega^{-1/2})) \\ m = m'(1 + o(\omega^{-1/2})) \\ s - s^Q = t'\left[1 - \dfrac{\partial v^Q/\partial n}{v^Q}n' - \dfrac{\partial v^Q/\partial m}{v^Q}m' \right](1 + o(\omega^{-1/2})) \end{cases} \tag{4-23}$$

可得

$$T(S) = \tau^Q + \frac{1}{v^Q}t' - \frac{\partial v^Q/\partial n}{(v^Q)^2}t'n' - \frac{\partial v^Q/\partial m}{(v^Q)^2}t'm' - \frac{\partial v^Q/\partial s}{2(v^Q)^2}(t')^2 + \frac{1}{2}(q^Q)^T M^Q q^Q \tag{4-24}$$

进一步利用式(4-25),将其转换到笛卡尔坐标系下:

$$\begin{cases} n' = (x-x^Q)\cos\alpha\cos\beta + (y-y^Q)\cos\alpha\sin\beta - (z-z^Q)\sin\alpha \\ m' = -(x-x^Q)\sin\beta + (y-y^Q)\cos\beta \\ t' = (x-x^Q)\sin\alpha\cos\beta + (y-y^Q)\sin\alpha\sin\beta + (z-z^Q)\cos\alpha \end{cases} \quad (4\text{-}25)$$

并令

$$n' = \begin{bmatrix} n' \\ m' \\ t' \end{bmatrix}, I = \begin{bmatrix} \sin\alpha\cos\beta \\ \sin\alpha\sin\beta \\ \cos\alpha \end{bmatrix}, A = \begin{bmatrix} (v^Q)^2 M_{11} & (v^Q)^2 M_{12} & -\partial v^Q/\partial n \\ (v^Q)^2 M_{21} & (v^Q)^2 M_{22} & -\partial v^Q/\partial m \\ -\partial v^Q/\partial n & -\partial v^Q/\partial m & -\partial v^Q/\partial s \end{bmatrix}, x = \begin{bmatrix} x-x^Q \\ y-y^Q \\ z-z^Q \end{bmatrix} \quad (4\text{-}26)$$

可得到普通笛卡尔坐标系下三维起伏地表高斯束的最终表达式:

$$U(S,\omega,t) = A(Q)\exp\left\{-\mathrm{i}\omega\left[t-\left(\tau^Q + \frac{I^T \cdot x}{v^Q} + \frac{1}{2}(n')^T \cdot A \cdot n'\right)\right]\right\} \quad (4\text{-}27)$$

式中,(x,y,z) 和 (x^Q,y^Q,z^Q) 分别为 S、Q 两点的笛卡尔坐标;α、β 为笛卡尔坐标系下中心射线切向的余纬角和经度角。

二、三维起伏地表高斯束正演模拟

(一) 运动学射线追踪

运动学射线追踪在三维笛卡尔坐标系中满足如下方程:

$$\begin{cases} \dfrac{\mathrm{d}x}{\mathrm{d}\tau} = v\sin\alpha\cos\beta \\[2mm] \dfrac{\mathrm{d}y}{\mathrm{d}\tau} = v\sin\alpha\sin\beta \\[2mm] \dfrac{\mathrm{d}z}{\mathrm{d}\tau} = v\cos\alpha \\[2mm] \dfrac{\mathrm{d}i}{\mathrm{d}\tau} = -\cos\alpha(v_x\cos\beta + v_y\sin\beta) + v_z\sin\alpha \\[2mm] \dfrac{\mathrm{d}j}{\mathrm{d}\tau} = \dfrac{1}{\sin\alpha}(v_x\sin\beta - v_y\cos\beta) \end{cases} \quad (4\text{-}28)$$

式中,τ 为旅行时,v 为中心射线传播速度,$v_i(i=x,y,z)$ 为中心射线处速度函数的偏导数,α 和 β 分别为其笛卡尔坐标系下的倾角与方位角;在层内采用四阶龙格-库塔法进行求解各时间步的坐标,在界面上利用二分法求出交点的近似坐标,并利用矢量斯奈尔定律计算射线出射方向。

(二) 动力学射线追踪

动力学射线追踪的实质是求解动力学参数矩阵 P 和 Q,他们决定了高斯射线束的分布形态,也表征了高频地震波场沿中心射线传播的动力学特征。

由前面推导可知：

$$M = PQ^{-1}, \frac{\partial Q}{\partial s} = v(s)P; \frac{\partial P}{\partial s} = -v(s)^{-2}VQ$$

式中，$V = \begin{bmatrix} \dfrac{\partial^2 v(s)}{\partial n^2} & \dfrac{\partial^2 v(s)}{\partial n \partial m} \\ \dfrac{\partial^2 v(s)}{\partial m \partial n} & \dfrac{\partial^2 v(s)}{\partial m^2} \end{bmatrix}$，在三维笛卡尔坐标系下可写成如下形式：

$$
\begin{cases}
v_{,nn} = \dfrac{\partial^2 v}{\partial n^2} = \dfrac{\partial^2 v}{\partial x^2}\cos^2\alpha\cos^2\beta + \dfrac{\partial^2 v}{\partial y^2}\cos^2\alpha\cos^2\beta + \dfrac{\partial^2 v}{\partial z^2}\sin^2\alpha + 2\dfrac{\partial^2 v}{\partial x \partial y}\cos^2\alpha\sin\beta\cos\beta \\
\qquad -2\dfrac{\partial^2 v}{\partial x \partial z}\sin\alpha\cos\alpha\cos\beta - 2\dfrac{\partial^2 v}{\partial y \partial z}\sin\alpha\cos\alpha\sin\beta \\
v_{,mm}\dfrac{\partial^2 v}{\partial m^2} = \dfrac{\partial^2 v}{\partial x^2}\sin^2\beta + \dfrac{\partial^2 v}{\partial y^2}\cos^2\beta - 2\dfrac{\partial^2 v}{\partial x \partial y}\sin\beta\cos\beta \\
v_{,nm} = v_{,mn} = \dfrac{\partial^2 v}{\partial n \partial m} = \dfrac{\partial^2 v}{\partial m \partial n} = \dfrac{\partial^2 v}{\partial x^2}\cos\alpha\sin\beta\cos\beta + \dfrac{\partial^2 v}{\partial y^2}\cos\alpha\sin\beta\cos\beta + \dfrac{\partial^2 v}{\partial x \partial y}\cos\alpha \\
(\cos^2\beta - \sin^2\beta) + \dfrac{\partial^2 v}{\partial x \partial z}\sin\alpha\sin\beta - \dfrac{\partial^2 v}{\partial y \partial z}\sin\alpha\cos\beta
\end{cases}
$$

$$(4\text{-}29)$$

将动力学追踪方程：

$$\frac{\mathrm{d}M(s)}{\mathrm{d}s} + v(s)M^2(s) + v^{-2}(s)V = 0 \tag{4-30}$$

化为线性动力学追踪方程：

$$\frac{\mathrm{d}m}{\mathrm{d}s} = HX_i, i = 1,2 \tag{4-31}$$

式中，$X = \begin{bmatrix} Q \\ P \end{bmatrix}$；$X_i$ 为 X 的列向量；$H = \begin{bmatrix} 0 & vI \\ -v^2(s)V & 0 \end{bmatrix}$；$0 = \begin{bmatrix} 0 & 0 \\ 0 & 0 \end{bmatrix}$；$I = \begin{bmatrix} 1 & 0 \\ 0 & 1 \end{bmatrix}$

在给定四阶单位矩阵的初始条件下，得到 X 的通解：

$$X = \prod(s) \cdot C \tag{4-32}$$

式中，$\prod(s)$ 为 4×4 传播矩阵，其列向量为方程（4-31）四组线性独立的解，C 为一个 4×2 的复值初始参数矩阵；

把 $\prod(s)$ 和 C 分块如下：

$$
\begin{cases}
\prod(s) = \begin{pmatrix} \prod_{11} & \prod_{12} \\ \prod_{21} & \prod_{22} \end{pmatrix} \\
C = \begin{pmatrix} C_1 \\ C_2 \end{pmatrix}
\end{cases}
\tag{4-33}
$$

式中，$\prod_{ij}$ 和 $C_i(i,j=1,2)$ 为 2×2 子矩阵。

这样，根据 $X=\begin{bmatrix}Q\\P\end{bmatrix}$，得到高斯束的动力学参数矩阵：

$$\begin{cases}Q=\prod_{11}C_1+\prod_{12}C_2\\P=\prod_{21}C_1+\prod_{22}C_2\\M=PQ^{-1}=(\prod_{21}C_1+\prod_{22}C_2)(\prod_{11}C_1+\prod_{12}C_2)^{-1}\end{cases} \tag{4-34}$$

在目标层内部，采用四阶龙格－库塔法解式(4-27)和(4-28)则可得到各点的旅行时、坐标以及动力学参数矩阵。在各目标层分界面上，采用二分法求近似交点坐标，随后利用矢量斯奈尔定律，即可得到射线的传播方向，但由于射线经过界面时传播矩阵 $\prod(s)$ 发生突变，需要在界面处重新计算 $\prod(s)$。

由 Červený 可知，在射线与界面交点 O 点处边界条件为

$$\prod(\tilde{O},S_0)=\prod(\tilde{O},O)\prod(O,S_0) \tag{4-35}$$

式中，$\prod(\tilde{O},O)=\begin{bmatrix}C^T(\tilde{O})G^{-T}(O) & 0\\G^{-1}(\tilde{O})[E(O)-E(\tilde{O})-\mu D]G^{-T}(O) & G^{-1}(\tilde{O})G(O)\end{bmatrix}$

$G(O)=\begin{bmatrix}\varepsilon\cos i_S\cos k & -\varepsilon\cos i_s\sin k\\\sin k & \cos k\end{bmatrix}$

$G(\tilde{O})=\begin{bmatrix}\pm\varepsilon\cos i_R\cos k & \mp\varepsilon\cos i_s\sin k\\\sin k & \cos k\end{bmatrix}$

$E=\begin{bmatrix}E_{11} & E_{12}\\E_{21} & 0\end{bmatrix}$

$E_{11}(O)=-\sin i_s v^{-2}(O)[(1+\cos^2 i_S)]v_{z_1}-\varepsilon\cos i_S\sin i_S v_{,z_3}$

$E_{12}(O)=E_{21}(O)=-\sin i_S v^{-2}(O)v_{,z_2}$

$E_{11}(\tilde{O})=-\sin i_R v^{-2}(\tilde{O})[(1+\cos^2 i_R)]\tilde{v}_{,z_1}\mp\varepsilon\cos i_R\sin i_R\tilde{v}_{,z_3}$

$E_{12}(\tilde{O})=E_{21}(\tilde{O})=-\sin i_R v^{-2}(\tilde{O})\tilde{v}_{,z_2}$

$$\mu=\varepsilon[v^{-1}(O)\cos i_S\mp v^{-1}(\tilde{O})\cos i_R] \tag{4-36}$$

式中，S_0 为激发点，O 为界面的射线入射点，$\tilde{O}$ 为界面的反射点或者透射点，G^T 为 G 的转置，$\varepsilon=\text{sign}(\vec{\tau}\cdot\vec{n})$，$\vec{\tau}$ 和 $\vec{n}$ 为中心射线切线和法线两个方向矢量；i_s 为入射角，i_R 为反射角或透射角；D 为界面的曲率矩阵，分量为 $D_{ij}=\left(\dfrac{\partial^2 f}{\partial z_i\partial z_j}\right)/\left(\dfrac{\partial f}{\partial z_3}\right)i,j=1,2$；$z_1,z_2,z_3$ 分别为局部笛卡尔坐标系中的三个分量；k 为射线中心坐标系中法向量和局部笛卡尔坐标系

中法向量的夹角;当发生透射时取等式(4-36)上面的符号,发生反射时取等式(4-36)下面的符号。

（三）地震记录合成

记以初始角(α_i, β_j)出发在接收点R处t时刻高斯波包为$g(R, t, \alpha_j, \beta_j)$,其近似表达式为

$$g(R, t, \alpha_i, \beta_j) = 2\pi f_m |\Phi A| \exp\{-[2\pi f_m(t-\theta)\gamma]^2 + (2\pi f_m G/\gamma)^2 \qquad (4\text{-}37)$$
$$-2\pi f_m G\} \times \cos(2\pi f^*(t-\theta) + v - \arg(\Phi A) + \pi/2)$$

式中,f_m、γ和v为高斯子波参数;R'为R在中心射线上的投影;$f^* = f_m\left(1 - \dfrac{4\pi f_m G}{\gamma^2}\right)$;

$\theta(R) = \tau(O) - \widetilde{O}R'/v_0 + \dfrac{1}{2}\mathrm{Re}(q^T M(R')q)$；$G = \dfrac{1}{2}\mathrm{Im}(q^T M(R')q)$；$q^T = (q_1, q_2)$，$q_1, q_2$为

射线在R点的坐标,A为振幅,在层状介质中:

$$A(R) = A_0\left[\frac{\rho(s_0)v(s_0) \cdot \det(Q(s_0))}{\rho(R)v(R) \cdot \det(Q(R))}\right]^{1/2} \cdot \prod_{i=1}^{N} R_i \cdot \prod_{i=1}^{N}\left[\frac{\widetilde{\rho v}}{\rho v}\right] \cdot \prod_{i=1}^{N}\left(\frac{\det(\widetilde{Q})}{\det(Q)}\right) \quad (4\text{-}38)$$

式中,ρ为密度,v为速度,R_i为经过第i个界面反射系数,N为射线经过界面的个数,"$\sim$"为生成射线一侧的量值,Φ为能量叠加的权系数;

$$\Phi = \omega/2\pi \cdot |\det(Q(R'))|^{1/2} \cdot \{-\det[M(R') - \mathrm{Re}(M(R'))]\} \qquad (4\text{-}39)$$

那么,接收点R处离散的能量叠加表达式为:

$$u(R, t) = \sum_{i=1}^{I}\sum_{j=1}^{J} g(R, t, \alpha_i, \beta_j) \quad \alpha \quad \beta \qquad (4\text{-}40)$$

式中,I, J分别为射线在倾角和方位角上离散的个数,α、β为两个方向上的射线间隔。

三、基于投影菲涅尔带约束的三维起伏地表高斯束正演

针对起伏地表条件下三维复杂模型,引入了三维投影菲涅尔带的思想,提出了基于投影菲涅尔带的三维起伏地表高斯束正演模拟方法[93]。

针对常规三维高斯正演方法,为了保证计算的稳定性,初始参数矩阵C定义如下:

$$C = \begin{pmatrix} I \\ M(S_0) \end{pmatrix} = \begin{pmatrix} I \\ \mathrm{i}\,\dfrac{\omega_{ref}}{4\pi^2 v_{avg}}I \end{pmatrix} \qquad (4\text{-}41)$$

式中,v_{avg}为速度模型几何平均值,ω_{ref}为数据地震最低频率,I为2×2单位矢量。这种取法仅仅从数值计算的稳定性考虑,没有考虑高斯束传播的物理意义。

针对常规动力学射线追踪初始参数的选择问题,本文用三维介质中投影菲涅尔带椭圆来约束高斯束在射线终点处能量的分布,见图4-42。

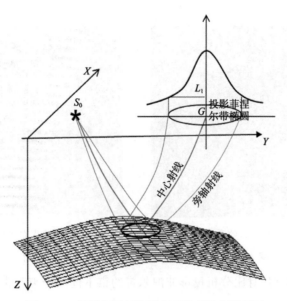

图 4-42 投影菲涅尔带约束下的高斯束原理图

当中心射线终点处高斯束的有效半宽度椭圆与射线的投影菲涅尔带椭圆一致时，可得：

$$\mathrm{eig}(\mathrm{Im}(M(G_R))) = \mathrm{eig}\left(\frac{1}{\pi}H_P(G_R)\right) \tag{4-42}$$

式中，eig 为特征值，G 为中心射线终点，H_P 为投影菲涅尔带矩阵，其值可以通过经典射线传播矩阵 $\Pi(s)$、面面传播矩阵 $T(s)$ 以及两者转换关系求出。根据传播矩阵 $\Pi(s)$ 的 P 属性及数学推导可得

$$\begin{cases} M(s_0) = \begin{bmatrix} \mathrm{i}\varepsilon & 0 \\ 0 & \mathrm{i}\varepsilon_2 \end{bmatrix} \\ \varepsilon_1 = \dfrac{\pi/\zeta_1 + \sqrt{(\pi/\zeta_1)^2 - 4\lambda_1^2\eta_1^2}}{2\eta_1^2} \\ \varepsilon_2 = \dfrac{\pi/\zeta_2 + \sqrt{(\pi/\zeta_2)^2 - 4\lambda_2^2\eta_2^2}}{2\eta_2^2} \end{cases} \tag{4-43}$$

式中，λ_1、λ_2 $(\lambda_1 \geqslant \lambda_2)$ 为 Π_{11} 的特征值，η_1、η_2 $(\eta_1 \geqslant \eta_2)$ 为 Π_{12} 的特征值，ζ_1、ζ_2 $(\zeta_1 \geqslant \zeta_2)$ 为投影菲涅尔带矩阵 H_P 的特征值。

图 4-43 是用常规初始参数矩阵和本文给出的初始参数矩阵在三维均匀介质中心测线模拟得到的高斯束传播图，可以看出用投影菲涅尔带限制束宽后的高斯束在整条传播路径上能量更集中，并且在射线终点处有效半宽度远远小于常规高斯束的有效半宽度，这样会使得每条高斯束仅对投影菲涅尔带内接收点的波场有所贡献，即波场能量分布更符合波动理论。

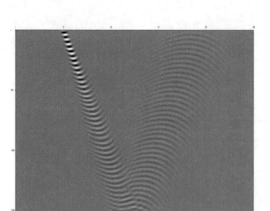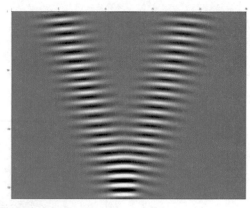

（a）常规初始参数相对应的高斯束　　　　　（b）投影菲涅尔带约束下的高斯束

图 4-43　两种初始参数对应的高斯束传播对比图

设计三个理论模型，对比分析投影菲涅尔带约束下的高斯束与常规高斯束在计算精度方面的差别。

（一）水平地表水平地层模型

建立三维水平地表水平地层模型，模型尺寸为 4 000 m×4 000 m×4 000 m，目的层深度分别为 1 000 m、2 000 m、3 000 m，各层速度自上而下分别为 2 000 m/s、2 200 m/s、2 500 m/s、3 000 m/s，射线出射角度分别为∠α=1°、∠β=1°。观测系统为 4L3S，道间距 25 m，接收线距 150 m，炮点距 50 m，炮线距 150 m，采样间隔 2 ms，记录时间 4 s，全排列接收。正演射线路径如图 4-44。

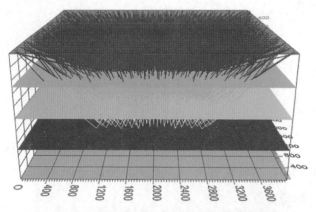

图 4-44　水平地表水平地层模型高斯束射线路径

正演得到两种初始参数的单炮记录如图 4-45，从炮记录可以看出：① 常规高斯束和菲涅尔高斯束两者同相轴的形态和位置是一致的，说明两者的运动学特征一致；② 在纵向上，常规高斯束和菲涅尔高斯束同相轴主要能量分布范围（图 4-45 中红色矩形框）从浅层到深层都逐渐增大，但菲涅尔高斯束比常规高斯束增加地更慢些，这是因为投影菲涅尔带椭圆和常规有效半宽度椭圆都随射线路径增大而增大,但前者增大的速度没有后者速度快;③ 在横向上,同一深度菲涅尔高斯束同相轴主要能量分布范围比常规高斯束小,并且深度越大,两者差异越大,这是因为同一射线路径上菲涅尔高斯束范围小于常规有效半宽度范围,并且传播路径越长两者差异越大,因此菲涅尔高斯束具有一定保幅性。

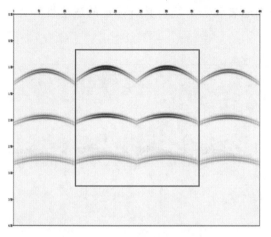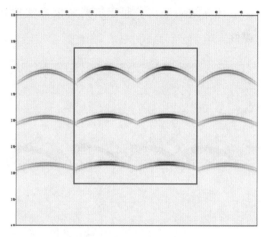

（a）常规初始参数模拟的炮记录　　　　　　（b）投影菲涅尔带约束下的炮记录

图 4-45　两种初始参数模拟的结果

（二）起伏地表台地模型

建立经典的起伏地表台地模型,模型大小为 4 000 m×4 000 m×2 500 m,层速度自上而下分别为 2 000 m/s、3 000 m/s,射线出射角度分别为 $\angle\alpha=1°$、$\angle\beta=1°$。观测系统为 4L3S,道间距 25 m,接收线距 150 m,炮点距 50 m,炮线距 150 m,采样间隔 2 ms,记录时间 4 s,全排列接收。正演得到射线路径如图 4-46,可见,受地层角度影响,存在射线反射盲区(黑色椭圆框内)。

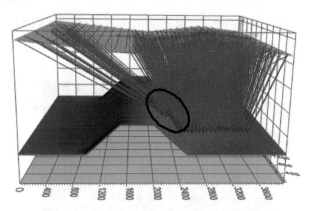

图 4-46　起伏地表台地模型高斯束射线路径

正演得到炮记录见图 4-47。由图可知,常规高斯束和菲涅尔高斯束方法均存在反射盲区,且两种方法炮记录在反射盲区范围内均有一定的绕射能量(图 4-47 中红色箭头)。

其中常规高斯束方法得到绕射能量范围约25道,菲涅尔高斯束方法得到绕射能量约40道,并且菲涅尔高斯束方法与常规高斯束方法相比,没有能量干涉现象(图4-47蓝色矩形框内),因此可得出结论,在焦散区,投影菲涅尔带范围小于常规高斯束初始有效半宽度计算的有效范围,这使得绕射能量分布在更合理的范围内。另外从能量分布情况来看,以上计算结果证实了菲涅尔高斯束方法对起伏地表和焦点绕射具有一定的适应性和保幅性。

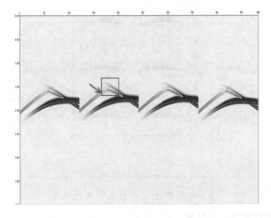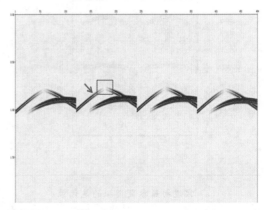

(a)常规初始参数模拟的炮记录 　　　　(b)投影菲涅尔带约束下的炮记录

图4-47　两种初始参数对应的台地模型炮记录

(三)起伏地表断层模型

建立含有断裂构造的起伏地表模型,模型大小为4 000 m×4 000 m×4 500 m,层速度自上而下分别为2 000 m/s、2 200 m/s、2 400 m/s、2 600 m/s。射线出射角度分别为∠α=1°、∠β=1°。观测系统为4L3S,道间距25 m,接收线距150 m,炮点距50 m,炮线距150 m,采样间隔2 ms,记录时间5 s,全排列接收。正演得到射线路径见图4-48,炮记录见图4-49。从炮记录对比效果可见:菲涅尔高斯束对复杂构造具有较好的适应性,对绕射能量具有很好的控制作用,同时保幅更好,如图4-49(蓝色矩形框)。

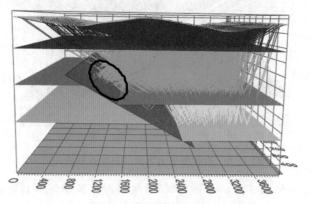

图4-48　起伏地表断层模型高斯束射线路径

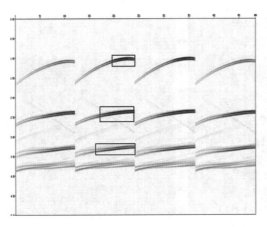 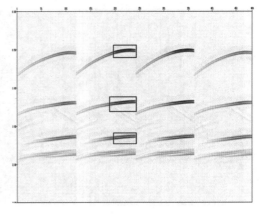

（a）常规初始参数模拟的炮记录　　　　　　（b）投影菲涅尔带约束下的炮记录

图 4-49　起伏地表断层模型炮记录

四、典型模型试算

设计了逆断层模型和背斜模型,采用完全相同的观测系统和正演参数,分别与波动方程正演模拟得到的单炮记录和零偏移距记录剖面进行对比分析。

（一）逆断层模型正演对比分析

图 4-50 是逆断层模型,对应的层速度自上而下分别为 2 000 m/s、3 000 m/s、4 000 m/s。模型中逆断层断开了一个层界面,存在一个反射断层面。

图 4-51 分别是采用菲涅尔高斯束和波动方程正演得到的单炮记录,炮点依次布设在 700 m、2 500 m 和 3 800 m 的位置。对比可以得到如下结论:两者的地震波运动学和动力学特征完全一致;波动方程正演的单炮记录中比高斯束的单炮记录包含更多的反射波信息,但是存在边界反射干扰;波动方程正演结果包含更丰富的断点绕射。

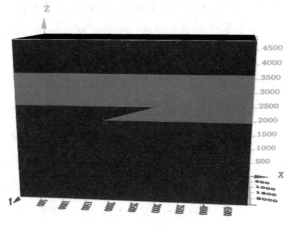

图 4-50　逆断层正演模型

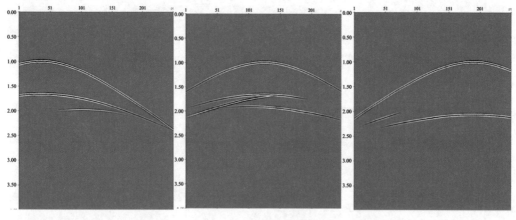

（a）菲涅尔高斯束正演

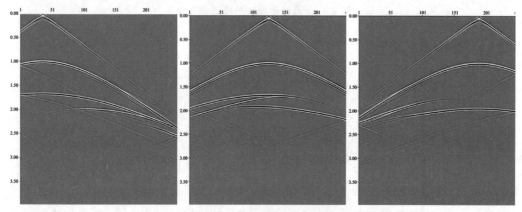

（b）波动方程正演

图 4-51　不同正演方法的单炮记录对比

图 4-52 分别是菲涅尔高斯束正演和波动方程正演得到的零偏移距剖面。总体上看，高斯束正演结果与波动方程正演结果基本一致。波动方程正演结果存在一定程度频散，且多次波明显。虽然在断点处绕射特征较为明显，但是由于模型离散的原因造成拐点绕射干扰复杂，在一定程度上降低了剖面的品质，但是尽管如此，波动方程正演的动力学特征仍是最准确的。

（二）向斜模型正演对比分析

图 4-53 是向斜模型，对应的层速度自上而下分别为 2 000 m/s、3 000 m/s、3 500 m/s、4 000 m/s。模型中同样有 3 个反射层界面，其中第二层界面为向斜凹陷，其余两层界面为水平界面，主要目的是为了考察向斜对下伏地层的影响和对比向斜反射特征。

图 4-54 是分别采用菲涅尔高斯束和波动方程正演得到的单炮记录，炮点依次位于 1 500 m、2 500 m 和 3 500 m 处。对比分析得出如下结论：两者 3 个层界面的反射波动力学特征（反射振幅强弱特征）清晰，运动学特征完全一致；高斯束正演单炮信噪比略高于

波动方程正演单炮;由于向斜构造的存在,使下伏水平反射界面的反射波发生了变形,不再是双曲线。

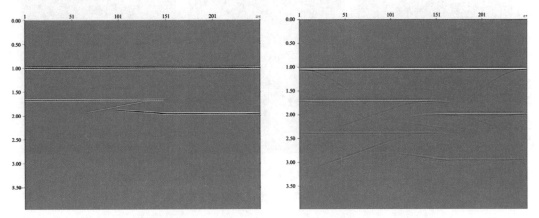

（a）菲涅尔高斯束正演　　　　　　　　（b）波动方程正演

图 4-52　不同正演方法零偏移距记录对比

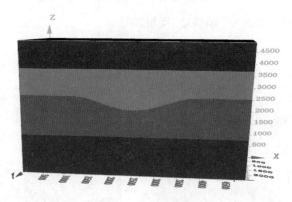

图 4-53　向斜模型

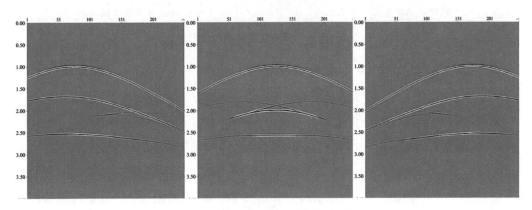

（a）菲涅尔高斯束正演单炮记录

图 4-54(1)　不同正演方法的单炮记录对比

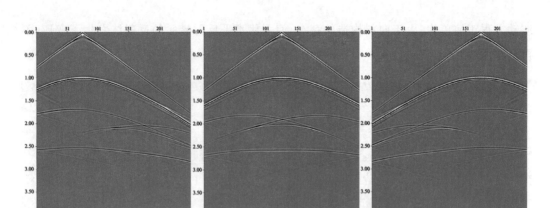

（b）波动方程正演单炮记录

图 4-54(2)　不同正演方法的单炮记录对比

图 4-55 分别是菲涅尔高斯束正演和波动方程正演得到的零偏移距剖面。由于向斜构造的存在使得向斜位置的下伏水平层反射同相轴出现了下拉。总体上看，两者都能较好地模拟出了零偏移距剖面中"蝴蝶结"反射特征。

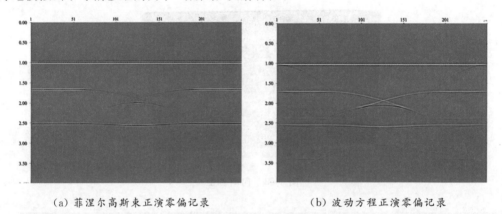

（a）菲涅尔高斯束正演零偏记录　　　　　　（b）波动方程正演零偏记录

图 4-55　不同正演方法零偏移距记录对比

五、复杂模型论证

（一）盐丘模型

为验证菲涅尔高斯束的正确性，建立国际标准盐丘模型，如图 4-56（a），模型大小为 8 000 m×5 000 m×3 000 m，模型速度如图 4-56（b）所示。观测系统为中间放炮，两边接收，共 3 炮，炮点位置依次为 2 000 m、4 000 m、6 000 m；道间距为 25 m；最大炮检距为 6 275 m，最小炮检距 25 m。采样时间为 4 s，采样间隔为 2 ms。子波频率 30 Hz。

高斯束中心正演射线路径如图 4-57 所示，射线路径较为复杂，从三维射线路径分析，局部地层反射轴会有中心射线覆盖盲区，加密高斯束射线出射，会有一定的改善。

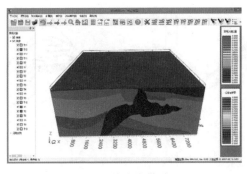

（a）三维盐丘模型　　　　　　　　　　　　　（b）盐丘速度

图 4-56　盐丘速度模型

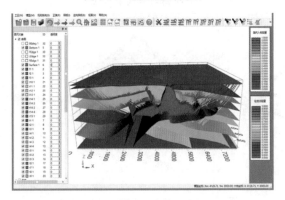

图 4-57　高斯束正演射线路径

图 4-58 是分别采用射线追踪、菲涅尔高斯束和波动方程正演得到的单炮记录。炮点位置分别位于 2 000 m、4 000 m、6 000 m 处。

对比图 4-58 中射线追踪、菲涅尔高斯束和波动方程正演的单炮记录，由于模型复杂，造成地震波场比较复杂，总体分析，射线追踪方法单炮记录存在反射阴影区。高斯束正演和波动正演在构造形态和构造位置上基本一致，波动方程正演波场更丰富，但是层间多次波较为发育。

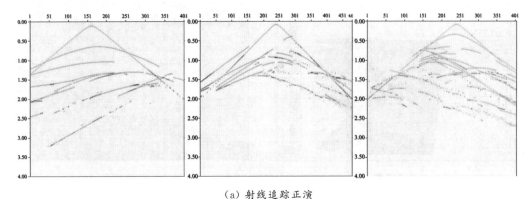

（a）射线追踪正演

图 4-58(1)　不同正演模拟方法单炮记录对比

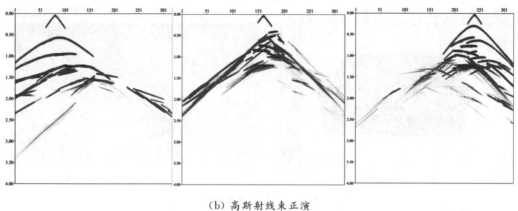

（b）高斯射线束正演

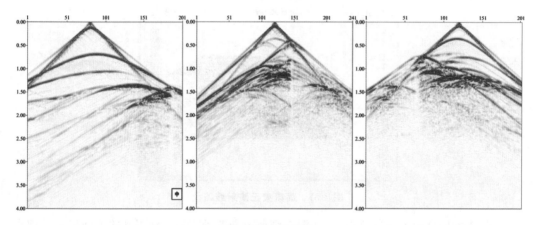

（c）波动方程正演

图 4-58(2)　不同正演模拟方法单炮记录对比

（二）陡倾角模型

为验证菲涅尔高斯束对我国东部陡坡带工区的适应性,建立某工区典型模型,模型大小为 12 000 m×4 000 m×6 000 m,如图 4-59(a)所示,模型速度如图 4-59(b)所示。

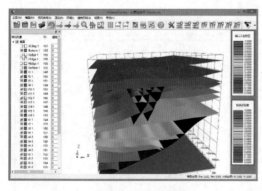

（a）陡坡带三维模型

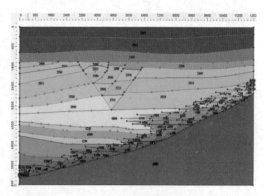

（b）模型速度

图 4-59　东营陡坡带典型模型

观测系统为16L9S480R,道间距为25 m,最大炮检距为6 275 m,最小炮检距25 m。采样时间为4 s,采样间隔为2 ms,子波频率为30 Hz。炮点位置分别位于6 000m、15 000m处,高斯束中心射线路径如图4-60所示,射线路径较为复杂。

图4-61是三维正演单炮记录,虽然模型较为复杂,但高斯束三维正演基本没有反射盲区,证明菲涅尔高斯束具有较好的适应能力。

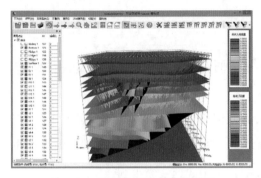 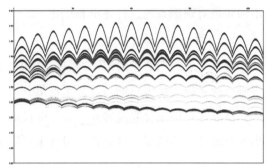

图4-60 高斯束正演射线路径图　　　图4-61 高斯射线束正演模拟记录

第三节　面向采集参数优化的地震波照明

正演得到地震单炮记录后,经过叠加或者偏移处理,可以获得叠加或者偏移剖面,通过对叠加剖面分析,可以定性地评价观测系统的设计方案,对比不同观测系统设计方案的优缺点,但无法确定到底因何种原因造成了这种差异,很难通过这种方法直接优化观测系统参数。尤其对于地质目标成像差的区域,也无法简单地通过正演记录或者偏移剖面去判断应该如何优化观测系统参数。为解决该问题,赵虎等多位学者先后提出了使用照明度为函数进行观测系统定量化评价和优化的思想[94],通过定量化地分析地下各个面元的波场能量分布情况,进而提出观测系统的优化方向。

地震波照明分析的实质就是研究地震波在地下介质传播过程中受介质结构影响的能量分布。由式(4-40)能够得到任意接收点处离散的叠加能量,针对某一个观测系统方案,利用投影菲涅尔带高斯束正演,即可得到地下各反射界面被照明区域范围、各反射界面的能量分布、中心射线覆盖次数分布以及地表检波点接收能量范围等信息。尤其针对复杂地质目标,想得到更好地照明效果,可以利用炮检点互换思想,优化观测系统设计方案,更好地获得反射波场的综合能量信息,从多个角度对复杂地质目标进行分析,这对复杂地质目标勘探具有突出重要的意义。

一、高斯束照明能量提取方法

本章提出使用照明度函数对观测系统进行评价的思想,认为照明度尽量均匀,且没有接收能量盲区的观测系统更优。为了更好地对观测系统进行分析评价,提取 5 种照明能量,即炮点入射能量、面元入射能量、面元接收能量、检波点接收能量以及炮道能量,从不同角度对观测系统进行评价和优化。

(一)炮点入射照明能量

炮点入射照明能量:将某个震源点激发,下传到目的层上各个面元的能量进行累加,得到的能量称为该炮点的入射照明能量。

炮点入射能量计算步骤如下:① 将目的层面元网格化;② 激发某一个震源点,追踪出所有通过该目的层反射的高斯射线束;③ 统计每一条中心射线在其入射的面元上产生的能量 $SC_{i,j} = \sum (A(r))^2 (i,j$ 为面元下标$)$,$A(r)$ 可由式(4-39)得到。

炮点入射照明能量可以分析各个炮点对地下面元照射能量的贡献;用来考察地面哪些位置布置炮点最有利于地震波的传播。炮点能量的有效传递是资料信噪比和分辨率保证的基础。炮点入射照明能量分析主要用于炮点加密范围的确定。针对局部信噪比比较低的目标区,通过局部加密炮点增加部分面元的覆盖次数,进而提高该区域的资料品质。对于构造顶部阴影区,一般选择在其正上方加密;对于逆掩推覆构造阴影区,就难以确定加密炮点的具体位置。以往在野外施工中,加密炮点位置的确定一般是定性的,通过炮点入射照明能量分析可以提供定量的分析依据,进而有针对性地加密炮点。在针对特殊地质目标体做逆向照明分析时,与其原理一致,把震源点放置在地下某个面元上,看地表哪个区域内的检波点接收能量最强,可以为观测系统加密炮范围确定提供参考。

(二)面元入射照明能量

面元入射照明能量:震源激发后,会对地下目的层面元产生下传能量,此时不考虑检波点接收,将某个面元上接收到的所有能量进行累加,得到的能量称为该面元的入射照明能量。

面元入射照明类似于波动方程照明中单向照明,可以用来考察目的层上哪些区域能够获得最强的入射能量,以及产生最强的反射能量。

面元入射能量计算步骤如下:(1) 将目的层面元网格化;(2) 循环计算每一个激发点,追踪出所有通过该目的层反射的高斯射线束;(3) 统计落在每一个面元上的中心射线,叠加高斯射线束对每一个面元的能量贡献,能量计算由式(4-39)可得到,则该面元上能量 $EC_{i,j} = \sum (A(r))^2 (i,j$ 为面元下标$)$。

（三）面元接收照明能量

地震波激发，经目标层反射，被地表检波器接收。也就是说，地下目标层面元所得到的入射能量，经反射后，不一定全部被地表检波点接收到，而只有被检波器接收到的能量，后期经过地震资料处理偏移归位，才能对地震成像起作用，因此统计某个地下面元反射到各个检波器的能量至关重要。

面元接收照明能量：将经由地下某个面元反射后，被地表检波器接收到的能量进行累加，称该能量为该面元的接收照明能量。

由于地震资料处理的目的就是为了反射地震波成像，面元接收能量可以用来判断地下面元作为绕射点的成像归位能力，因此面元接收照明函数在基于能量的观测系统优化设计时，具有重要的作用。

面元入射能量计算步骤如下：① 将目的层面元网格化；② 循环计算每一个激发点，追踪出所有通过该目的层反射的高斯射线束；③ 计算面元入射能量占高斯射线束总入射能量的百分比 $PC_{i,j} = \dfrac{EC_{i,j}}{\sum EC_{i,j}}$，式中，$EC_{i,j}$ 为面元入射能量，(i,j) 为面元编号；④ 累加所有检波点接收的总能量 $\sum ER_{k,l}$，式中，$ER_{k,l}$ 为每个检波点的接收能量（k,l 为检波点编号），则该面元的接收照明能量为 $ECR_{i,j} = \sum ER_{k,j} \cdot PC_{i,j}$。

（四）检波点接收照明能量

检波点接收照明能量相当于检波点针对某个特定目的层接收到的地震记录。只有经目的层面元反射，并被检波点接收到的能量，对目的层成像才有意义。高精度三维地震勘探要求均匀、对称、连续采样，但受到复杂地表和地下构造影响，部分来自目的层的反射能量并不能完全被地表检波点所接收到，造成野外采集数据的均匀性和对称性较差，这就需要通过分析检波点接收能量来进行观测系统评价和优化。同时分析检波点接收能量，也可为特殊目标区勘探，如陡倾角目的层勘探中，排列长度的优化提供依据。

检波点接收照明能量：针对某个检波点，将来自地下目的层每个面元的反射能量进行累加，得到的能量称为该检波器的接收照明能量。

检波点接收能量计算步骤如下：（1）将目的层面元网格化；（2）循环计算每一个激发点，追踪出所有通过该目的层反射的高斯射线束；（3）在其排列片内，将每一个检波点向外扩展 $\dfrac{Dx}{2} \times \dfrac{Dy}{2}$，式中，$Dx$ 为道距，Dy 为接收线距，作为检波点接收范围，分别统计落在每一个检波点接收范围的中心射线，叠加高斯射线束对每一个检波点能量贡献，能量计算由式（4-39）可得到，则该检波点上能量 $ER_{k,l} = \sum (A(r))^2$（k,l 为检波点编号）。

（五）炮道照明能量

使用共反射点进行观测系统的设计必须能够获取每一个炮点经目的层面元反射后,被某一检波点接收到的照明能量,炮道能量类似于野外采集的检波器能量的叠加。

炮道照明能量:计算每一个炮点对应的每一个检波点的接收能量,即炮道能量。

炮道照明能量计算步骤如下:① 将目的层面元网格化;② 针对某一个激发点,按照给定的出射角度发出中心射线;③ 在其排列片内,将每一个检波点向外扩展 $\frac{Dx}{2} \times \frac{Dy}{2}$,式中 Dx 为道距,Dy 为接收线距,作为检波点接收范围,分别统计落在每一个检波点接收范围的中心射线,做叠加能量,能量计算由式(4-39)可得到,则该检波点上能量为 $ER_{k,l} = \sum (A(r))^2$,式中,k,l 为检波点编号。

炮道照明能量主要用于观测系统排列长度的优化设计。

二、典型模型试算

建立典型模型,针对目的层接收能量做照明能量影响因素分析,为后续基于目的层能量的观测系统优化提供量化分析手段。

设计了各种典型理论模型,包括水平地层、倾斜地层、起伏地层、正/逆断层构造、背斜/向斜构造、透镜体、尖灭、逆掩推覆构造、高陡构造、薄护层、多种构造组合的复杂模型等。

1. 背斜模型照明

模型大小为 5 000 m×5 000 m×5 000 m,自上向下分别为 T0、T1、T2、T3 层,其中 T0 和 T3 层为水平层,T1、T2 为背斜构造,各层速度依次为 1 500 m/s、2 500 m/s、3 000 m/s、3 500 m/s、4 000 m/s,各反射层形态及位置如图 4-62 所示。

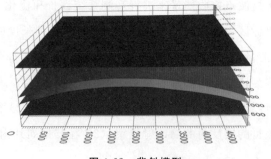

图 4-62　背斜模型

观测系统 12L4S96T,中间放炮,两边接收,各目的层面元接收能量如图 4-63 所示。

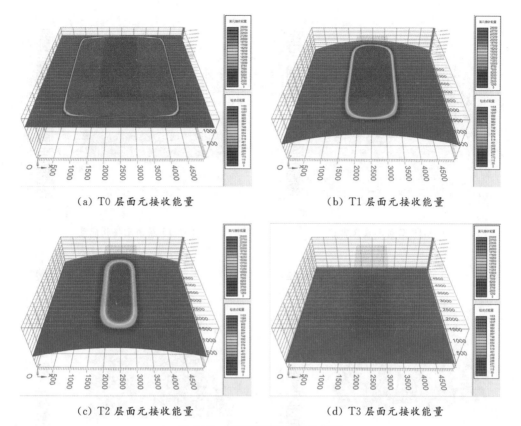

(a) T0 层面元接收能量　　　　　　　　(b) T1 层面元接收能量

(c) T2 层面元接收能量　　　　　　　　(d) T3 层面元接收能量

图 4-63　高斯束照明能量分析图

由图 4-63 图可见：① 受地震波传播吸收衰减影响，随着目的层深度的增加，目的层面元接收能量逐渐减弱。② 受背斜构造影响，在构造中间区域有强聚焦作用，而两翼能量迅速减弱。③ 背斜构造对下伏地层影响非常大，虽然中间区域也有一定聚焦作用，能量非常弱，且向两翼迅速减弱。

2. 向斜模型照明

模型大小为 5 000 m×5 000 m×5 000 m，自上向下分别为 T0、T1、T2、T3 层，其中 T0 和 T3 层为水平层，T1、T2 为向斜构造，各层速度依次为 1 500 m/s、2 500 m/s、3 000 m/s、3 500 m/s、4 000 m/s，各反射层形态及位置如图 4-64 所示。

观测系统 12L4S96T，中间放炮，两边接收，各目的层面元接收能量如图 4-65 所示。

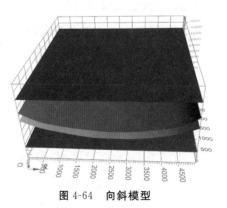

图 4-64　向斜模型

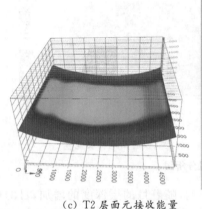 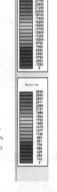

(a) T0 层面元接收能量

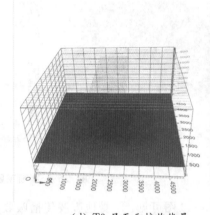 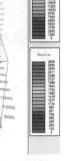

(b) T1 层面元接收能量

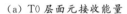

(c) T2 层面元接收能量

(d) T3 层面元接收能量

图 4-65　高斯束照明能量分析图

由图 4-65 图可见：① 受地震波传播吸收衰减影响，随着目的层深度的增加，目的层面元接收能量逐渐减弱；② 受向斜构造角度影响，构造中间区域能量较强，而两翼能量明显减弱，且减弱规律受向斜构造角度影响，成不规则分布；③ 受上覆向斜构造的影响，下伏地层面元接收照明能量范围明显变小，且能量衰减严重。

3. 正断层照明

模型大小为 500 m×5 000 m×5 000 m，自上向下分别为 T1、T2、T3 层，断层为 f1，各层速度依次为 1 500 m/s、2 500 m/s、3 500 m/s、4 500 m/s，各反射层形态及位置如图 4-66(a)所示。

由图 4-66(b)图可见：① 受地震波传播吸收衰减影响，随着目的层深度的增加，目的层面元接收能量逐渐减弱；② 受断层构造影响，下伏地层能量衰减较为严重，尤其断层正下方能量衰减最为严重，两翼能量影响相对较小。

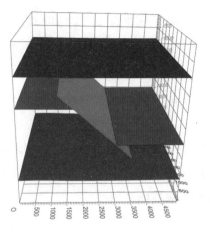

（a）正断层模型

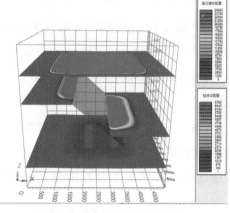

（b）高斯束照明能量分析图

图 4-66　正断层模型及高斯束照明能量分析图

4. 逆断层模型照明

模型大小为 500 m×5 000 m×5 000 m，自上向下分别为 T1、T2、T3 层，断层为 f1，各层速度依次为 1 500 m/s、2 500 m/s、3 500 m/s、4 500 m/s，各反射层形态及位置如图 4-67(a)所示。

观测系统 12L4S96T，中间放炮，两边接收，各目的层面元接收能量如图 4-67 所示。

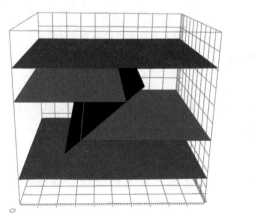

（a）逆断层模型

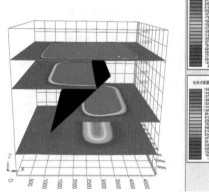

（b）高斯束照明能量分析图

图 4-67　逆断层模型及高斯束照明能量分析图

由图 4-67(b)图可见：① 受地震波传播吸收衰减影响，随着目的层深度的增加，目的层面元接收能量逐渐减弱；② 与正断层相比，逆断层对照明能量影响较小，且对下伏地层具有一定的能量聚焦作用。

5. 高速体模型照明

模型大小为 5 000 m×5 000 m×5 000 m,自上向下分别为 T0、T1、T2、T3 层,其中 T0 和 T3 层为水平层,T1、T2 组成高速透镜体,各层速度依次为 1 500 m/s、2 500 m/s、3 000 m/s、3 500 m/s、4 000 m/s,各反射层形态及位置如图 4-68(a)所示。

观测系统 12L4S96T,中间放炮,两边接收,各目的层面元接收能量如图 4-68(b)所示。

由图 4-68(b)图可见:① 受地震波传播吸收衰减影响,随着目的层深度的增加,目的层面元接收能量逐渐减弱;② 受高速体构造影响,对下伏地层具有比较强的能量屏蔽作用,这也是 SEG/EAGE 盐丘模型下部较难成像的主要原因。

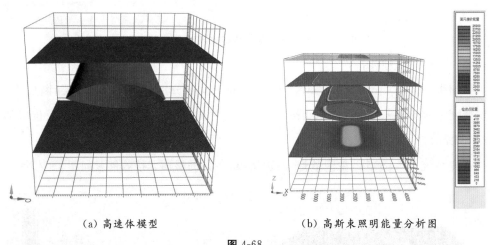

(a)高速体模型   (b)高斯束照明能量分析图

图 4-68

6. 低速体模型照明

模型大小为 5 000 m×5 000 m×5 000 m,自上向下分别为 T0、T1、T2、T3 层,其中 T0 和 T3 层为水平层,T1、T2 组成低速透镜体,各层速度依次为 1 500 m/s、3 000 m/s、1 500 m/s、4 000 m/s,各反射层形态及位置如图 4-69(a)所示。

观测系统 12L4S96T,中间放炮,两边接收,各目的层面元接收能量如图 4-69(b)所示。

由图 4-69(b)图可见:① 受地震波传播吸收衰减影响,随着目的层深度的增加,目的层面元接收能量逐渐减弱;② 受低速体构造影响,本身具有聚焦作用,会产生能量汇聚区域;③ 对下伏构造有明显能量增强作用,更有利于下伏构造成像。

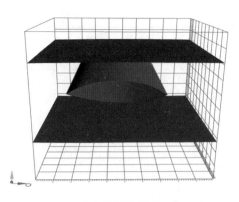 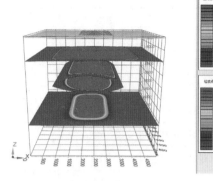

（a）低速体模型　　　　　　　　　　（b）高斯束照明能量分析图

图 4-69

三、观测系统照明分析

针对三维观测系统，可以从高斯束运动学特征（射线分布）与动力学特征（能量照明）、多域（各种道集）与波场等多个角度对三维观测系统的特征参数进行分析。本节重点从目的层照明能量分布角度，进行分析。

建立胜利 BS 工区三维模型，模型大小为 21 000 m×15 000 m×4 200 m。自上向下分别为地震、T1、T2、T3、T6、T7 层，各层速度依次为 2 450 m/s、2 730 m/s、2 860 m/s、3 200 m/s、3 750 m/s、4 200 m/s，各反射层形态及位置如图 4-70 所示。

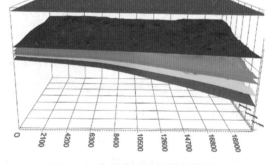

图 4-70　高斯束照明能量分析图

照明度分析选取了浅层 T1 和深层 T7 进行面元接收能量和检波器接收能量分析。

（一）不同接收线数观测系统的照明对比分析

为了测试不同接收线数对照明结果的影响，设计了 5 组不同接收线数的观测系统进行对比测试，具体参数如表 4-3 所列。

表 4-3　不同接收线数观测系统参数表

观测系统	方案一 20L5S252R	方案二 24L5S252R	方案三 28L5S252R	方案四 32L5S252R	方案五 36L5S252R
道数	5 040	6 048	7 056	8 064	9 072
面元（m×m）	12.5×12.5	12.5×12.5	12.5×12.5	12.5×12.5	12.5×12.5

（续表）

观测系统	方案一 20L5S252R	方案二 24L5S252R	方案三 28L5S252R	方案四 32L5S252R	方案五 36L5S252R
覆盖次数	5×21=105	6×21=126	7×21=147	8×21=168	9×21=189
道距(m)	25	25	25	25	25
接收线距(m)	125	125	125	125	125
炮点距(m)	50	50	50	50	50
炮线距(m)	150	150	150	150	150
束线距(m)	250/2 线	250/2 线	250/2 线	250/2 线	250/2 线
总炮数	25 245	24 255	23 265	22 275	21 285

5 组观测系统均采用中间放炮，两边接收。

图 4-71 展示了 5 组观测系统下的目的层面元接收能量分析结果。

图 4-72 展示了 5 组观测系统下的检波点接收能量分析结果。

通过上面各图的对比分析可以看出：随着接收数的增加，地下面元接收照明能量和检波器接收能量分布形态及均匀性略有改善，但是改善不明显。

（二）不同排列长度观测系统的照明对比分析

为了测试不同排列长度对观测结果的影响，设计了 5 组不同的排列长度进行测试，5 组观测系统均采用中间放炮，两边接收。具体参数如表 4-4 所列。

图 4-73 是 5 组观测系统的目的层面元接收能量分析结果。

图 4-74 展示了 5 组观测系统下的检波点接收能量分析结果。

通过上面各图的对比分析可以看出：在不同的偏移距情况下，深部目的层面元接收能量和检波器接收能量相对强度变化不大。在浅层面元接收能量和检波器接收能量变化较为明显，采用大偏移距能量分布更为均匀。当然随着偏移距的继续变大，能量的变化将不再明显。针对该模型建议采用 6 720 m 偏移距进行采集。

（三）不同道间距观测系统的照明对比分析

为了测试不同道间距对观测结果的影响，设计了两组不同的道间距观测系统进行测试，具体参数如表 4-5 所列。

图 4-75 展示了两组观测系统下的目的层面元接收能量分析结果。

图 4-76 展示了两组观测系统下的检波点接收能量分析结果。

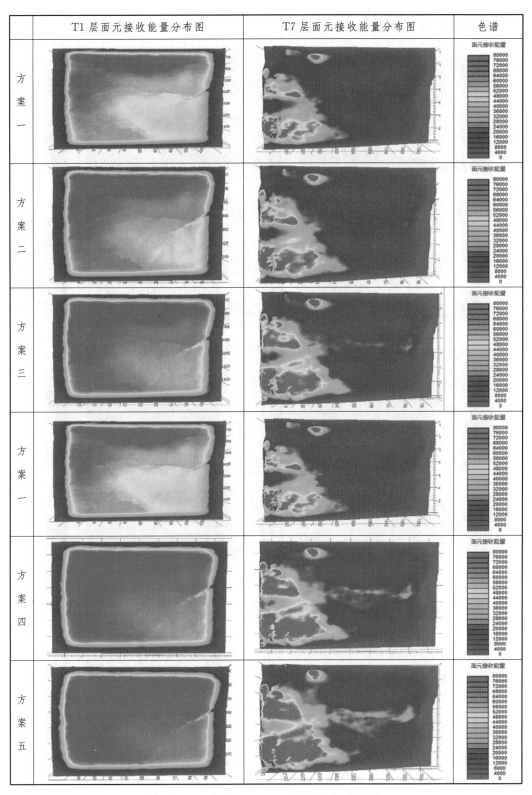

图 4-71 T1 层和 T7 层面元接收照明能量对比图

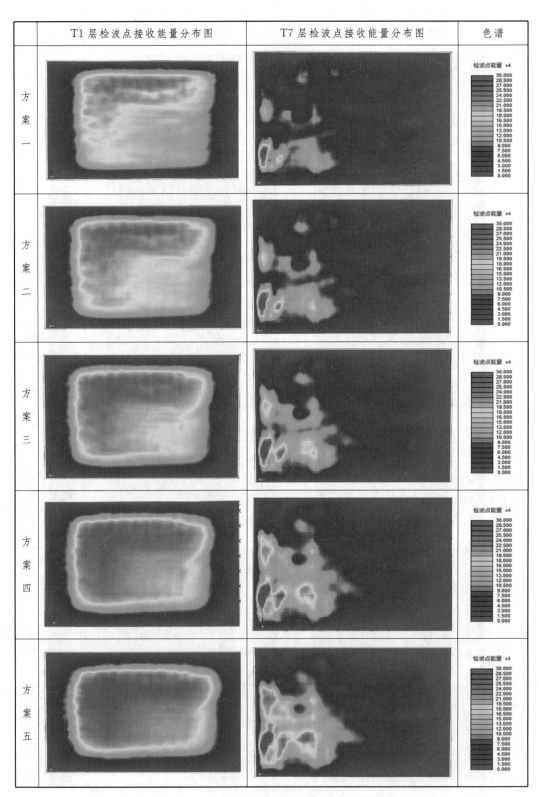

图 4-72　T1 层和 T7 层检波点接收能量对比图

表 4-4　不同排列长度观测系统参数表

观测系统	方案一 28L5S228R	方案二 28L5S240R	方案三 28L5S252R	方案四 28L5S264R	方案五 28L5S276R
道数	6 384	6 720	7 056	7 392	7 728
面元(m×m)	12.5×12.5	12.5×12.5	12.5×12.5	12.5×12.5	12.5×12.5
覆盖次数	7×19=133	7×20=140	7×21=147	7×22=154	7×23=161
道距/线距(m)	25/125	25/125	25/125	25/125	25/125
炮点距/炮线距(m)	50/150	50/150	50/150	50/150	50/150
束线距(m)	250/2 线	250/2 线	250/2 线	250/2 线	250/2 线
总炮数	24 205	23 735	23 265	22 795	22 325

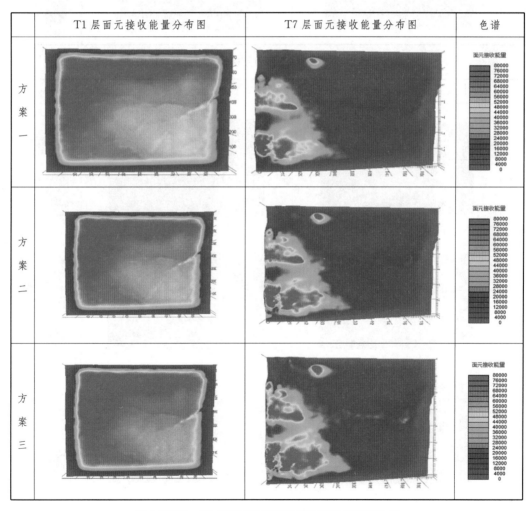

图 4-73(1)　T1 层和 T7 层面元接收照明能量对比图

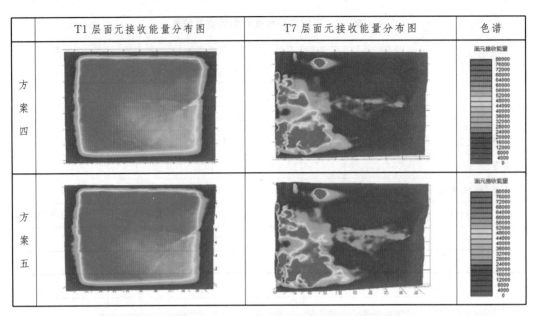

图 4-73(2)　T1 层和 T7 层面元接收照明能量对比图

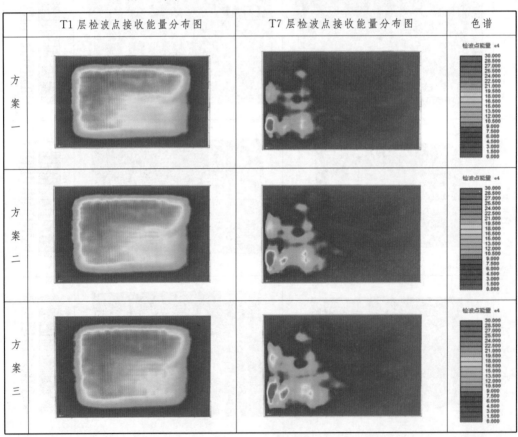

图 4-74(1)　T1 层和 T7 层检波点接收能量对比图

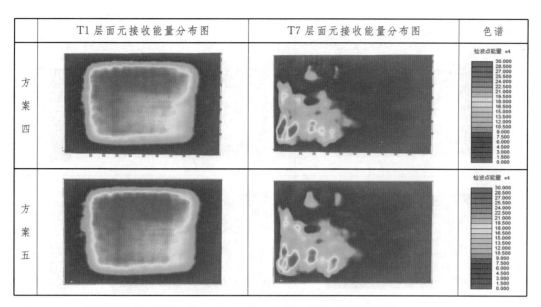

图 4-74(2)　T1 层和 T7 层检波点接收能量对比图

表 4-5　不同道间距观测系统参数表

观测系统	道数	面元 （m×m）	覆盖次数	道距 （m）	接收线距 （m）	炮点距 （m）	炮线距 （m）	束线距 （m）	总炮数
方案一 28L5S252R	7056	12.5×12.5	7×21＝147	25	125	50	150	250/2 线	23 265
方案二 28L5S252R	7056	25×12.5	7×42＝294	50	125	50	150	250/2 线	13 395

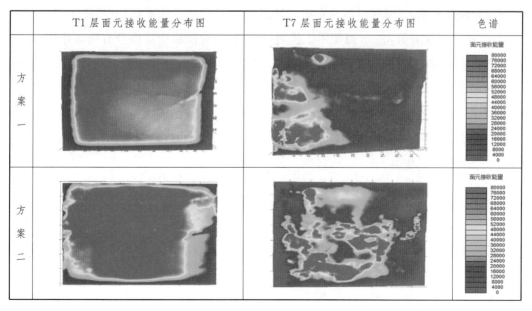

图 4-75　T1 层和 T7 层面元接收照明能量对比图

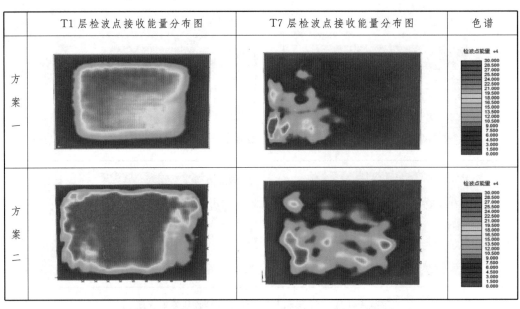

图 4-76　T1 层和 T7 层检波点接收照明能量对比图

通过上面各图的对比分析可以看出：在不同的道间距情况下，无论是目的层的面元接收能量还是地表检波点的接收能量，变化都较为明显，与面元大小和目的层埋深、目的层层内高差以及排列长度都有关系。针对 T1 目的层，由于该目的层埋深较浅且较平缓，25 m 道距和 50 m 道距观测系统，其排列长度都能够满足采集要求。目的层能量均匀性受面元尺寸影响较小，面元越小，面元接收能量和检波点接收能量均匀性越好，但是差距不是特别明显。针对 T7 目的层，该层埋深较深且层内高差较大，最大达到近 2 000 m，一是受上覆地层影响，二是层内高差影响，三是面元统计尺度的影响，目的层能量均匀性变化较大，可以明显看出，50 m 道距由于排列长度增加，对深层能量提升有明显作用，目的层面元接收能量均匀性较 25 m 道距好。从 T7 层面元接收能量强度分析，50 m 道距观测系统面元尺寸增大了，从统计学角度上分析，相当于覆盖次数增加，并不能说明能量真的增强了。从满次覆盖次数范围分析，50 m 道距观测系统的满次范围要明显小于 25 m 观测系统满次范围。因此，该观测系统应该在 25 m 道距的基础上，增加接收道数，对 T7 层成像会有更大的提升。

第四节　基于能量的观测系统优化

面对复杂地质目标勘探,要充分利用高斯束正演得到的各种能量数据,从不同角度进行观测系统优化与评价,进而得到最佳的观测系统方案。

一、全局寻优自动炮点优化

(一)设计思想

对于复杂地质目标区地震采集资料而言,目的层面元接收能量分布通常会很不均匀,甚至会在局部出现强的采集阴影区,对后期偏移归位处理不利。因此,针对提高目的层照明能量均匀性,避免采集阴影区或者减小采集阴影区范围,是面向地质目标采集优化设计的一项重要内容。

以往在采集技术设计中,如果正演模拟结果显示勘探目标存在成像阴影区,如图4-77所示,图4-77(a)为Marmousi模型速度模型,图4-77(b)为Marmousi模型偏移剖面。在高陡构造下伏地层中,存在成像阴影区(图4-77(b)红色椭圆框范围),如果需要提升这部分成像质量,会在该构造正上方均匀加密炮点,炮点加密后,再通过全炮正演模拟论证,该阴影区能量是否有所补偿。这种方式存在两个弊端:① 无法准确指导在哪里加密炮点更为合适,只能凭借技术人员的经验,存在一定的盲目性;② 加密后要重新做正演模拟,对于二维观测系统优化设计时,该方法还勉强可以,如果做三维观测系统优化设计,并且采用波动方程方法,无法满足技术设计对时效性的要求,并且野外生产单位的硬件设备也无法满足要求。

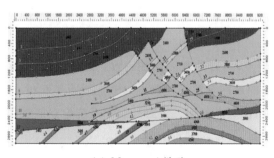

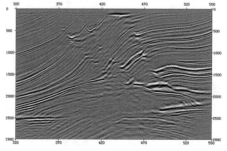

(a) Marmousi 模型　　　　　　　　　　(b) Marmousi 模型偏移剖面

图 4-77　Marmousi 模型及偏移剖面

本节提出一种基于目的层接收能量均匀性的全局寻优炮点优化方法,该方法首先计算目的层成像阴影区范围,判断哪些炮点对该阴影区能量提升最有利,按炮点贡献大小排序,逐步自动优化加密炮点,使阴影区能量提升幅度远大于非阴影区能量提升幅度,进而达到提升目的层接收能量均匀性的目标。

(二)技术流程

基于目的层能量均匀性的全局寻优自动炮点加密详细技术流程如下。

(1)建立三维地质模型。

(2)设计正演模拟观测系统。该观测系统(以下简称正演观测系统)为在野外施工拟采用的观测系统(以下简称野外观测系统)基础上,将炮线数按照野外加密炮点原则整数倍增加,例如:野外观测系统为3L4S,150 m炮线距方案,则设计正演模拟观测系统方案采用3L4S,50 m炮线距,两套观测系统示意如图4-78所示,观测系统单元模板均为3L4S炮点距50 m,接收线距100 m,道距25 m,图4-78(a)野外观测系统炮线距150 m,图4-78(b)正演观测系统炮线距50 m,相当于正演观测系统的炮点数量加密为野外观测系统的3倍。

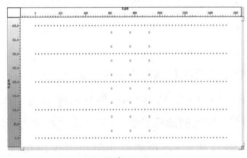
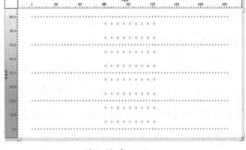

（a）炮线距150 m　　　　　　　　　　　（b）炮线距50 m

图4-78　观测系统示意图

(3)对正演观测系统做全炮高斯束照明计算,获取目的层面元接收能量,在照明文件中,同时要记录每一个炮点对应的目的层面元接收能量,记为

$$E = \{E_1, E_2, E_3, \cdots, E_M\}$$

式中,M为正演观测系统炮点个数。

$$E_i = \{e_1, e_2, e_3, \cdots, e_A\}$$

式中,$i=1 \cdots M$,A为目的层面元总个数。

(4)按照野外观测系统设计方案,抽取炮点,与野外观测系统一致。以步骤(2)中示范观测系统为例,每3条炮线抽一条,则抽取的后的观测系统为3L4S,炮线距150 m,与野外观测系统一致,此时其余炮点则作为待加密炮点备用。记野外观测系统炮点能量集合记为

$$S = \{S_1, S_2, S_3, \cdots, S_N\}$$

式中,N为野外观测系统炮点个数。

$$S_i = \{s_1, s_2, s_3, \cdots, s_A\}$$

式中,$i=1 \cdots N$,A为目的层面元总个数。

由于后期应用中还可以删除已经加密的炮点,所以这里要记录加密炮能量集合,记为
$$S'=\{S'_1,S'_2,S'_3,\cdots,S'_Q\}$$
式中,Q为加密炮点个数,初始值为0。
$$S'_i=\{s'_1,s'_2,s'_3,\cdots,s'_A\}$$
式中,i=1⋯Q,A为目的层面元总个数。

加密炮分析仅考虑观测系统满次覆盖区域内的面元,定义满次范围内面元总个数为A',有$A'<A$。

(5) 对野外观测系统满次覆盖区域范围内的高斯束照明结果进行分析。

1) 预设需要加密炮点数Q'。考虑算法稳定性,减少一次计算量,并且可随时分析加密后目的层能量变化,这里预设需要加密炮点数Q',该值由用户自定义,一般一次加密10炮,即$Q'=10$。

2) 计算所有面元能量的平均值,记为
$$\overline{S}=\Big(\sum_{i=0}^{A'-1}S_i\Big)/A'$$

3) 计算所有面元能量的均方差值,记为
$$\overline{\overline{S}}=\sum_{i=0}^{A'-1}(S_i-\overline{S})^2/A'$$

4) 寻找目的层能量阴影区范围。搜索能量最低的J个面元(默认J=25,该数值可调整,该数值越大,计算越精确,但计算效率越低),以该J个面元中的每个面元为中心,以搜索I半径为计算范围,计算搜索半径内面元能量的平均值,记为$\overline{c_j}=\Big(\sum_{i=0}^{I^2-1}c_i\Big)/I^2$,式中,j$=1,\cdots,J;\overline{C}=\{\overline{c_1},\overline{c_2},\cdots,\overline{c_J}\}$,取$\overline{C}$的最小值,记为$\overline{C}_{min}$。

搜索半径:以面元O为中心,向周围均匀扩展若干个面元。搜索半径过小,可能会有局部奇异点产生干扰;搜索半径过大,可能会造成加密炮点范围过大,计算效率低,影响加密效果,且施工成本高,因此合理选择搜索半径很重要,一般根据横向分辨力的需求,选择合适的搜索半径。搜索半径等于5,则向外扩展24个面元,如图4-79所示。

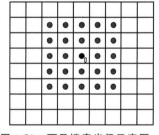

图 4-79　面元搜索半径示意图

5) 比较$\overline{C}_{min}$与$\overline{S}$,当$\overline{C}_{min}\geq\dfrac{5}{6}\overline{S}$时,式中,$\dfrac{5}{6}$是经验值(该值可调整,中石化企业标准中规定,满次范围内,面元覆盖次数不能低于理论值的$\dfrac{5}{6}$),提示该观测系统无需加密炮点;如果$\overline{C}_{min}<\dfrac{5}{6}\overline{S}$,则针对该区域进行炮点加密。

(6) 对满次覆盖区域内,$\overline{C}_{min}<\dfrac{5}{6}\overline{S}$的面元进行炮点加密。

1）取出 $\bar{C}_{\min}$ 的面元中心点 c_0。

2）在集合 $\{E-S-S'\}$ 中搜索，对面元 c_0 贡献最大的炮点，计算加入该炮点后能量均方差值 $\bar{S}'$，如果 $\bar{S}' < \bar{S}$，则将该炮点记为加密炮点，并将该炮点加入加密炮点集合；如果 $\bar{S}' \geqslant \bar{S}$，则放弃该炮点，继续寻找贡献次之的炮点，如果累计寻找 10 个炮点，均造成 $\bar{S}' \geqslant \bar{S}$，则放弃该阴影区能量提升。

3）如果加密该炮点，则累加加密炮点个数 $Q'=Q'+1$；$Q=Q+1$。

（7）重复计算步骤（5）~（6），考虑算法稳定性，给出两个终止条件，满足其中之一，即终止炮点加密。

1）$\bar{C}_{\min} \geqslant \dfrac{2}{3}\bar{S}$；

2）$Q' > 10$。

图 4-80 为基于目的层能量均匀性的全局寻优自动炮点加密流程图。

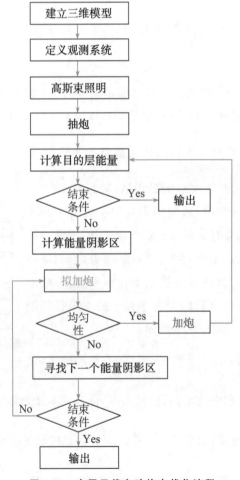

图 4-80　全局寻优自动炮点优化流程

（三）实际资料分析

分析胜利BS区已有成果资料,加载解释成果数据,建立三维模型,模型大小为21 000 m×15 000 m×4 200 m,模型自上向下分别为地表(Surface)、T1、T2、T3、T6、T7层,各层速度依次为2 450 m/s、2 730 m/s、2 860 m/s、3 200 m/s、3 750 m/s、4 200 m/s,各反射层形态及位置如图4-81所示。

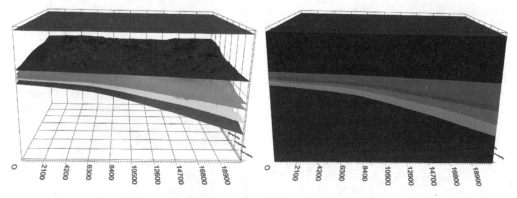

图4-81　BS实际模型

为获得好T7层资料,采用自动加密炮分析方法进行观测系统优化。观测系统参数如表4-5。

表4-5　观测系统基本参数

观测系统	28L5S252R （横向炮检细分）	面元网格（横×纵）	12.5 m×12.5 m （横向炮检细分）
炮点距/炮线距	50 m/150 m	覆盖次数（横×纵）	7×21＝147 次
接收道距/线距	25 m/125 m	束线距/滚动排列	250 m/2 线

通过计算,获得加密前目的层能量如图4-82(a)所示,针对目的层T7存在的阴影区(图中蓝色椭圆形圈定范围),全自动加密9组炮点,每组递增量为30炮,加密后目的层能量分布如图4-82(b)-(j)所示,红色矩形框内显示炮点数、平均能量、方差等数据。

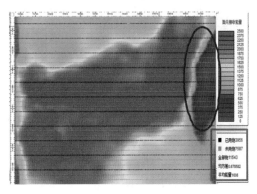 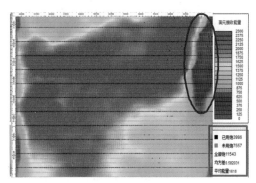

（a）加密前　　　　　　　　　　　　　（b）加密30炮

图4-82(1)　目的层加密炮点前后能量分布对比图

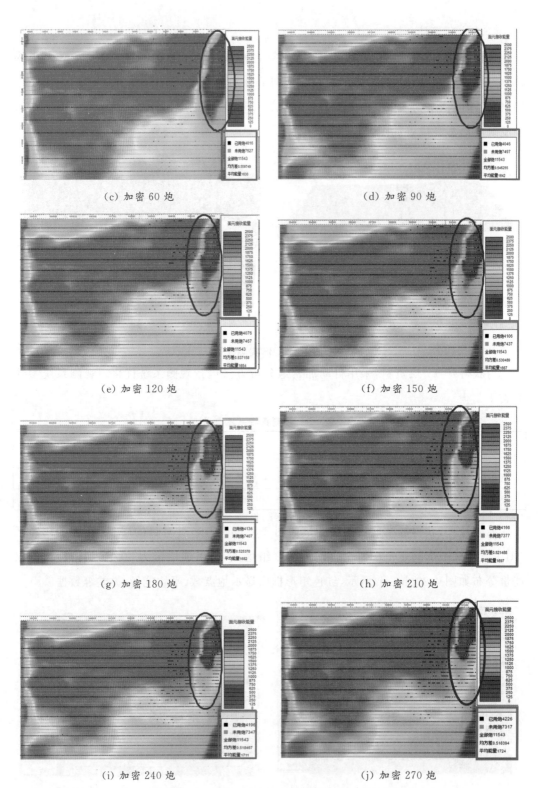

(c) 加密 60 炮　　　　　　　　　　(d) 加密 90 炮

(e) 加密 120 炮　　　　　　　　　(f) 加密 150 炮

(g) 加密 180 炮　　　　　　　　　(h) 加密 210 炮

(i) 加密 240 炮　　　　　　　　　(j) 加密 270 炮

图 4-82(2)　目的层加密炮点前后能量分布对比图

从图 4-82 中蓝色椭圆形圈定范围可以看出,随着加密炮数的增加,阴影区能量有明显提升,范围不断减小,当加密到 180 炮时效果趋于稳定,此时如果考虑采集成本因素,可以考虑加密 180 炮即可。

以上从阴影区范围角度分析了加密炮效果,那么是否在加密炮后,达到了弱能量区域能量提升,强能量区域能量不变或者提升较小的效果呢?针对这一问题,统计了加密不同炮数后的目的层能量均方差和平均能量,如表 4-6,从表中可以看出,随着加密炮数的增加,目的层的平均方差在减小,平均能量逐渐提高,加密 30 炮时候方差的提高幅度最大,随后提高的幅度在减慢,这说明加密炮能够达到让强能量区域能量维持不变(或增加不多),弱能量区域能量大幅提高,达到有针对性地加炮。同时从加密炮点(图中不规则的黑色的点)的位置可以看出,加密的炮点有 1/4 左右落在阴影区范围内,大部分加密的炮点都在阴影区外,证明了野外施工中为了获取阴影区成像而选择在其构造正上方加密炮点是不严谨的。

表 4-6　不同加密炮点的目的层能量差异

加密数量	加密前	30 炮	60 炮	90 炮	120 炮	150 炮	180 炮	210 炮	240 炮	270 炮
平均方差	0.679	0.582	0.560	0.546	0.537	0.530	0.525	0.522	0.519	0.518
平均能量	1 606	1 618	1 630	1 642	1 654	1 667	1 682	1 697	1 711	1 712

随后采用手动加密炮点方式,全部在阴影区范围内加密,依次加密 3 组炮点,每组递增量为 30 炮,加密前后能量分布如图 4-83 所示。

对比图 4-83 发现,阴影区范围也在不断缩小,说明在阴影区正上方加密炮点是有提能量作用的,将图 4-83(b)-(d)与图 4-82(b)-(d)做对比,发现手动加密炮点方法对阴影区能量提升效果相对较差,阴影区范围相对更大。

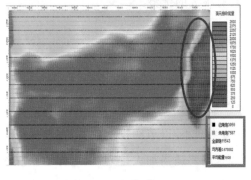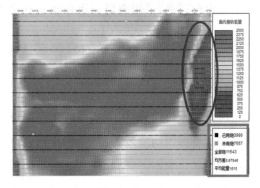

(a) 加密前　　　　　　　　　　　　　　(b) 加密 30 炮

图 4-83(1)　目的层阴影区手动加密炮点能量分布图

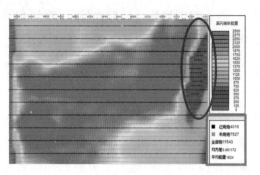 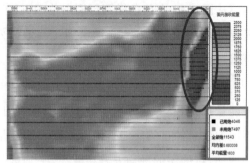

（c）加密 60 炮　　　　　　　　　　　　（d）加密 90 炮

图 4-83(2)　目的层阴影区手动加密炮点能量分布图

统计并分析手动加密与自动加密两种加密方法对目的层能量提升的差异，如表 4-7。

表 4-7　不同加密方式的目的层能量差异

加密炮数	自动加密		手动加密	
	平均方差	平均能量	平均方差	平均能量
加密前	0.679	1 606	0.679	1 606
加 30 炮	0.582	1 618	0.679	1 615
加 60 炮	0.560	1 630	0.681	1 624
加 90 炮	0.546	1 642	0.683	1 633

从统计数据分析，当加密相同炮数时，自动加密炮点目的层能量均方差明显小于手动加炮，并且平均能量要高于手动加炮，说明自动加炮后，目的层能量分布更均匀，目的层阴影区得到一定补偿。但是手动加密 30 炮后，目的层能量均方差没有变化，并且当加密 60 炮和 90 炮时，目的层能量均方差不降反增，说明加密炮点后，目的层能量均匀性更差了。由此可见，采用全局寻优自动炮点优化，具有很大的优势。

二、基于检波点能量的观测系统排列参数优化

（一）设计思想

由野外采集经验可知，远道的接收能量会随着炮检距的增大而减弱。如果目的层埋深较浅或者深层构造较为简单，则排列长度可以适当减小，以节约投资成本；在勘探中也会遇到工区边界附近，恰好在高陡构造的下倾方向，则要适当加大排列，以更好地获取深层资料。因此，提出建立每个检波点接收能量的曲线，将全区所有检波点的接收能量做统计分析，保证观测系统的排列长度能够接收到大部分的目的层反射能量，记为最优的最小排列长度，使投资成本发挥最大化[95]。

（二）技术流程

基于检波点接收能量的观测系统排列长度优化技术流程如下。

（1）建立三维地质模型，并通过前期地质任务分析和参数论证等得到采集设计参数，设计观测系统。

（2）针对勘探目标层位做高斯束照明计算，提取每一个炮点对应的每一个检波点的接收能量。

若某工区观测系统共有 M 条炮线，每条炮线有 N 个炮点（每条炮线上的炮点数可以不一致），每个炮点由 L 条检波线接收，每条检波线上有 R 道。定义第 m 条炮线（$0<m\leqslant M$）上的第 n 个炮点（$0<n\leqslant N$），对应的第 l 条检波线（$0<1\leqslant L$）上的第 r 个检波点（$0<r\leqslant R$）接收能量记为：$e_{m,n,l,r}$，则对应检波线 l 的接收能量集合记为

$$E_{m,n,l} = \{e_{m,n,l,1}, e_{m,n,l,2}, e_{m,n,l,3}, \cdots\cdots, e_{m,n,l,R}\}$$

（3）检波点接收能量统计。

1）排列能量统计：给出排列能量，也即检波点接收总能量公式（4-44）：

$$E_{m,n,l}^{r} = \sum_{i=1}^{r} e_{m,n,l,i}, 0<r\leqslant R \tag{4-44}$$

式中，$E_{m,n,l}^{r}$ 为排列能量，m 为第几炮线，r 为该炮线上第几炮点，l 为第几条接收线接收，r 为计算前多少个接收道。

2）平均能量统计：给出平均能量公式（4-45）：

$$\overline{E_{m,n,l}^{r}} = \frac{1}{r} \sum_{i=1}^{r} e_{m,n,l,i}, 0<r\leqslant R \tag{4-45}$$

式中，$\overline{E_{m,n,l}^{r}}$ 为平均能量，其他参数与式（4-44）定义相同。

3）综合能量统计：由式（4-44）可知，随着排列长度的增加 $E_{m,n,l}^{r}$ 的值是递增的，并且达到一定程度时，增加的幅度会减缓。由式（4-45）可知，前期 $\overline{E_{m,n,l}^{r}}$ 是逐渐增加的，但是随着排列长度的增加，远排列的接收能量会增加较慢，因此平均能量会逐渐下降。为了确保既接收能量，又考虑施工成本，给出综合能量公式（4-46）：

$$Q_{m,n,l}^{r} = \varepsilon_1 E_{m,n,l}^{r} + \varepsilon_2 \overline{E_{m,n,l}^{r}} \tag{4-46}$$

式中，$Q_{m,n,l}^{r}$ 为检波点综合能量，ε_1 和 ε_2 为两个权值，$0\leqslant\varepsilon_1\leqslant 1$，$0\leqslant\varepsilon_2\leqslant 1$，且 $\varepsilon_1+\varepsilon_2=1$，该值由用户自定义，当目的层埋藏较深，且构造较为复杂，则 ε_1 权重较高；当目的层埋深较浅，且构造较为简单，则 ε_1 可以取值相对较小，默认值为 $\varepsilon_1=\varepsilon_2=0.5$。

图 4-84 为某目的层 $m=9$，$n=3$，$l=7$ 的检波点接收能量曲线，其中，横坐标为接收道数 r（$0<r\leqslant R$，$R=400$），纵坐标为归一化后的能量值。图中蓝色曲线为排列能量，也即检波点总接收能量曲线，红色曲线为检波点平均能量曲线，绿色曲线为检波点综合能

量曲线。

（4）确定单炮单排列的最优最小接收道数。对检波点综合能量曲线 $Q_{m,n,l}$ 求综合能量最大值所对应 x 坐标值，记为 $r_{m,n,l}$，$r_{m,n,l} = max\{Q_{m,n,l}^1, Q_{m,n,l}^2, \cdots, Q_{m,n,l}^R\}$，即为第 m 炮线，第 n 炮点，第 l 接收线的最优最小接收道数。

同理可以得到所有炮点的所有接收线的最优接收道数，记为集合 $\{r_{m,n,l}\}$，式中，$m=1,2,\cdots,M$；$n=1,2,\cdots,N$；$l=1,2,\cdots,L$。

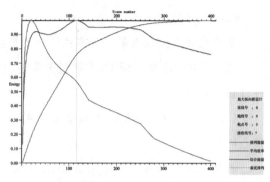

图 4-84　第 9 炮线第 3 炮点第 7 条检波线的检波点接收能量曲线

（5）确定观测系统最优最小接收道数。最后，利用数学统计的方法，统计集合 $\{r_{m,n,l}\}$ 中，所有最优最小接收道数出现的次数，$T_{num}=\{t_1,t_2,\cdots,t_R\}$，其中，$t_r$ 为最优最小接收道数为 r 的排列出现的次数，其中 $r=1,2,\cdots,R$，以 r 为横坐标，T_{num} 为纵坐标，得到图 4-85，即最优最小接收道数为 r 的排列出现的次数。

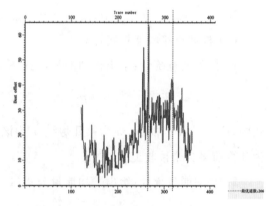

图 4-85　最优最小排列长度统计图

认为当最优最小接收道数能够涵盖大部分排列即可。观察图 4-85 中曲线，可以得出以下结论：接收道数为 266 的排列出现的频次最高；最小接收道数在 266～320，基本能够取到大部分的最优最小接收道数值；大于 360 道的排列都没有取到最优值。因此，综合分析，认为最优的最小接收道数为 320 道。

（6）计算最优最小排列长度。结合观测系统道间距，即可计算最优的最小排列长度。

（三）实际资料分析

根据胜利 DWZ 实际地质模型和已有速度资料，建立三维模型，如图 4-86（a），模型大小 11 000 m×9 000 m×4 000 m，具体的速度参数与地质层位关系见图 4-86（b）。

利用计算得到的检波点接收能量，对最小排列长度做优化，实现了真正面向地质目标层的采集参数优化。

为了便于后期的最小排列长度优化分析，因此在前期论证的观测系统方案中优选出 1 个观测系统进行计算分析时，要考虑为后期优化留有余地，因此选择观测系统基本参数见表 4-8。选择的目的层为 c—p 地层，即图 4-86 中，蓝色箭头指向的地层。

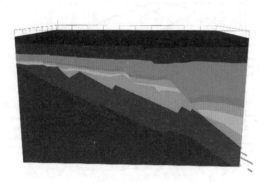

（a）剖面法建立三维模型

（b）地层速度信息及地质层位对应关系

图 4-86　实际地质模型

表 4-8　观测系统基本参数

观测系统	30L6S400R	纵向观测系统	5 985－15－30－15－5 985
道距（m）	30	炮点距（m）	60
接收线距（m）	180	炮线距（m）	150

图 4-87（a）-（b）分别为第 9 炮线及 10 炮线的某个炮点的最小排列长度能量分布曲线，由于 9 炮线及 10 炮线位于模型的左侧，目的层 c－p 在此处埋深较浅，因此此处所需的最小排列长度应较小，而图中可以看出 9 炮线及 10 炮线处最优接收道数为 120 道（最小排列长度 1 785 m）。

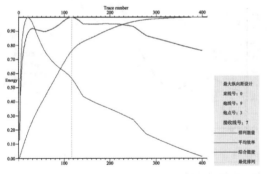

（a）第 9 炮线第 3 炮点第 7 接收线

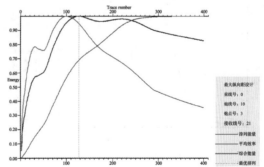

（b）第 10 炮线第 3 炮点第 21 接收线

图 4-87　最小排列长度能量曲线

图 4-88（a）-（b）为第 11 炮线第 4 炮点和第 12 炮线第 1 炮点的最小排列长度能量分布曲线，图中可以看出此处最优的接收道数为 180 道左右（最小排列长度 2 685 m），由于此处目的层埋深要大于第 9、10 炮线处，因此所需的最小排列长度相对要大一些。

随着炮线号的增加，目的层对应的埋深也随着增加，所需最小排列长度也应增大，图 4-89（a）-（d），分别为第 20、30、41、44 炮线上某个炮点最小排列长度能量分布曲线。

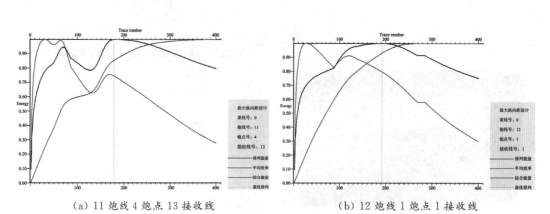

（a）11 炮线 4 炮点 13 接收线   （b）12 炮线 1 炮点 1 接收线

图 4-88 最小排列长度能量曲线

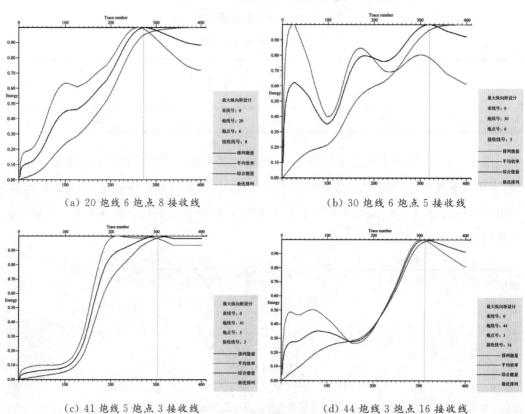

（a）20 炮线 6 炮点 8 接收线   （b）30 炮线 6 炮点 5 接收线

（c）41 炮线 5 炮点 3 接收线   （d）44 炮线 3 炮点 16 接收线

图 4-89 最小排列长度能量曲线

由图 4-87 到 4-89 可见，随着炮线号的增加，所需的最小排列长度也逐渐增大，这主要是由于该层位为典型的单斜构造。那么究竟多大排列长度能够满足工区要求呢？本文对所有炮点所需的最小排列长度进行统计，如图 4-85 所示，图中可以看出接收道数为 266 的排列出现的频率最高，对应的最小排列长度为 3 975 m；同时图形显示 266—320 道出现的频率也较高，因此对于 c—p 目的层，建议采用 320 道接收，排列长度为 4 785 m。

三、地上地下联合实时观测系统优化

当前,在面向复杂地表和地质目标勘探中,通常采用的技术设计方案是将地表和地下分开考虑。针对复杂地表,采用高清卫片为底图,在室内进行一次变观,优化设计方案;针对复杂地下构造,采用高斯束照明或者波动方程照明等分析手段,通过对目的层能量分析,优化设计方案[96]。然而实际生产中,既要考虑地表障碍物对施工条件的限制,又要考虑地下地质目标成像需要,针对该技术难点,文中提出地表地下联合实时变观技术。

该项技术有3项技术优势:① 在地表利用高清遥感卫星图像为底图,进行一次变观,并实时分析变观后对观测系统覆盖次数均匀性的影响,随时进行变观方案优化;② 将地表障碍物范围投影到地下目的层,针对能量均匀性要求或者阴影区成像技术需求,全局寻优自动炮点优化,并保证加密炮点不会落在地表障碍物范围内;③ 对变观后物理点进行人机交互修正,修正后的目的层能量实时变化,同时地表覆盖次数也根据物理点的修正而实时修正,进而达到地表地下联合实时变观的目的。该项技术的应用既能保证观测系统避开地表障碍物,实时分析观测系统覆盖次数变化,确保浅层成像;又能兼顾地下目的层成像要求,避免出现成像阴影区,进一步提高地震采集资料成像质量。

为确保该项技术的实施,需解决以下3项技术:① 人机交互,可以动态调整或者增删炮点,在覆盖次数低的障碍物周围动态加密炮点,提高覆盖次数;② 实现海量数据观测系统的增量式属性分析技术,确保动态调整炮点激发位置的同时,可以实时分析观测系统覆盖次数变化情况,以便选择最佳移动位置,满足海量地震数据观测系统计算效率的要求,否则会造成系统长时间等待或崩溃;② 实现了基于覆盖次数均衡的观测系统自动避障技术,在确保排除障碍物内所有炮点的前提下,保证变观炮点总体移动最小,并且覆盖次数尽可能均衡;③ 实现了地上地下联动实时交互观测系统优化,既考虑地表障碍物范围,又考虑目的层成像。

(一)技术流程

该方法既考虑地表障碍物对施工条件的限制,又要考虑地下地质目标成像需要。该方法包括以下技术流程。

(1)首先针对复杂地表,以高清卫片为底图,在室内进行一次变观,优化采集设计方案。变观采用基于移动距离最短或者基于覆盖次数均衡的变观方法。选取方法主要根据这两种方法的原理,如果更多的考虑变观效率,则选择移动距离最短法;如果计算机性能较强,且更多地考虑变观后覆盖次数的均匀性,则采用覆盖次数均衡法。

(2)针对变观后观测系统炮点位置做优化。地震采集行业标准规定:观测系统满次覆盖区域内,变观后覆盖次数不能低于满次的5/6。采用增量式覆盖次数计算方法,人机

交互,加密炮点或者调整炮点变观位置,使其满次覆盖区域内,所有面元覆盖次数达到采集标准要求。

（3）将理论观测系统炮点数加密,作为待加密炮点库,输出观测系统,做高斯束照明计算,得到待加密点能量库。提前做照明计算,是为了在目的层加密炮点时,可以实时显示能量变化,否则,若先做一炮高斯照明,再累加当前炮点引起的目的层能量变化,达不到实时分析的效果。

（4）加载变观后的观测系统,提取其对应的目的层面元接收能量,作为目的层原始能量分布。

（5）将地表障碍物投影到地下目标层上,采用全局寻优自动炮点优化方法,针对目的层能量均匀性和成像阴影区做观测系统优化,同时保证变观后的炮点不能落在障碍物投影范围内。

（6）以提高目的层能量均匀性为主要目标,针对特殊地质目标,人机交互加密或者调整加密炮点,同时分析 CMP 点覆盖次数变化,注意调整炮点时,不能使满次范围内面元覆盖次数低于满次的 5/6。这里需要注意的是,为了减少计算量,只能对加密的炮点位置进行调整,而不能对原始炮点能量进行调整。加密后,同时计算 CMP 覆盖次数变化,如果没有产生不良影响,则不做更正,否则取消该炮加密,在该炮点周围另选一点加密,直到加密方案达到最优,即:减少目的层成像阴影区,同时 CMP 面元覆盖次数相对均匀,满次面积内,覆盖次数不低于理论设计的 5/6。

由于该方法计算量较大,因此仅适合在针对特殊目标体成像,做局部分析时使用,而不建议在野外一次变观中使用。

（二）基于实时属性分析的观测系统优化

在双复杂探区,受地表障碍物的影响,观测系统自动变观方案通常不能完全保证满次覆盖区域内覆盖次数均达到行业标准规定的"变观区域内的覆盖次数不低于满次覆盖次数的 5/6"这一指标,需要人机交互进行微调。

1. 交互式避障

交互式避障主要是为覆盖次数实时属性分析提供支持的,基本方法包含炮点/炮线/区域内批量炮点的增加、删除、移动等,如图 4-90 所示。

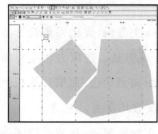 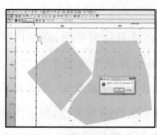 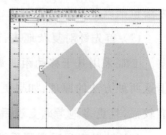

（a）增加炮点　　　　　　　（b）删除炮点　　　　　　　（c）移动炮点

图 4-90　基于地表障碍物的激发点位交互式优化

2. 覆盖次数增量式计算方法

由于变观炮点数量有限,因部分炮点变观或者单个炮点或检波点移动,需要全部覆盖次数重算,极大影响计算效率。为达到可以实时监控覆盖次数变化的目的,采用增量式覆盖次数计算方法,提高效率,进而选择最优的观测系统变观方案。

覆盖次数增量方法并不复杂,当增加检波点时,只需计算出新增检波点对影响到的面元的覆盖次数,并加上这些面元原本的覆盖次数即可。删除检波点时,同样是计算出待删除检波点对影响到的面元的覆盖次数,再用这些面元原本的覆盖次数减去待删除检波点的覆盖次数。而移动检波点则相当于先进行了一次删除操作,再进行一次增加操作。增量计算流程图如图 4-91 所示。

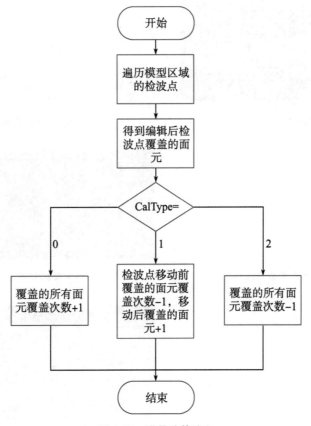

图 4-91　增量计算流程

（三）覆盖次数实时分析

采用覆盖次数增量式计算方法,仅计算增、删、移动的一个炮点或者一组炮点所带来的覆盖次数变化,进而选择最佳的观测系统炮点优化方案,确保覆盖次数均匀性。某工区覆盖次数实时分析如图 4-92 所示,该工区理论设计覆盖次数为 360 次,如图 4-92（a）所示。在工区满次边界附近（蓝色直线为满次边界）,有一条沟渠穿过,需要变观的炮点位置如图 4-92(b)绿色矩形框内炮点。采用最小网格点变观方法变观,均变观到了左侧一组网格点上,如图 4-92(c)所示。此时满次覆盖范围内,最高覆盖次数 362 次,最低覆盖次数 359 次,如图 4-92(d)所示。根据野外地震采集经验,变观尽量选择障碍物周围对称位置,可以使变观后覆盖次数更均匀,因此采用手动调整方式,利用增量覆盖次数计算方法,实时分析覆盖次数均匀性变化,调整后炮点如图 4-92(e)所示,覆盖次数如图 4-92(f)所示,覆盖次数最高 361 次,最低 359 次,覆盖次数均匀性要好于最小网格自动变观方法。该方法可用于大型障碍物变观,当覆盖次数变化较大时,可以利用该方法适当提高覆盖次数均匀性,使观测系统变观方案更优。

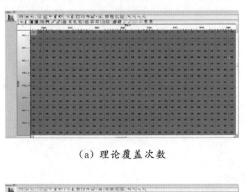

（a）理论覆盖次数

（b）炮点位置示意图

（c）最小网格点变观后炮点位置图

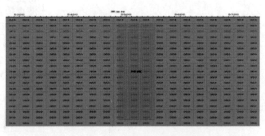

（d）最小网格点变观后覆盖次数图（局部放大）

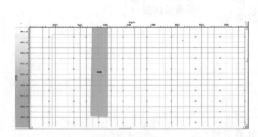

（e）局部调整变观炮点位置

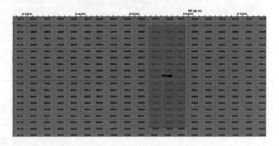

（f）实时覆盖次数分析图（局部放大）

图 4-92　覆盖次数实时分析

（四）覆盖次数增量式计算效果对比

增量式覆盖次数计算在不影响计算精度的前提下,大幅提高了计算效率。如图 4-93 展示三个工区中变观后覆盖次数增量式计算与原始方法的计算效果对比,原始覆盖次数效果见图 4-93,可以看出增量法的计算结果与原始方法完全一致。

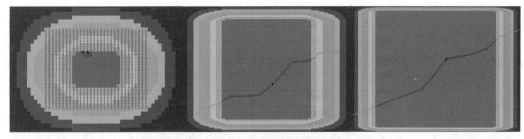

（a）变观前覆盖次数计算效果图

（b）变观后常规覆盖次数计算效果图

（c）变观后增量式覆盖次数计算效果图

图 4-93　变观前及变观后不同覆盖次数计算效果对比

　　在计算效率方面,增量式覆盖次数计算具有绝对的技术优势,在常规方法中,无论工区有多少炮点,只要有一个炮点变观,就要全工区重新计算覆盖次数,无疑工区数据量越大,计算时间越长。如果野外变观的仅仅是几个小的障碍物,或者一条河流,覆盖次数并且在原始方法的基础上显著提升了计算效率。采用工区二数据做测试,共 10 万炮,常规方法计算全区覆盖次数耗时 15 465 ms,采用增量式覆盖次数方法,得到变观炮点数(横坐标)与计算时间(纵坐标)分析图,如图 4-94 所示,当变观 5 炮时,仅耗时 3 ms;随着变观炮数的增多,覆盖次数计算时间逐渐递增,值得注意的是,变化趋势不是线性的,而是近乎指数趋势递增,这是因为变观过程中要逐点计算每一个变观点对应的覆盖次数变化,并增不断进行增减,需要耗费时间较多,因此,递增式覆盖次数计算,更适用于变观炮数较少的情况下,如果一次变观的炮点数量过多,就采用直接计算覆盖次数,效率更快。

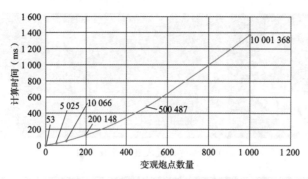

图 4-94　变观后增量式覆盖次数计算效率图

（三）基于目的层能量实时分析的观测系统变观分析

扩展基于目的层能量的炮点自动避障方法，实时分析观测系统变观目的层能量变化情况，如图 4-95。理论设计观测系统满次覆盖次数为 352 次。

图 4-95（a）是理论设计观测系统，图 4-95（b）基于遥感卫片的观测系统自动变观图（局部放大），可见，该工区地表情况较为复杂，有大量连片村庄、农田、厂房、养殖区等，障碍物连片，尤其穿越黄河障碍物面积广，因此自动变观后覆盖次数不均匀。图 4-95（c）是人机交互优化后的观测系统，利用实时属性分析功能，在障碍物周边区域加密炮点，弥补浅层资料缺口。3-96（d）是加密炮点后覆盖次数分布图，可见，加密后最高覆盖次数已经达到了 432 次，当将最高覆盖次数限定在 352 次以后，如图 4-95（e），可见，满次覆盖区域内的覆盖次数基本都达到了 352 次以上（蓝色框内为满次覆盖范围），局部区域由于障碍物过大，造成覆盖次数略低，但覆盖次数也基本在 300 次左右，高于行业标准规定的"覆盖次数不低于满次覆盖次数的 5/6，即不低于 293 次覆盖"。

图 4-95（f）为理论观测系统目的层面元接收能量分布，可见，虽然 CMP 覆盖次数较为均匀，但是目的层能量差异却非常明显，这主要是受大断裂带影响，该目的层埋深东高西低，最大层内断距 4 500 m，西部为断层下降盘，能量明显减弱。并且在满次覆盖区域内，有明显能量阴影区（图 4-95（f）黑色框内）。

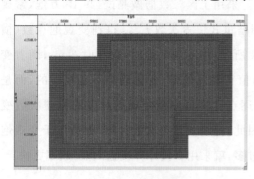

（a）理论设计观测系统

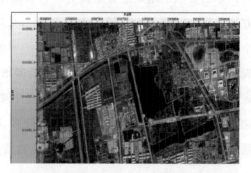

（b）基于遥感卫片观测系统自动变观（局部）

图 4-95(1)　地上地下联合实时观测系统变现

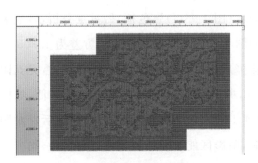

（c）变观后观测系统图

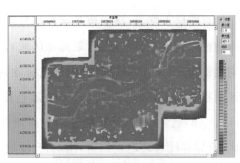

（d）变观后覆盖次数分析图

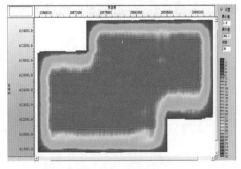

（e）变观后限制最高覆盖次数为满次显示

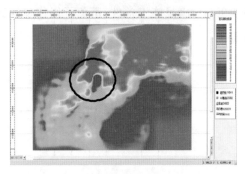

（f）理论设计目的层面元接收能量

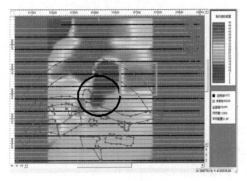

（g）障碍物投影（局部）

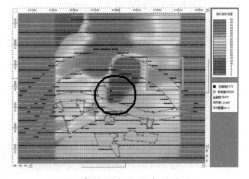

（h）障碍物内炮点自动变观

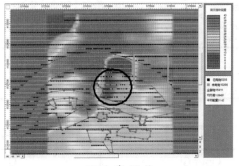

（i）加密 30 炮

图 4-95（2）　地上地下联合实时观测系统变观

针对断层下降盘,满次覆盖区内能量阴影区(图 4-95(f)黑色框)做重点分析,将地表障碍物投影到地下目的层上(取局部区域),如图 4-95(g),目的层能量均方差为 1.305 3,平均能量为 30.07。将障碍物内炮点排除,排障后,目的层能量均匀性变得更差,尤其阴影区面积更大了,如图 4-95(g)-(h)黑色框内,并且阴影区右侧能量也有所降低,如图 4-95(g)-(h)蓝色框内,计算能量均方差增加到 1.314 07,平均能量 30.11。随后针对阴影区,全局寻优自动炮点加密,当加密 30 炮时,阴影区能量有明显增强(黑色框),均方差迅速降到 1.094 91,平均能量增加到 31.42,且加密的炮点全部都在地表障碍物之外,如图 4-95(i),满足施工条件,避免了以往单纯针对目的层炮点加密,但加密的炮点无法施工的情况。

第五节　SWGaussSurvey 软件研发

一、软件架构设计

SWGaussSurvey 软件详细架构设计如图 4-96 所示。采用面向对象设计模式,总体分 4 层,底层封装了 OpenGL 图形引擎,中间层开发了三维图形组件库和算法库,顶层是应用层,这样的设计模式便于功能升级和扩展。

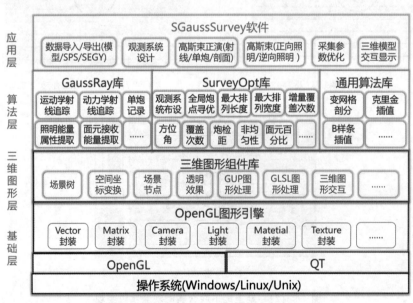

图 4-96　SWGaussSurvey 软件架构图

二、软件流程简介

软件操作流程如图 4-97 所示。

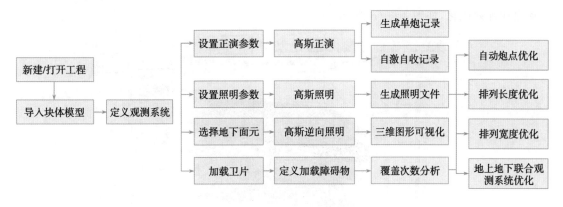

图 4-97　**软件流程图**

三、软件功能简介

SWGaussSurvey 软件是一套以菲涅尔高斯射线束理论为核心,以三项观测系统优化设计与评价方法为配套技术的地震采集观测系统优化设计软件。核心模块包括数据导入/导出(三维模型数据、SEGY 数据、SPS 数据)、观测系统设计、高斯射线束正演(射线追踪、单炮记录合成、自激自收)、高斯射线束照明(正向照明、逆向照明)、观测系统优化(全局寻优自动炮点优化、排列参数优化、地上地下联合观测系统优化)、三维图形可视化。为解决复杂地表、复杂地质构造区域、规则或者非规则观测系统设计和优化的技术难题提供了可视化的分析手段。

四、软件主要功能展示

(一) 主界面说明

软件的主界面如图 4-98 所示,它由顶部的菜单栏、工具栏、中央绘图区、左侧场景树、右侧色标区和底部的监控信息区 6 部分组成。

1. 主菜单

主菜单在工作区的上方,呈横向排列。根据功能划分列出工区、模型、观测系统、正演、照明、逆向照明、视图等的相关操作菜单。

2. 工具栏

工具栏是本软件中菜单中相关功能的快捷方式,由形式化的图标表示,当光标停于图标上方时,会弹出相关名称和功能说明。本软件的工具栏主要分为三个可活动的部分,第一部分主要提供了工区管理、视图控制、观测系统定义以及炮点和目的层选取的功能,如图 4-99(a)所示。第二部分主要提供了正演的相关功能,如射线追踪、合成记录等,如图 4-99(b)所示。第三部分主要提供了高斯照明及观测系统评价功能,如照明分析、加密炮和排列优化,如图 4-99(c)所示。

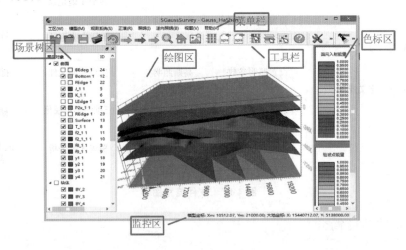

图 4-98　软件主界面

(a) 工区管理、视图、观测系统快捷工具栏

(b) 高斯正演快捷工具栏　　　　　　　(c) 照明及观测系统评价快捷工具栏

图 4-99　快捷工具栏

3. 场景树控件区

本软件采用自主研发基于 OpenGL 的三维图形库,采用场景节点的管理方式来控制整个工区中对象的显示。场景树显示了模型的拓扑结构,通过场景树控件,可以控制三维模型的曲面、块体,以及观测系统的显示。同时,对于这三大类中的成员,同样可以通过场景树控件来控制它们的显示,如图 4-98 所示。

4. 视图区

中央绘图区主要用于显示三维模型、射线和照明,同时也是和用户交互操作的工作区。用户可通过鼠标右键拖拽进行模型的旋转、平移、缩放,方便用户从各个角度观察地质模型。用户还可以通过显示设置功能,选择不同的曲面渲染方式,可以以散点、网格、填充多边形的形式显示三维地层曲面,如图 4-98 所示。

5. 色标区

右侧色标区用于显示照明结果的颜色分布与能量的关系,并且提供用户编辑色谱的功能。本软件的色标区主要显示面元入射能量和检波点能量,如图 4-98 所示。

6. 监控信息区

监控信息区向用户提供解释过程中有关鼠标位置和实际大地坐标以及经纬度的转换信息,不论模型怎样旋转,监控信息区始终显示鼠标指向位置的二维坐标,让用户能准确地知道鼠标点击位置的实际意义,辅助用户对模型进行定位,如图 4-98 所示。

(二)功能实现及效果

1. 工程项目管理

新建工程,输入工程文件的名称和目录,以后该工程文件目录用于保存观测系统、模型文件、正演参数、照明能量数据和其他相关信息。打开工程,相关的模型及观测系统等数据都会一并载入。保存工程,相关的模型及观测系统等数据都会一并保存。系统提供最近使用的 8 个工程文件索引信息,用户可以快速定位到某个工程中。

2. 模型数据管理

该功能实现三维块模型导入,模型在主界面上显示,如图 4-100 所示。

3. 观测系统

(1)观测系统设计/标准 SPS 导入导出。提供两种方式来定义三维观测系统,一种是自定义,另一种是导入标准 SPS,创建或者导入观测系统如图 4-101 所示。

(2)观测系统导出。观测系统设计完成后,可以将该观测系统保存为标准 SPS 文件组,以备下次使用。

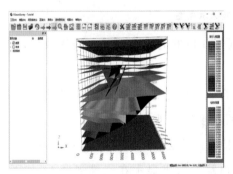

图 4-100　导入模型

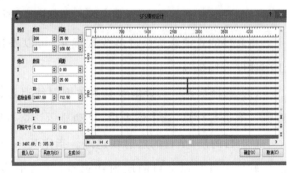

图 4-101　观测系统模板定义

(3)面元网格定义。面元网格是用于照明分析而设计的数据结果,以计算炮点对某些区域的照明能量。可以根据生产或科研需要选择自动填充共中心区域、测点区域、炮点区域,生成面元网格数据。

4.高斯射线束正演

（1）正演参数设置。在进行射线追踪和正演工作前，需要先设置正演参数，如图4-102所示。

图 4-102　正演参数设置

在正演参数对话框中，可以设置采样间隔、采样点数、子波频率信息。同时要指定射线扫描的角度和间隔，可以在水平和垂直两个方向设置角度参数，水平方向指 xoy 平面，垂直方向指 yoz 平面，射线夹角关系如图 4-103 所示。

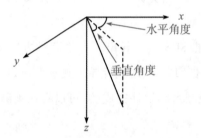

图 4-103　射线追踪空间坐标示意图

本软件的正演算法经过多线程优化，可以根据当前机器的核数目确定线程数目，使正演速度大幅提高。

（2）选择炮点。选择炮点是为单炮射线追踪、合成地震记录、单炮照明服务的，指定对哪一炮进行计算，选中炮点后，自动显示该炮点所在接收排列。如图 4-104 所示。

（3）目的层/全目的层射线追踪。指定某一个特殊目的层，可实现目的层射线追踪功能。软件也可实现全目的层射线追踪，并将射线追踪的效果显示在三维视图上，如图 4-105所示。

（4）两点射线追踪。指定某一个目的层，可实现目的层的两点射线追踪功能，可用于统计目的层 CRP 覆盖次数。

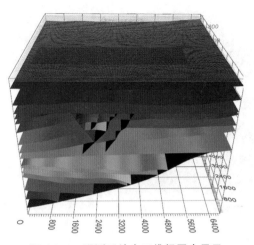

图 4-104　观测系统在三维视图中显示

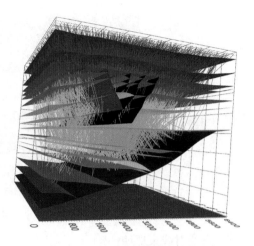

图 4-105　全目的层射线追踪效果图

（5）单炮/多炮正演。合成地震记录，进一步确定排列参数设计的合理性（也可以指定特殊目的层正演），同时生成标准 SegY 文件，用于后期的地震数据处理。也可以选择按野外记录号或者线号、点号等不同的抽线方法，合成多炮记录，如图 4-106 所示。

在地震记录浏览器中，可以更改图形显示参数和增益方式来观察地震记录。如图 4-107所示绘图参数设置对话框。

图 4-106　炮点选择对话框

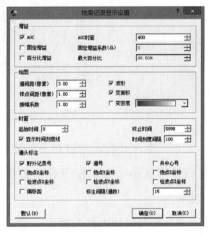

图 4-107　显示设置窗口

（6）合成自激自收记录。合成自激自收剖面，用于分析观测方案对各目的层的成像效果，如图 4-108 所示。

图 4-108　自激自收剖面

5. 高斯射线束照明

(1)单炮/多炮照明。选择某一炮点,或者按炮线号、炮点号、野外记录号等选择需要照明分析的炮点范围,针对某一特定地质目标层照明。其中检波点接收能量、目的层入射能量和目的层接收能量,能够在三维图形上直观显示,如图 4-109 所示,为后续观测系统优化设计和观测系统评价分析提供依据。同时数据存盘,以供后期做对比分析使用。

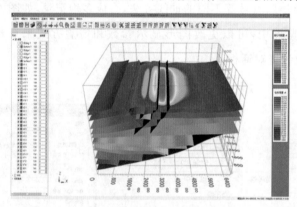

图 4-109　目的层多炮照明效果

(2)连片分析。当进行不同观测系统照明度分析时,往往采用先计算后对比的方式进行图形显示。为了便于对比分析,系统将照明能量的最大最小值统一到一个相同的范围。

6. 逆向射线追踪与照明

主要用于针对特殊目的层区域,分析地面上能够接收到该面元能量的最佳区域范围,及检波点接收到的能量分布情况。可以实时显示面元逆向照明情况,且照明能量可以叠加显示,可用于分析特殊采集目标区,确定最佳观测系统接收范围,进而实现针对特殊地质目标的观测方案优化,如图 4-110 所示。

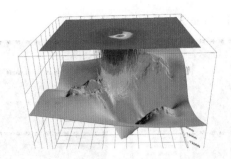

图 4-110 逆向射线追踪与照明

7. 观测系统优化

（1）全局寻优自动炮点加密。该功能点是为了改善复杂构造区目的层能量分布不均匀，弥补能量阴影区而实现的，自动计算需要加密的炮点位置，进而优化观测系统方案。

其主要功能包括：照明文件导入、自动计算加密炮点位置、人机交互加密炮点，加密炮点文件输出，面元能量分布统计等功能。

输入正演所得的加密炮分析原始数据，设置"炮线距"和"基本炮线距"，炮线距指的是正演模拟数据的炮线距，而基本炮线距指的是野外设计时选择的炮线距，加密炮是在基本炮线距的基础上进行加炮，所以基本炮线距通常是正演选择的炮线距的整数倍。如图 4-111 所示，规则的黑色点为基本炮线距炮点，灰色的点为待加密的候选炮，不规则的黑色点为计算后加密的炮点。

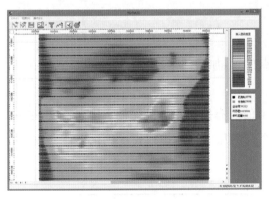
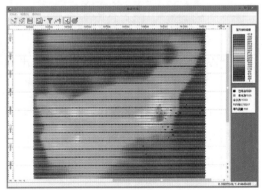

（a）基本炮线距下目的层能量分布　　　　　　（b）自动加炮后的目的层能量分布

图 4-111 炮点加密前后目的层能量对比图

用户如果想要更加有针对性地加炮，可以使用手动加炮功能，手动加炮采用"鼠标单选"和"多边形选择"两种交互方式。

可以直接在叠加了炮点的目的层能量分布图上，利用鼠标点击或者多边形框选择，选择待加密炮，进行加炮或减炮。由于高斯射线束照明计算速度比较快，能够实时显示加、减炮点后目的层能量的变化，辅助进行观测系统优化分析。矩形框选加密炮点前后目的层能量分布如图 4-112 所示。

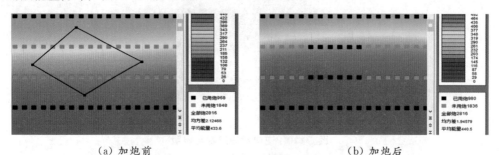

　　（a）加炮前　　　　　　　　　　　　　（b）加炮后

图 4-112　　多边形加炮目的层能量变化对比图

可以对面元能量分布情况进行分析。在能量概率分布视图下，可以看到不同能量所占的面元百分比，如图 4-113 所示。也可以根据面元能量分布图在窗口下方输入能量范围对目的层能量进行筛选，点击确定后，主界面的目的层能量将只显示指定范围的能量。

在面元能量概率积分视图下，可以直观地分析能量增长趋势，如图 4-114 所示。

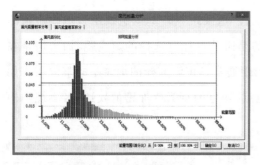 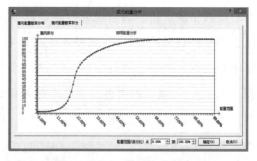

图 4-113　　面元能量概率分布　　　　　　图 4-114　　面元能量概率积分

当完成加炮和减炮分析后，可以输出炮点位置，加密的炮点坐标以文本形式保存并输出。

（2）排列参数优化。计算全区各个目的层的所有控制点的最优最小排列长度，如图 4-115 所示，进行统计分析，给出复杂工区每个目的层的最小排列长度优化设计参数，如图 4-116 所示。

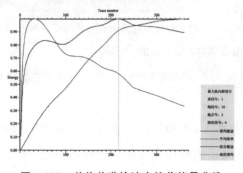 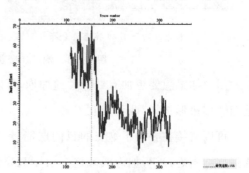

图 4-115　　单炮单道检波点接收能量曲线　　图 4-116　　最优的最小排列长度统计图

（3）地上地下联合实时观测系统变观。将地表障碍物投影在地下目的层上，实时分析观测系统变观对目的层能量的影响，选择最佳激发点变观方案，如图 4-117 所示。

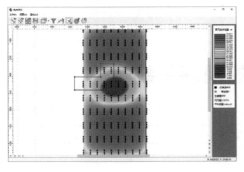 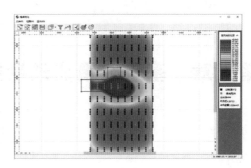

（a）变观前 （b）变观后

图 4-117 基于目的层能量实时分析的炮点自动变观

8. 辅助分析工具

（1）三维图形可视化。软件提供全区能量入射、接收情况，提供三维图形可视化环境，可对面元入射能量连片分析、面元接收能量连片分析和检波点接收能量进行连片分析。

（2）颜色表设置。软件在主视图右侧显示当前使用色标，可通过双击右侧色标对色标进行色标管理，见图 4-118。可以根据需要自定义色标的对应范围，提高视觉显示效果。

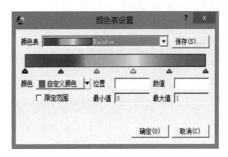

图 4-118 色标管理器

第五章　基于双聚焦理论的观测系统优化

双聚焦法是一种基于叠前深度偏移原理，面向复杂地质目标的三维观测系统设计方法。目前大部分双聚焦计算评价方法基于射线理论完成，这主要是由于双聚焦计算方法中涉及模拟和聚焦部分的计算量过大，射线类方法可以有效地降低计算量，提高评价计算的时效性。然而，射线理论是波动理论的高频近似，在起伏平缓，构造简单的层状介质模型中，射线类方法具有较好的预测精度和评价效果。然而，在构造复杂，存在剧烈横向速度变化的工区，就需要一种更为精确且效率较高的基于波动理论计算方法。波动理论能够精确地描述地震波在介质中传播特征。针对双聚焦评价中效率与精度的矛盾，本章讨论了基于波动方程理论的双聚焦评价方法，并分析了观测系统参数对聚焦性评价结果的影响，这能够为观测系统的设计及评价工作提供重要参考依据，具有重要的实际意义[97—98]。

第一节　基于 WRW 模型的双聚焦原理

地震波正演，就是将由同一个震源激发出的波形，经过不同的反射层反射后，被地面检波器接收后，形成的波场快照、地震波记录等，进而分析地下地层界面的构造形态与地层分布等特点。而所谓双聚焦，就是将正演得到的地震波记录，经过系列运算，还原到震源激发位置。从还原点聚焦形态的优劣，进一步评价和优化观测系统。

一、WRW 模型

地震波在介质中的传播和反射过程可由 WRW 物理模型描述，见图 5-1。其描述地震波传播过程可以细分为 5 个步骤：① 震源激发，用 $S(z_0)$ 表示激发算子；② 地震波下行传播，用 W_s 表示下行波传播算子矩阵；③ 地震波在界面反射，用 $R(z_m)$ 表示反射算子；④ 地震波上行传播，用 W_D 表示上行波传播算子矩阵；⑤ 观测系统定义，$D(z_0)$ 表示检波点矩阵。

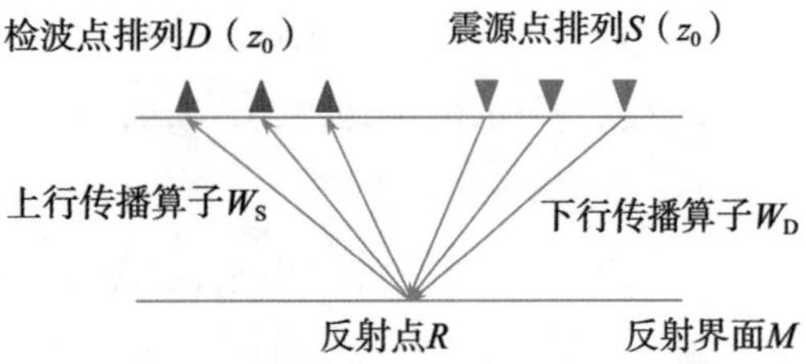

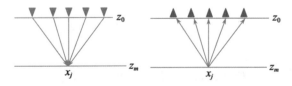

图 5-1　反射界面 M 的 WRW 正演模型

对于地下的某一反射界面 M，其对震源产生的反射波场 $P_m(z_0)$ 可以表示为

$$P_m(z_0) = D(z_0) W_s(z_0, z_m) R(z_m) W_D(z_m, z_0) S(z_0) \tag{5-1}$$

对于地下所有界面对震源产生的反射波总和 $P(z_0)$ 可以表示为

$$P(z_0) = D(z_0) \sum_{m=1}^{M} \left[(z_0, z_m) R(z_m) W_D(z_m, z_0) \right] S(z_0) \tag{5-2}$$

式中，激发算子 $S(z_0)$ 矩阵中每一列元素定义一个震源或震源排列在地表 z_0 产生的下行震源波场。与激发算子 $S(z_0)$ 矩阵相应的反射波场 $P(z_0)$ 中列定义了上行波场的结果。检波点矩阵 $D(z_0)$ 中每一行定义了一个排列或点检波器算子。在下行波传播算子 W_D 中列元素和在上行波传播算子 W_s 中的行元素定义了下行和上行首波传播算子。反射算子矩阵 $R(z_m)$ 中的每个元素定义了对于入射波场在 z_m 深度的连续反射算子。

二、双聚焦叠前偏移成像

地震偏移成像是从地震记录中消除观测系统及传播算子的影响，提取反射系数的过程，而双聚焦叠前偏移成像就是通过消除采集因素 $D(z_0)$、$S(z_0)$ 与地下传播 W_s 和 W_D 因素的影响求取反射系数 R。这个过程的本质就是进行波场的反向外推，实际上就是对反射记录的聚焦，其聚焦过程分为检波点聚焦和震源聚焦两部分，如图 5-2 所示。这两个过程都是以目标点为导向的聚焦。

图 5-2　震源聚焦（左）和检波点聚焦（右）示意图

1. 震源点聚焦

对于目标点 (x_j, z_m)，引入震源聚焦算子 $F_j(z_0, z_m)$。震源聚焦算子是列矢量算子，它将地表的震源聚焦在网格点 (x_j, z_m) 上。而震源算子 $S(z_0)$ 传播到 z_m 深度可以表示为

$$W_D(z_m, z_0) S(z_0)$$

则

$$I_j(z_m) = W_D(z_m, z_0)S(z_0)F_j(z_0, z_m) \qquad (5-3)$$

式中，$I_j(z_m) = (0, 0, \cdots, 0, 1, 0, \cdots, 0, 0)^T$

令

$$S_j(z_0, z_m) = S(z_0)F_j(z_0, z_m) \qquad (5-4)$$

则

$$I_j(z_m) = W_D(z_m, z_0)S_j(z_0, z_m) \qquad (5-5)$$

则

$$S_j(z_0, z_m) = W_D^{-1}(z_m, z_0)I_j(z_m) \qquad (5-6)$$

用共轭算子替代逆算子，则

$$S_j(z_0, z_m) \approx W_D^*(z_m, z_0)I_j(z_m) \qquad (5-7)$$

将网格点 (x_j, z_m) 上的聚焦算子 $F_j(z_0, z_m)$ 作用于 5-1 式，并将 5-7 带入，则

$$\Delta P_j(z_0, z_m) = D(z_0)W_s(z_0, z_m)R(z_m)I_j(z_m) = D(z_0)W_s(z_0, z_m)R_j(z_m) \qquad (5-8)$$

式中，反射向量 $R_j(z_m)$ 表示反射矩阵 $R(z_m)$ 的第 j 列。$\Delta P_j(z_0, z_m)$ 表示震源点 (x_j, z_m) 在的地表接收响应，并且震源的方向由 $R_j(z_m)$ 给出，称 $\Delta P_j(z_0, z_m)$ 为聚焦点响应，即实现了震源聚焦。

2. 检波点聚焦

同理对于检波点聚焦，引入检波点聚焦算子 $F_i^+(z_m, z_0)$，检波点聚焦算子是行矢量算子，把地表检波点聚焦到地下网格点 (X_i, z_m) 上。而来自 z_m 深度反射界面的地震波传播到地表，被检波器接收的过程可以表示为：$D(z_0)W_s(z_0, z_m)$，则

$$I_i^+(z_m) = F_i^+(z_m, z_0)D(z_0)W_s(z_0, z_m) \qquad (5-9)$$

式中，$I_i^+(z_m) = (0, 0, \cdots, 0, 1, 0, \cdots, 0, 0)$，令

$$D_i^+(z_m, z_0) = F_i^+(z_m, z_0)D(z_0) \qquad (5-10)$$

则

$$I_i^+(z_m) = D_i^+(z_m, z_0)W_s(z_0, z_m) \qquad (5-11)$$

则

$$D_i^+(z_m, z_0) = I_i^+(z_m)W_s^{-1}(z_0, z_m) \qquad (5-12)$$

用共轭算子代替逆算子，则

$$D_i^+(z_m, z_0) \approx I_i^+(z_m)W_s^*(z_0, z_m) \qquad (5-13)$$

将网格点 (x_i, z_m) 上的聚焦算子 $F_i^+(z_m, z_0)$ 作用于 5-1 式，并将 5-13 代入，则

$$\Delta p_i^+(z_m, z_0) = I_i^+(z_m)R_i(z_m)W_D(z_m, z_0)S(z_0)) = R_i(z_m)W_D(z_m, z_0)S(z_0))$$

$$(5-14)$$

$\Delta P_i(z_m, z_0)$ 称为聚焦点响应，即实现了检波点聚焦。

3. 双聚焦/共聚焦

将网格点(x_i, z_m)上的聚焦算子$F_i^+(z_m, z_0)$带入 5-8 式,并将 5-13 式代入,则

$$\Delta P_{ij}(z_m) = I_i^+(z_m)R(z_m)I_j(z_m) = R_{ij}(z_m) \tag{5-15}$$

式中,j 是固定的,i 是变化的,则形成双聚焦成像。当 $j=i$ 时,则形成共聚焦成像,见图 5-3。

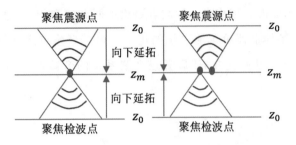

图 5-3　共聚焦点成像(左)双聚焦点成像(右)

三、聚焦束定义

利用聚焦算子对地震记录进行两个连续的聚焦过程即可实现叠前深度偏移。下面给出震源点阵列/检波点阵列聚焦束的定义,分别用于估算观测系统震源点/检波点成像分辨率。

1. 震源聚焦束

利用公式(5-1)模拟目标点(x_j, z_m)的绕射,再用检波点阵列算子$F_i^+(z_m, z_0)$将检波点聚焦在网格点(x_j, z_m)上,形成 CFP 道集,然后向下延拓 CFP 道集到 z_m 深度。

$$\Delta p_i^+(z_m, z_k) = \Delta P_i(z_m, z_0)F(z_0, z_k) \tag{5-16}$$

式中,向下延拓算子$F(z_0, z_k)$表示反向外推波场从地表 z_0 处经过每个 z_k 到 z_m 深度,$z_0 < z_k < z_m$。

震源点聚焦束的结果反映了地下某一个目标点在当前观测系统参数条件下,震源点对目标点的成像分辨率。双聚焦束主瓣窄,旁瓣小,则聚焦效果好,观测系统成像分辨率高,反之聚焦效果差,观测系统成像分辨率低。

2. 检波点阵列聚焦束

利用公式(5-1)模拟目标点(x_j, z_m)的绕射,再用震源阵列算子$F_j(z_0, z_m)$将震源聚焦在网格点(x_j, z_m)上,形成 CFP 道集,也即,CFP 道集可以看成是震源位于网格点(x_j, z_m)上,观测系统检波点置于地表,所得的地震记录。然后向下延拓 CFP 道集到 z_m 深度。

$$\Delta P_j(z_k, z_m) = F(z_k, z_0)\Delta P_i(z_0, z_m) \tag{5-17}$$

式中,向下延拓算子$F(z_k, z_0)$表示反向外推波场从地表 z_0 处经过每个 z_k 到 z_m 深度,z_0

$<z_k<z_m$。

检波点聚焦束的结果反映了地下某一个目标点在当前观测系统参数条件下,检波点对目标点的成像分辨率。双聚焦束主瓣窄,旁瓣小,则聚焦效果好,观测系统成像分辨率高,反之聚焦效果差,观测系统成像分辨率低。

3. 总聚焦束

总聚焦束定义为震源点聚焦束和检波点聚焦束两者的乘积,通过总聚焦束评价观测系统成像质量,可从整体上评价观测系统的优劣。由总聚焦束定义可知,检波点观测系统和震源点观测系统可以相互补充,震源点观测系统的旁瓣可以由检波点观测系统压制,反之亦然。

第二节　三维观测系统双聚焦方法实现

一、观测系统双聚焦评价流程

观测系统双聚焦评价流程如图 5-4 所示。通过波动方程有限差分数值模拟,可分别得到的震源、检波点共聚焦点道集,将共聚焦点道集向目标点波场延拓,得到震源点聚焦束和检波点聚焦束,将二者做乘积计算,得到双聚焦束。

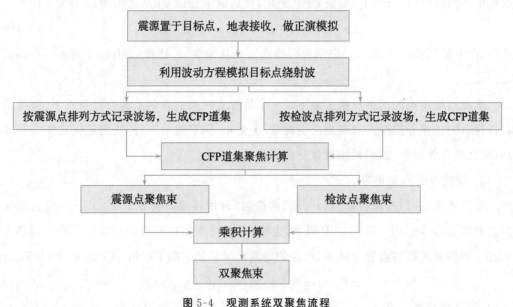

图 5-4　观测系统双聚焦流程

聚焦计算实际上就是对 CFP 道集进行波场延拓的过程,在目标点深度进行成像处理,得到相应的聚焦束。利用聚焦束分析结果,可以从成像的角度评判观测系统的优劣。因此,用于聚焦计算的波动延拓的算法应对应于实际处理中的叠前深度偏移算法。

二、波动方程高阶差分数值模拟方法

(一)声波传播高阶差分数值模拟方法

1. 方法原理

均匀各向同性介质中声波传播可由二阶标量波方程进行描述:

$$\frac{1}{V_\mathrm{p}^2}\frac{\partial^2 P}{\partial t^2}=\frac{\partial^2 P}{\partial x^2}+\frac{\partial^2 P}{\partial z^2} \tag{5-18}$$

式中,V_p 为声波传播速度。

对上述方程进行数值计算时,时间导数可采用二阶中心差分求取,即

$$\frac{\partial^2 P}{\partial t^2}=\frac{1}{\Delta t^2}\big[P(t+\Delta t)-2P(t)+P(t-\Delta t)\big] \tag{5-19}$$

将式(5-19)代入式(5-18)中,整理可得

$$P(t+\Delta t)=2P(t)-P(t-\Delta t)+\Delta t^2\left(\frac{\partial^2 P(t)}{\partial x^2}+\frac{\partial^2 P(t)}{\partial z^2}\right) \tag{5-20}$$

为了提高空间差分精度,二阶导数可通过以下形式的 $2M$ 阶差分精度近似:

$$\begin{cases}\dfrac{\partial^2 P}{\partial x^2}=\dfrac{1}{\Delta x^2}\displaystyle\sum_{m=1}^{M}C_m^{(m)}\big[P(x+m\Delta x,z)-2P(x,z)+P(x-m\Delta x,z)\big]\\[3mm]\dfrac{\partial^2 P}{\partial z^2}=\dfrac{1}{\Delta z^2}\displaystyle\sum_{m=1}^{M}C_m^{(m)}\big[P(x,z+m\Delta z)-2P(x,z)+P(x,z-m\Delta z)\big]\end{cases} \tag{5-21}$$

高阶差分系数 $C_m^{(M)}$ 利用下列方程组确定:

$$\begin{bmatrix}1^2 & 2^2 & 3^2 & \cdots & M^2\\1^4 & 2^4 & 3^4 & \cdots & M^4\\1^6 & 2^6 & 3^6 & \cdots & M^6\\\vdots & \vdots & \vdots & \ddots & \vdots\\1^{2M} & 2^{2M} & 3^{2M} & \cdots & M^{2M}\end{bmatrix}\begin{bmatrix}C_1^{(M)}\\C_2^{(M)}\\C_3^{(M)}\\\vdots\\C_M^{(M)}\end{bmatrix}=\begin{bmatrix}1\\0\\0\\\vdots\\0\end{bmatrix} \tag{5-22}$$

通过上述高阶差分方法,提高地震波数值模拟精度,显著降低数值频散,这是提高模拟效果的关键技术。

由于数值计算存在截断误差,随计算时间增加,误差会累积增大,因此数值计算必须满足一定的稳定性条件。2D 声波方程空间 $2N$ 阶差分精度的差分格式稳定性条件为

$$V_p \Delta t \sqrt{\frac{1}{\Delta x^2} + \frac{1}{\Delta z^2}} \leqslant \sqrt{\frac{2}{\sum_{n=1}^{N} C_n^{(N)} \left[1 - (-1)^n \right]}} \tag{5-23}$$

利用声波方程模拟波场,还可定量计算地震波对地下介质点的照明能量强度分布:

$$E(x,y) = \max \left[P^2(x,z;t) \right] \tag{5-24}$$

2. 标准 PML 吸收边界条件

完全匹配层(perfectly matched layer,PML)吸收边界条件由 Berenger 首先提出,在计算区域外设计一定厚度的吸收区域,吸收衰减向外传播的波场,同时,计算区域与吸收区域分界面处产生很小的虚假反射。在吸收区域采用包含衰减因子的波动方程,通过设置合适的衰减因子和衰减层厚度,对任意角度传播的波场达到几乎完全吸收效果。完全匹配层方法已经广泛用于数值求解地震波动方程中。

标准 PML 吸收边界条件是通过坐标扩展函数,将实数空间坐标变换为复数坐标,引入一种虚拟的介质层,该介质层的波阻抗与相邻介质的波阻抗完全匹配,因而,理论上入射波可以无反射地进入该层,并被完全吸收。引入复数因子,将直角坐标扩展为复数坐标,以 x 方向为例:

$$\tilde{x} = x - \frac{i}{\omega} \int_0^x d_x(s) \mathrm{d}s \tag{5-25}$$

式中,$i = \sqrt{-1}$,$d_x(s)$ 为衰减因子,ω 为角频率。

对应的空间导数为

$$\partial_{\tilde{x}} = \frac{1}{s_x} \partial_x \tag{5-26}$$

常规的 PML 吸收边界使得入射平面波 $A e^{-i(kx - \omega t)}$ 在 PML 区域内的 x 方向上以 $A e^{-i(kx - \omega t)} e^{-\frac{k}{\omega} \int_0^x d_x(s) \mathrm{d}s}$ 形式指数衰减,而在内部计算区域内,由于衰减系数 $d_x = 0$,故不存在衰减。

$$s_x = \frac{i\omega + d_x}{i\omega} = 1 + \frac{d_x}{i\omega} \tag{5-27}$$

对方程(5-27)做傅立叶变换,并考虑 x 方向的 PML 吸收边界条件可得

$$-\omega^2 P = c^2 \left(\frac{\partial^2 P}{\partial \tilde{x}^2} + \frac{\partial^2 P}{\partial z^2} \right) \tag{5-28}$$

式中,变换坐标 $\tilde{x}$ 由式(5-25)给出。

为了在时间空间域内对 PML 边界区域的波动方程求解,需将变换坐标用常规空间坐标表示。考虑变换坐标 $\tilde{x}$ 对标准坐标 x 的空间导数,由(5-25)得

$$\frac{\partial \tilde{x}}{\partial x} = 1 - \frac{i}{\omega} d_x \tag{5-29}$$

上式可写成

$$\frac{\partial x}{\partial \tilde{x}} = \frac{i\omega}{i\omega + d_x} \tag{5-30}$$

将(5-30)式代入方程(5-28)中,整理可得

$$-\omega^2 P = c^2 \left(\left(\frac{i\omega}{i\omega + d_x} \right)^2 \frac{\partial^2 P}{\partial x^2} + \frac{\omega^2 d'_x}{(i\omega + d_x)^3} \frac{\partial P}{\partial x} + \frac{\partial^2 P}{\partial z^2} \right) \tag{5-31}$$

令 $P = P_1 + P_2 + P_3$,由(5-31)得

$$-\omega^2 P_1 = c^2 \left(\frac{i\omega}{i\omega + d_x} \right)^2 \frac{\partial^2 P}{\partial x^2} \tag{5-32}$$

$$-\omega^2 P_2 = c^2 \frac{\omega^2 d'_x}{(i\omega + d_x)^3} \frac{\partial P}{\partial x} \tag{5-33}$$

$$-\omega^2 P_3 = c^2 \frac{\partial^2 P}{\partial z^2} \tag{5-34}$$

对由式(5-32)、(5-33)和(5-34)联立方程组进行逆傅立叶变换:

$$\left(\frac{\partial}{\partial t} + d_x \right)^2 P_1 = c^2 \frac{\partial^2 P}{\partial x^2} \tag{5-35}$$

$$\left(\frac{\partial}{\partial t} + d_x \right)^3 P_2 = -c^2 d'_x \frac{\partial P}{\partial x} \tag{5-36}$$

$$\frac{\partial^2 P_3}{\partial t^2} = c^2 \frac{\partial^2 P}{\partial z^2} \tag{5-37}$$

上述方程组即是时间域考虑 PML 吸收边界条件的二阶标量波方程的一个分解形式,它的平面波解在沿衰减边界方向呈指数衰减,Z 方向的方程形式亦可推导获得。

PML 吸收边界条件实现过程可采用对角剖分方式,将地震波传播区域分成五块,中心矩形区域 $d_x = d_z = 0$,顶底部区域 $d_z \neq 0, d_x = 0$,左右区域 $d_x \neq 0, d_z = 0$。

通常 $d(x)$ 取为

$$d(x) = \frac{3c}{2\delta} \left(\frac{x}{\delta} \right)^2 \log_{10} \left(\frac{1}{R} \right) \tag{5-38}$$

式中,δ 为 PML 区域的宽度,R 是理论反射系数,通常取 $R = 10^{-3} - 10^{-6}$。

(二) 弹性波传播交错网格高阶差分数值模拟方法

1. 方法原理

速度—应力方程常被用于表示弹性波在地下介质中的传播过程,其三维分量形式为

$$\frac{\partial \tau_{xx}}{\partial t} = (\lambda + 2\mu) \frac{\partial v_x}{\partial x} + \lambda \left(\frac{\partial v_y}{\partial y} + \frac{\partial v_z}{\partial z} \right)$$

$$\frac{\partial \tau_{yy}}{\partial t} = (\lambda + 2\mu) \frac{\partial v_y}{\partial y} + \lambda \left(\frac{\partial v_x}{\partial x} + \frac{\partial v_z}{\partial z} \right)$$

$$\frac{\partial \tau_{zz}}{\partial t} = (\lambda + 2\mu)\frac{\partial v_z}{\partial z} + \lambda\left(\frac{\partial v_x}{\partial x} + \frac{\partial v_y}{\partial y}\right)$$

$$\frac{\partial \tau_{xz}}{\partial t} = \mu\left(\frac{\partial v_z}{\partial x} + \frac{\partial v_z}{\partial z}\right)$$

$$\frac{\partial \tau_{xy}}{\partial t} = \mu\left(\frac{\partial v_x}{\partial y} + \frac{\partial v_y}{\partial x}\right) \qquad (5\text{-}39)$$

$$\frac{\partial \tau_{yz}}{\partial t} = \mu\left(\frac{\partial v_y}{\partial z} + \frac{\partial v_z}{\partial y}\right)$$

$$\rho\,\frac{\partial v_x}{\partial t} = \frac{\partial \tau_{xx}}{\partial x} + \frac{\partial \tau_{xy}}{\partial y} + \frac{\partial \tau_{xz}}{\partial z}$$

$$\rho\,\frac{\partial v_y}{\partial t} = \frac{\partial \tau_{xy}}{\partial x} + \frac{\partial \tau_{yy}}{\partial y} + \frac{\partial \tau_{yz}}{\partial z} \qquad (5\text{-}40)$$

$$\rho\,\frac{\partial v_z}{\partial t} = \frac{\partial \tau_{xz}}{\partial x} + \frac{\partial \tau_{yz}}{\partial y} + \frac{\partial \tau_{zz}}{\partial z}$$

式中，v_x，v_y，v_z 为质点速度场分量，τ_{xx}，τ_{zz}，τ_{yy} 为正应力场，τ_{xy}，τ_{xz}，τ_{yz} 为切应力场，下标表示分量的方向，各向同性介质下 $\lambda + 2\mu = \rho V_p^2$，$\mu = \rho V_s^2$，$V_p$，$V_s$，$\rho$ 为介质的纵横波速度和密度。

弹性波计算时还可根据应力场计算围压（P_c），在三维条件下为

$$P_c = -\frac{\tau_{xx} + \tau_{yy} + \tau_{zz}}{3} \qquad (5\text{-}41)$$

二维条件时，围压场为

$$P_c = -\frac{\tau_{xx} + \tau_{zz}}{2} \qquad (5\text{-}42)$$

根据速度场，还可求取地震波传播的 P 波分量，通常可用体变 θ 表示。

$$\frac{\partial \theta}{\partial t} = \frac{\partial v_x}{\partial x} + \frac{\partial v_y}{\partial y} + \frac{\partial v_z}{\partial z} \qquad (5\text{-}43)$$

同理，可根据 P 波场计算地震波对地下介质的照明强度。

用交错网格法数值求解一阶弹性波方程时，速度场合应力场分别是在 $t + \Delta t/2$ 和 t 时刻计算的。为了提高时间差分精度，通过将速度场 $v(t + \Delta t/2)$ 和 $v(t - \Delta t/2)$ 在时间 t 处进行泰勒公式展开，再相减，整理可得 2M 阶精度时间差分近似：

$$v_x\left(t + \frac{\Delta t}{2}\right) = v_x\left(t - \frac{\Delta t}{2}\right) + 2\sum_{m=1}^{M}\frac{1}{(2m-1)!}\left(\frac{\Delta t}{2}\right)^{2m-1}\frac{\partial^{2m-1}}{\partial t^{2m-1}}v_x\left(t - \frac{\Delta t}{2}\right) + o(\Delta t^{2M})$$

$$(5\text{-}44)$$

这里选用二阶时间精度，即 2M=2，并略去高阶项，则上式化简为

$$v_x\left(t + \frac{\Delta t}{2}\right) = v_x\left(t - \frac{\Delta t}{2}\right) + \Delta t\,\frac{\partial}{\partial t}v_x\left(t - \frac{\Delta t}{2}\right) \qquad (5\text{-}45)$$

　　根据方程(5-40)，可将速度分量对时间的偏导准确地转化为应力场对空间偏导的求解，这样在保证计算精度的基础上减小了内存的使用量。

$$v_x(t+\frac{\Delta t}{2})=v_x(t-\frac{\Delta t}{2})+\frac{\Delta t}{\rho}(\frac{\partial \tau_{xx}}{\partial x}+\frac{\partial \tau_{xy}}{\partial y}+\frac{\partial \tau_{xz}}{\partial z}) \tag{5-46}$$

　　在交错网格技术中，变量的导数是在相应变量网格点之间的半程上计算的(Igel，1992)，这也是"交错"的核心所在。为此，用下列高阶差分格式求解方程(5-40)中的应力对空间的一阶偏导。

$$\frac{\partial f}{\partial x}=\frac{1}{\Delta x}\sum_{n=1}^{N}C_n^{(N)}\{f[x+\frac{\Delta x}{2}(2n-1)]-f[x-\frac{\Delta x}{2}(2n-1)]\}+o(\Delta x^{2N}) \tag{5-47}$$

差分系数 $C_n^{(N)}$ 的求取方法见董良国(2000)，对于空间 10 阶差分，差分系数表示如下：

$C_1=1.211243$

$C_2=-0.08972168$

$C_3=0.001384277$

$C_4=-0.00176566$

$C_5=0.0001186795$

　　考虑二维 XOZ 平面，设 $U_{i,j}^{l+1/2}$，$V_{1+1/2,j+1/2}^{l+1/2}$，$R_{i+1/2,j}^{l}$，$T_{i+1/2,j}^{l}$，$H_{i,j+1/2}^{l}$ 分别是质点速度 v_x，v_z 应力 τ_{xx}，τ_{zz}，τ_{xz} 的离散值，为方便起见，假定 $\Delta x=\Delta z$，则精度为 $o(\Delta t^2+\Delta x^{10})$ 的差分格式为

$$U_{i,j}^{k+1/2}=U_{i,j}^{k=1/2}+\frac{\Delta t}{\Delta x\rho_{i,j}}\Big\{\sum_{n=1}^{5}C_n^{(5)}[R_{i+(2n-1)/2,j}^{k}-R_{i-(2n-1)/2,j}^{k}]+\sum_{n=1}^{5}C_n^{(5)}[H_{i,j+(2n-1)/2}^{k}-H_{i,j-(2n-1)/2}^{k}]\Big\}$$

$$\tag{5-48}$$

　　同理，可求取其他分量的空间导数，交错网格差分格式如图 5-5 所示。

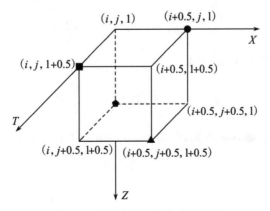

图 5-5　交错差分网格格式示意图

2. 迭代格式 CPML 吸收边界条件

常规 PML 吸收边界在数值模拟实现时存在的一个重要问题是，离散化后的吸收边

界在大角度入射时，反射系数不为零，导致有较强的能量被反射回计算区域。这主要是由于 PML 区域中，大角度入射的波穿透较浅，沿平行界面方向的传播距离也较大，因而不能被有效吸收。此外，目前采用的 PML 格式在极低频时也会出现奇异性，导致虚假反射。针对这两个问题，发展了一种无需显式卷积计算的不分裂的迭代格式完全匹配层吸收边界(Convolutional Perfect Matched Layer，CPML)，该吸收边界条件不仅吸收效果明显，易于实现，而且比传统 PML 明显节省存储量，目前已被应用于有限差分方法的地震波模拟中。

常规 PML 的扩展函数的极点为原点，而迭代 CPML 通过将扩展函数的极点移动到复平面的虚轴上对常规 PML 进行了改善，主要有两个特点：① 改造坐标扩展函数以提高大角度和低频入射的吸收效果；② 引入辅助变量以避免大存储量问题。首先，给出经改造的扩展函数 s_x 的形式：

$$s_x = \chi_x + \frac{d_x}{\alpha_x + i\omega} \tag{5-49}$$

式中，$\chi_x \geqslant 1, \alpha_x \geqslant 0$

将(5-49)式带入 $\partial_{\tilde{x}} = \frac{1}{s_x}\partial_x$，并做逆 Fourier 变换得

$$\partial_{\tilde{x}} = \frac{1}{s_x}\partial_x = \frac{1}{\chi_x}\partial_x + \varphi_x \tag{5-50}$$

式中，φ_x 的傅立叶变换为

$$\tilde{\varphi}_x = \frac{d_x}{\chi_x^2[i\omega + (\alpha_x + d_x/\chi_x)]}\partial_x \tag{5-51}$$

$\tilde{\varphi}_x$ 可写为

$$i\omega\tilde{\varphi}_x + (\alpha_x + d_x/\chi_x)\tilde{\varphi}_x = -\frac{d_x}{\chi_x^2}\partial_x \tag{5-52}$$

对(5-52)式进行逆 Fourier 变换有

$$\dot{\varphi}_x + (\alpha_x + d_x/\chi_x)\varphi_x = -\frac{d_x}{\chi_x^2}\partial_x \tag{5-53}$$

由偏微分方程的求解方法可知，形如 $\dot{f} + af = b$ 的方程一般具有以下形式的通解：

$$f = ce^{-at} + \frac{b}{a} \tag{5-54}$$

式中，c 为任一常数。

将其离散，并通过迭代格式消去 c，则有

$$f(n) = f(n-1)e^{-a\Delta t} + \frac{b}{a}(1 - e^{-a\Delta t}) \tag{5-55}$$

由上式可知，φ_x 可由迭代格式求解：

$$\varphi_x^n = \varphi_x^{n-1} e^{-(a_x + d_x/\chi_x)\Delta t} + \left[e^{-(a_x + d_x/\chi_x)\Delta t} - 1 \right] \frac{d_x}{\chi_x (\chi_x a_x + d_x)} \partial_x \tag{5-56}$$

式中，d_x 为 x 方向的衰减系数。

其初始条件为

$$\varphi_x \big|_{t=1} = 0 \tag{5-57}$$

采用迭代 CPML 求解，只需将空间导数做替换：

$$\partial_{\tilde{x}} = \frac{1}{\chi_x} \partial_x + \varphi_x \tag{5-58}$$

即可将波动方程过渡到 PML 区域。

取 $\chi_x = 1$，则有

$$a_x = \pi a_{\max} \left(1 - \frac{l}{L} \right) \tag{5-59}$$

式中，$a_{\max} = f_0$，f_0 为地震子波的主频。

通常 $d(x)$ 取

$$d(x) = \frac{3c}{2\delta} \left(\frac{x}{\delta} \right)^2 \log_{10} \left(\frac{1}{R} \right) \tag{5-60}$$

式中，δ 为 PML 区域的宽度，R 是理论反射系数，通常取 $R = 10^{-3} - 10^{-6}$。

在三维空间中，弹性波传播常用一阶速度应力方程描述，写成矢量式为

$$\rho \dot{v} = \nabla \cdot \tau \tag{5-61}$$

$$\dot{\tau} = \lambda \nabla \cdot vI + \mu \left[\nabla v + (\nabla v)^T \right]$$

将 (5-32) 式带入上述方程组，其应力分量式为

$$\frac{\partial \tau_{xx}}{\partial t} = (\lambda + 2\mu) \left(\frac{\partial v_x}{\partial x} + v_x^x \right) + \lambda \left(\frac{\partial v_y}{\partial y} + v_y^y + \frac{\partial v_z}{\partial z} + v_z^z \right)$$

$$\frac{\partial \tau_{yy}}{\partial t} = (\lambda + 2\mu) \left(\frac{\partial v_y}{\partial y} + v_y^y \right) + \lambda \left(\frac{\partial v_x}{\partial x} + v_x^x + \frac{\partial v_z}{\partial z} + v_z^z \right)$$

$$\frac{\partial \tau_{zz}}{\partial t} = (\lambda + 2\mu) \left(\frac{\partial v_z}{\partial z} + v_z^z \right) + \lambda \left(\frac{\partial v_x}{\partial x} + v_x^x + \frac{\partial v_y}{\partial y} + v_y^y \right)$$

$$\frac{\partial \tau_{xz}}{\partial t} = \mu \left(\frac{\partial v_z}{\partial x} + v_z^x + \frac{\partial v_x}{\partial z} + v_x^z \right) \tag{5-62}$$

$$\frac{\partial \tau_{xy}}{\partial t} = \mu \left(\frac{\partial v_x}{\partial y} + v_x^y + \frac{\partial v_y}{\partial x} + v_y^x \right)$$

$$\frac{\partial \tau_{yz}}{\partial t} = \mu \left(\frac{\partial v_y}{\partial z} + v_y^z + \frac{\partial v_z}{\partial y} + v_z^y \right)$$

速度分量式为

$$\rho \frac{\partial v_x}{\partial t} = \frac{\partial \tau_{xx}}{\partial x} + \frac{\partial \tau_{xy}}{\partial y} + \frac{\partial \tau_{xz}}{\partial z} + \tau_{xx}^x + \tau_{xy}^y + \tau_{xz}^z$$

$$\rho \frac{\partial v_y}{\partial t} = \frac{\partial \tau_{xy}}{\partial x} + \frac{\partial \tau_{yy}}{\partial y} + \frac{\partial \tau_{yz}}{\partial z} + \tau_{xy}^x + \tau_{yy}^y + \tau_{yz}^z \qquad (5-63)$$

$$\rho \frac{\partial v_z}{\partial t} = \frac{\partial \tau_{xz}}{\partial x} + \frac{\partial \tau_{yz}}{\partial y} + \frac{\partial \tau_{zz}}{\partial z} + \tau_{xz}^x + \tau_{yz}^y + \tau_{zz}^z$$

式中,速度分量和应力分量各增加了 9 个辅助变量:

$$\{v_x^x, v_y^y, v_z^z, v_x^y, v_x^z, v_y^x, v_y^z, v_z^x, v_z^y\} \text{ 和 } \{\tau_{xx}^x, \tau_{xy}^y \tau_{xz}^z \tau_{xy}^x \tau_{yy}^y \tau_{yz}^z \tau_{xz}^x \tau_{yz}^y \tau_{zz}^z\}$$

方程(5-62)和(5-63)即为考虑 CPML 吸收边界条件的弹性波方程。

在具体数值实现时,二维模型应考虑 4 个角点、4 条边以及 1 个中心共计 9 个区域,如图 5-6 所示;在三维模型时,应考虑 8 个角点、12 条棱、6 个面以及 1 个中心共计 27 个区域,角点应考虑三个方向,棱考虑 2 个方向,6 个面考虑单方向的吸收处理,如图 5-7 所示。

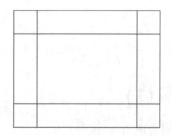

图 5-6 二维模型 9 个分割区域　　　　　图 5-7 三维模型 27 个分割区域

在水平自由边界上,应力分量必须满足

$$\tau_{zz} = 0, \tau_{xz} = 0 \qquad (5-64)$$

这些条件决定了有限差分算法中的质点震动速度的迭代算法,将式(5-64)代入方程(5-40)中计算应力的方程可得

$$\frac{\partial v_z}{\partial z} = -\left(\frac{\lambda}{\lambda + 2\mu}\right) \frac{\partial v_z}{\partial x} \qquad (5-65)$$

$$\frac{\partial v_x}{\partial z} = -\frac{\partial v_z}{\partial x}$$

同时,在边界上 x 方向的正应力随时间的变化可表示为

$$\frac{\partial \tau_{xx}}{\partial t} = \frac{4\mu(\lambda + \mu)}{\lambda + 2\mu} \frac{\partial v_x}{\partial_x} \qquad (5-66)$$

王秀明(2004)在原有基础上提出了改进的镜像法,新算法中自由表面通过剪应力 τ 的采样位置,而不用过正应力的采样位置,这样处理的优点是不需要直接考虑(5-66)式,通过式自动满足。

另外,该方法只要求剪应力为零,因此也提高了效率。对于 10 阶空间差分而言,镜

像公式为

$$
\begin{cases}
\tau_{xz}(i,j)=0 \\
\tau_{xz}(i,j+1)=-\tau_{xz}(i,j-1) \\
\tau_{xz}(i,j+2)=-\tau_{xz}(i,j-2) \\
\tau_{xz}(i,j+3)=-\tau_{xz}(i,j-3) \\
\tau_{xz}(i,j+4)=-\tau_{xz}(i,j-4) \\
\tau_{xz}(i,j+5)=-\tau_{xz}(i,j-5)
\end{cases}
\tag{5-67}
$$

$$
\begin{cases}
\tau_{zz}(i,j+1)=-\tau_{zz}(i,j) \\
\tau_{zz}(i,j+2)=-\tau_{zz}(i,j-1) \\
\tau_{zz}(i,j+3)=-\tau_{zz}(i,j-2) \\
\tau_{zz}(i,j+4)=-\tau_{zz}(i,j-3) \\
\tau_{zz}(i,j+5)=-\tau_{zz}(i,j-4)
\end{cases}
\tag{5-68}
$$

（三）应用实例

1. 声波模拟与照明

图 5-8(a)为一薄互层模型，模型大小为 4 000 m×1 000 m，网格间隔为 5 m×5 m，最薄层厚为 25 m。采用 30 Hz 的 Ricker 子波为震源函数，开展声波模拟与照明。

图 5-8(b)为单炮照明结果，可以清晰地看到薄互层。

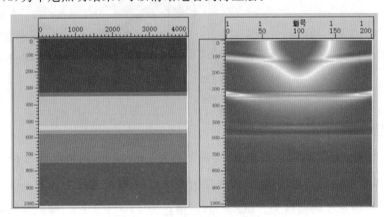

图 5-8　薄互层模型与照明

从图 5-9 单炮记录和 VSP 记录分析可知，该方法可以有效地模拟各个薄层的地震反射波特征。

图 5-10 为两个时刻的波场快照记录，可以看到采用 PML 吸收边界后，边界效应很弱。

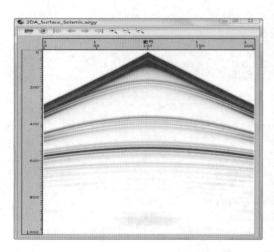 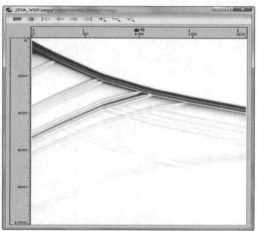

图 5-9　声波模拟单炮地震记录(左)和 VSP 记录(右)

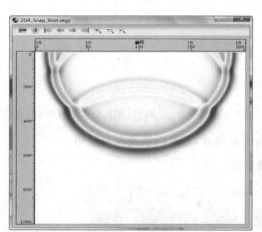 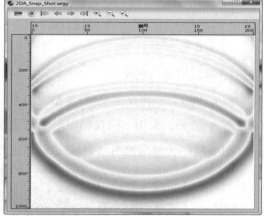

图 5-10　0.3s(左)和 0.38s(右)的波场快照

2. 弹性波模拟与照明

图 5-11(a)是 DWZ 地区速度模型,网格大小为 5 m×5 m,网格点数为 4 001×1 201,第一层具有极低的地震传播速度(纵波速度为 800 m/s,横波速度为 462 m/s)。

这里,采用的速度场网格为 5 m×5 m,网格点为 4 001×1 201,模拟时间采样间隔为 0.25 ms,记录为 8 s,炮点的位置在 10 km 处,观测排列宽 20 km,设置 1 001 个检波点,检波距为 20 m,左边最大炮检距为 10 km,右边最大炮检距为 10 km。采用主频为 6 Hz 的 Ricker 子波为震源函数开展地震传播数值模拟实验。

图 5-11(b)为单炮照明结果。由于该模型浅层速度较低,深层速度较高,当地震波传播遇到高速层且地震波入射角度较大时,会导致地震波沿层传播(类似折射波),从而导致地震波照明结果中存在较强的沿层地震波能量。

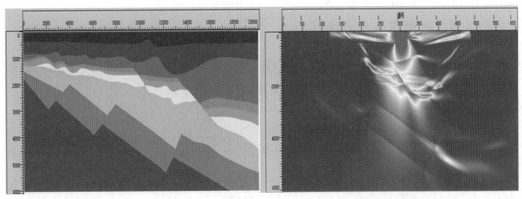

（a）速度模型　　　　　　　　　　　　（b）单炮照明

图 5-11　DWZ 地区速度模型与照明

　　图 5-12 为水平分量模拟单炮地震记录，图 5-13 为垂直分量模拟单炮地震记录。从单炮模拟记录上，可以清晰地看到各层对应的地震反射波特征，以及速度突变点产生的绕射波。

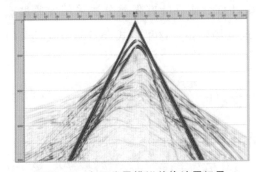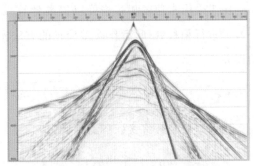

图 5-12　水平分量模拟单炮地震记录　　　　图 5-13　垂直分量模拟单炮地震记录

　　图 5-14 为 2.0 s 时水平分量波场快照，图 5-15 为 2.0 s 时垂直分量波场快照，也可以看到波场信息比较丰富。

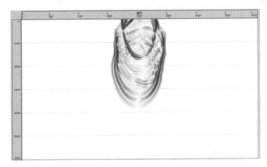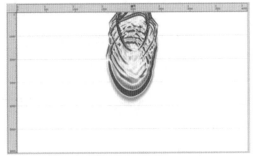

图 5-14　2.0 s 时水平分量波场快照　　　　图 5-15　2.0 s 时垂直分量波场快照

三、傅立叶有限差分波场延拓

为了适应构造更加复杂,横向存在剧烈速度变化的地下介质,完成精确的波场延拓计算,这里采用傅立叶有限差分波场延拓方法,其基本原理如下:

根据下行波方程:

$$\frac{\mathrm{d}\widetilde{U}}{\mathrm{d}z} = \pm \mathrm{i}k_z\widetilde{U} = \pm \mathrm{i}\sqrt{\frac{w^2}{v^2} - (k_x^2 + k_y^2)}\widetilde{U} \tag{5-69}$$

式(5-69)中 v 表示介质的速度,如果假定速度为常数 c。则按照相移法可到波场延拓公式:

$$\widetilde{u}(k_x, k_y, z + \Delta z) = \widetilde{u}(k_x, k_y, z)\mathrm{e}^{\mathrm{i}\Delta z\sqrt{\frac{w^2}{c^2} - (k_x^2 + k_y^2)}} \tag{5-70}$$

在实际情况中,真实速度是 v,应按照式(5-71)进行延拓计算。

$$\widetilde{u}(k_x, k_y, z + \Delta z) = \widetilde{u}(k_x, k_y, z)\mathrm{e}^{\mathrm{i}\Delta z\sqrt{\frac{w^2}{v^2} - (k_x^2 + k_y^2)}} \tag{5-71}$$

由于采用常速度相移法可以提高计算效率,因此,傅立叶有限差分法采用先通过式(5-70)进行相移处理,后作误差校正的方法实现波场延拓。这里将式(5-70)与式(5-71)的误差定义为 d。

$$d = \frac{w^2}{v^2}\sqrt{1 - \frac{v^2}{w^2}(k_x^2 + k_y^2)} - \frac{w^2}{c^2}\sqrt{1 - \frac{c^2}{w^2}(k_x^2 + k_y^2)} \tag{5-72}$$

根据泰勒级数将式(5-72)展开得

$$d \approx \frac{w}{c}(p-1) + \frac{w}{c}p(1-p)\left(1 - \frac{1}{2}r^2 - \frac{\delta_2}{8}r^4\frac{\delta_3}{16}r^6 - \frac{\delta_4}{128}r^8\right) - \frac{w}{c}p(1-p) \tag{5-73}$$

式中,

$$p = c/v \leqslant 1, r^2 = (k_x^2 + k_y^2)v^2/w^2 \tag{5-74}$$

$$\delta_n = \sum_{l=0}^{2n-2} p'$$

下面开始对式(5-73)进行近似处理:

(1)零阶近似:

$$d \approx \frac{w}{c}(p-1) \tag{5-75}$$

(2)高阶近似:

$$d \approx \left(\frac{w}{v} - \frac{w}{c}\right) + \frac{w}{c}\left(1 - \frac{c}{v}\right) \times \left[\frac{\frac{v^2}{w^2}\left(\frac{\partial^2}{\partial x^2} + \frac{\partial^2}{\partial y^2}\right)}{a_1 + b_1\frac{v^2}{w^2}\left(\frac{\partial^2}{\partial x^2} + \frac{\partial^2}{\partial y^2}\right)} + \frac{\frac{v^2}{w^2}\left(\frac{\partial^2}{\partial x^2} + \frac{\partial^2}{\partial y^2}\right)}{a_2 + b_2\frac{v^2}{w^2}\left(\frac{\partial^2}{\partial x^2} + \frac{\partial^2}{\partial y^2}\right)}\right] \tag{5-76}$$

对于式(5-73)中,分式项越多,误差越少,延拓算子的精度越高,但计算量也明显增

加。所以，为了简化计算，仅取第一个分式项，并将式(5-76)代入式(5-69)，以二维情况为例，下行波外推公式可写成

$$\frac{\partial \bar{u}}{\partial z} = \mathrm{i}\sqrt{\frac{w^2}{c^2} + \frac{\partial^2}{\partial x^2}}\bar{u} + \mathrm{i}\left(\frac{w}{v} - \frac{w}{c}\right)\bar{u} + \mathrm{i}\,\frac{w}{c}\left(1 - \frac{c}{v}\right) \times \left[\frac{\frac{v^2}{w^2}\left(\frac{\partial^2}{\partial x^2}\right)}{a + b\,\frac{v^2}{w^2}\left(\frac{\partial^2}{\partial x^2}\right)}\right]\bar{u} \quad (5\text{-}77)$$

式中，$a_1 = 2.0$，$b_1 = \delta_2 = \frac{1}{2}(p^2 + p + 1)$

① 若为均匀层状介质，速度场横向无变化，$p = c/v = 1$。仅保留第一项，即作简单的相移处理。② 若速度场横向的变化非常剧烈，$p = 0$。仅保留第三项，即还原为 $45o$ 方程，是为有限差分算子。原则上可适应任意横向速度变化的介质。③ 若速度场横向的变化一般，$0 < p < 1$。则三项均参与运算，首先利用背景速度场做第一步相移处理，第二步针对扰动场做时移处理，最后用有限差分项做进一步的校正。

由此可见：傅立叶有限差分算法引入有限差分项作为分步傅立叶的补充，以适量增加计算量为代价，提高延拓算子的精度。

四、傅立叶有限差分偏移

在单程波叠前深度偏移技术中，将描述波场传播过程的算子作为波场外推算子，以此实现地震波场的正/反向外推。傅立叶有限差分法采用 FFD 算子实现波场高效、准确外推，结合应用成像条件实现复杂构造的成像，是一种较为精确的成像技术。

如图 5-16 所示，震源 S 激发下行波，经过一定深度的地质界面反射，产生上行反射波，由分布在地表的检波器

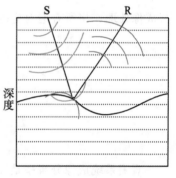

图 5-16　FFD 叠前深度偏移
中波场外推示意图

接收，从而得到反射波地震记录。在这一过程中，前提假设是波场传播期间，震源侧为下行波波场，检波点侧为上行波波场，层间没有多次反射。

通过波场外推技术，将震源记录从地表向目标深度进行正向向下外推，同时，在不同深度上得到正向外推的震源波场记录 $P_d(x, z, t)$，这相当于在一定深度上来观测震源，得到相应的震源记录。同理，对于检波点一侧，$P_{up}(x, t, z = 0)$ 表示 $Z = 0$ 深度的地震记录，通过波场外推可以实现 $Z = 2\,000$，$Z = 4\,000$，$Z = 5\,000$ 深度的地震记录，直到延拓至模型底界。

由此，在图 5-17 中，通过波场外推技术已经实现了震源下行波(绿色)，检波点上行波(红色)波场记录在一定深度的外推。由于在震源下行波入射地质界面的同时，产生了

检波点侧的上行波。根据"时间一致性"成像条件,对该时刻的记录进行互相关成像得到图 5-17 右侧的空间—时间域互相关结果,并提取零时刻互相关数值作为该深度上每一个成像点的结果。以此类推,通过对各个深度的上/下行波的相关成像,得到整个地质构造的成像结果。

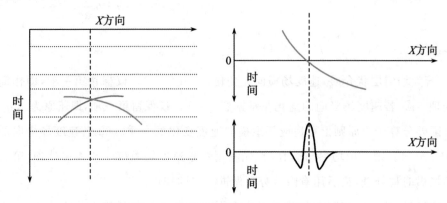

图 5-17 上/下行波在某深度上的成像示意图

以单炮记录为单位,完成所有炮中对震源/检波点波场的延拓计算,在所有深度上进行成像处理。将所有炮对应的成像结果进行叠加,即可完成 FFD 叠前深度偏移。

第三节　理论模型试算

观测系统成像分辨率是评价观测系统优劣的重要标准之一,而影响观测系统成像分辨率主要因素包括:目标点深度,子波主频,道间距和排列长度等。本章基于三维地质模型,探讨观测系统参数对叠前成像分辨率(聚焦性)的影响。

为了消除模型影响,采用三维层状介质模型,模型大小为 1 500 m×1 500 m×800 m,水平层位分别为 T0、T1、T2,分界面依次为 200 m、450 m、600 m,层速度自上而下分别为 2 000 m/s、2 200 m/s、2 400 m/s、2 600 m/s,网格化空间采样间隔为 10 m×10 m×10 m。

一、目标点深度对聚焦性的影响

为了研究勘探目标点的深度对聚焦性的影响,且排除上覆地层对分析结果的影响。本节选择三个目标点 A、B、C,其坐标分别为 $A(750,750,250)$、$B(750,750,350)$、$C(750,750,450)$。采用相同的观测系统,计算得到三个目标点对应的总聚焦束如图 5-18 所示,

提取 X 与 Y 方向聚焦束振幅曲线,得到观测系统分辨率曲线如图 5-19 所示。

由图 5-18 和图 5-19 可知,随着目标点深度的增加,聚焦束逐渐发散,聚焦点能量逐渐降低,且聚焦波峰的主瓣宽度略有增加,观测系统成像分辨率随之降低。

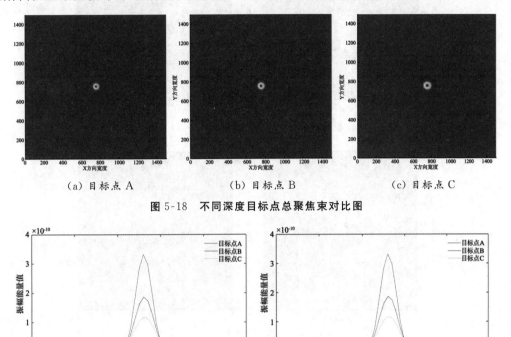

（a）目标点 A　　　　　　（b）目标点 B　　　　　　（c）目标点 C

图 5-18　不同深度目标点总聚焦束对比图

（a）X 方向分辨率　　　　　　　　　　（b）Y 方向分辨率

图 5-19　聚焦束 X 与 Y 方向分辨率示意图

二、观测排列长度对聚焦性的影响

观测系统的排列长度不仅会影响勘探目标的深度,还会影响叠前地震成像的分辨率。将观测系统中排列长度分别定义为 550 m、600 m、650 m、700 m,其他参数不变,计算得到检波点聚焦束如图 5-20 所示,提取 X 与 Y 方向聚焦束振幅曲线,得到观测系统分辨率曲线如图 5-21 所示。

由图 5-20 和图 5-21 可见,随着排列长度的增加,聚焦点更为收敛;聚焦子波宽度逐渐降低,分辨率有所提高,成像振幅能量得到一定的增强。但受目标点深度影响,当排列长度达到一定长度时,成像能力的提升是有限的。因此,考虑采集成本,则应在满足成像要求的前提下,选取合适的排列长度。

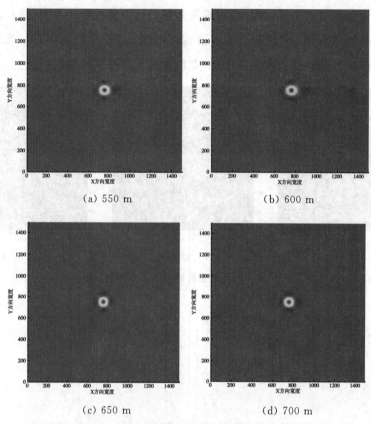

(a) 550 m   (b) 600 m

(c) 650 m   (d) 700 m

图 5-20   不同排列长度下检波点聚焦束结果

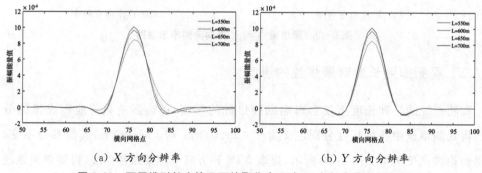

(a) X 方向分辨率   (b) Y 方向分辨率

图 5-21   不同排列长度情况下的聚焦束 X 与 Y 方向分辨率示意图

三、道间距对聚焦性的影响

一般地,观测系统的道距与地震成像的空间分辨率是成正比。道距越大,成像空间的采样率越大,会造成空间采样不足,进而导致偏移成像出现空间假频;小道距可以有效避免该问题,但会增加采集成本,因此,合理选择道距大小,对野外生产具有非常重要的意义。

定义排列长度为 750 m,接收线距为 10 m,道距分别为 30 m、50 m、100 m、150 m,计算得到不同道距的检波点聚焦束如图 5-22 所示,提取 X 与 Y 方向聚焦束振幅曲线,得到观测系统分辨率曲线如图 5-23 所示。

由图 5-22 和图 5-23 可见,道距的增大对主瓣波峰形态的影响不大,且主瓣宽度不变,也即成像分辨率不变。但道间距的变化会影响旁瓣的能量,随着道间距的减小,主瓣波峰能量逐渐增强,旁瓣能量得到有效压制,成像质量得到进一步提升。

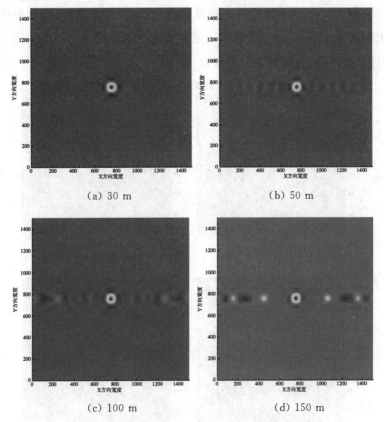

(a) 30 m

(b) 50 m

(c) 100 m

(d) 150 m

图 5-22　不同道间距情况下的检波点聚焦束结果

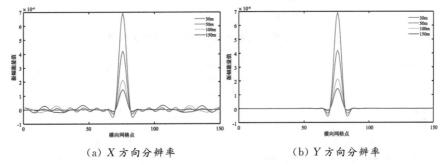

(a) X 方向分辨率

(b) Y 方向分辨率

图 5-23　不同道间距情况下的聚焦束 X 与 Y 方向分辨率示意图

四、子波主频对聚焦性的影响

子波主频分别为 15 Hz、20 Hz、25 Hz、30 Hz，其他观测系统参数相同，分析地震子波主频对成像分辨率的影响。计算得到不同主频对应的总聚焦束如图 5-24 所示，提取 X 与 Y 方向聚焦束振幅曲线，得到观测系统分辨率曲线如图 5-25 所示。

由图 5-24 和图 5-25 可见，随着主频逐渐增加，聚焦束逐渐收敛，分辨率有所提高，同时，聚焦主瓣的能量逐渐提升，这也在一定程度上压制了噪声。因此在野外采集中，应尽量选择最佳激发环境，保证较高主频激发。

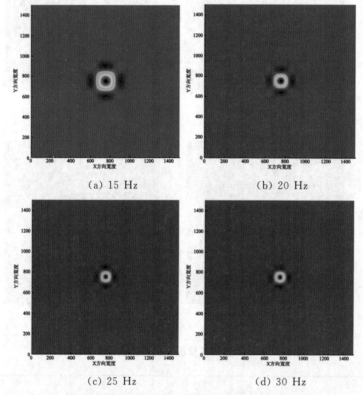

（a）15 Hz   （b）20 Hz

（c）25 Hz   （d）30 Hz

图 5-24　不同子波主频情况下的总聚焦束结果

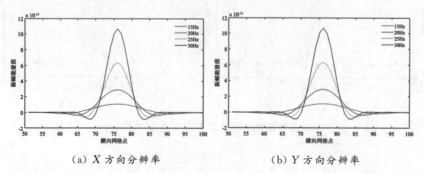

（a）X 方向分辨率   （b）Y 方向分辨率

图 5-25　不同子波主频情况下的聚焦束 X 与 Y 方向分辨率示意图

五、接收线距对聚焦性的影响

定义道距为 10 m,接收线距分别为 20 m、30 m、50 m、100 m,其他观测系统参数相同,分析接收线距对成像分辨率的影响。计算得到不同接收距对应的检波点聚焦束如图 5-26 所示,提取 X 与 Y 方向聚焦束振幅曲线,得到观测系统分辨率曲线如图 5-27 所示。

由图 5-26 和图 5-27 可见,在 X 方向上,由于道距不变,因此聚焦结果不变。在 Y 方向上,随着接收线距逐渐减小,聚焦束旁瓣能量逐渐减弱,当接收线距低于 30 m 时,旁瓣能量基本得到压制。此时如果继续降低接收线距,反而会增加采集成本,因此野外采集要在保证成像分辨率的前提下,合理选择接收线距。

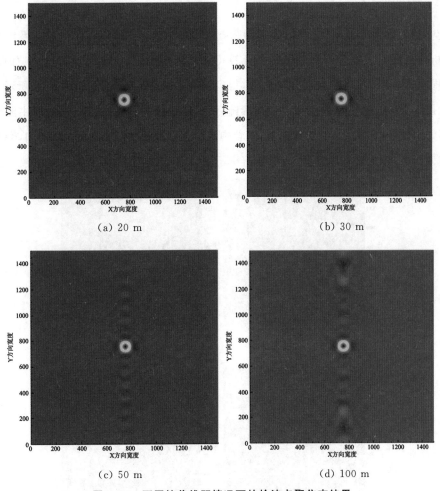

图 5-26　不同接收线距情况下的检波点聚焦束结果

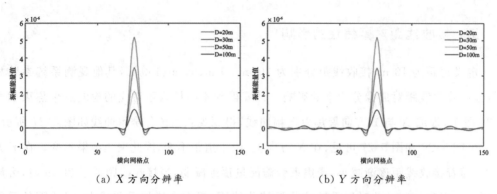

（a）X 方向分辨率　　　　　　　　（b）Y 方向分辨率

图 5-27　不同接收线距情况下的聚焦束 X 与 Y 方向分辨率示意图

六、炮点距对聚焦性的影响

定义炮线距为 100 m，炮点距分别为 25 m、50 m、100 m、200 m，其他观测系统参数相同，分析炮点距对成像分辨率的影响。计算得到不同炮点距对应的炮点聚焦束如图 5-28 所示，提取 X 与 Y 方向聚焦束振幅曲线，得到观测系统分辨率曲线如图 5-29 所示。

由图 5-28 可见，由于炮点布设较为稀疏，聚焦能量较为分散，旁瓣较多，但主瓣形态较为清晰。由图 5-29 可见，在 Y 方向上，随着炮点距逐渐减小，主瓣能量逐渐增加，旁瓣能量得到有效压制，但主瓣宽度不变，成像分辨率不变。在 X 方向上，旁瓣能量起伏较为剧烈。

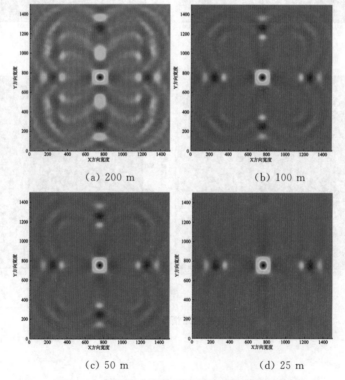

（a）200 m　　　　　　　　（b）100 m

（c）50 m　　　　　　　　（d）25 m

图 5-28　不同炮点距情况下的炮点聚焦束结果

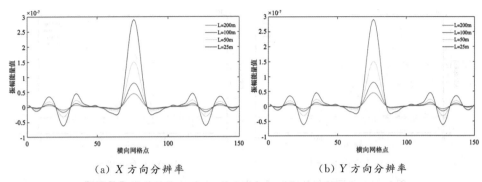

（a）X 方向分辨率　　　　　　（b）Y 方向分辨率

图 5-29　不同炮点距情况下的聚焦束 X 与 Y 方向分辨率示意图

七、炮线距对聚焦性的影响

定义炮点距为 100 m，炮线距分为 25 m，50 m，100 m，200 m，其他观测系统参数相同，分析炮线距对成像分辨率的影响。计算得到不同炮线距对应的炮点聚焦束如图 5-30 所示，提取 X 与 Y 方向聚焦束振幅曲线，得到观测系统分辨率曲线如图 5-31 所示。

由图 5-30 和图 5-31 可见，聚焦束在 $X-Y$ 方向呈现对称相反的特征。聚焦能量比较分散，旁瓣较多，但主瓣的形态比较清晰。在 X 方向上，随着炮线距的减小，主瓣能量增加，旁瓣的起伏能量得到有效到压制，但主瓣宽度不变，成像分辨率不变。

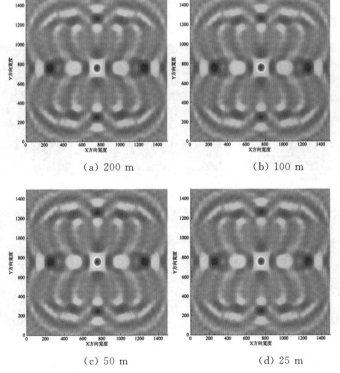

（a）200 m　　　　　　　　　　（b）100 m

（c）50 m　　　　　　　　　　（d）25 m

图 5-30　不同炮线距情况下的炮点排列聚焦束结果

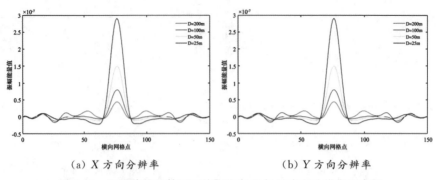

(a) X 方向分辨率　　　　　　　　　(b) Y 方向分辨率

图 5-31　不同炮线距情况下的聚焦束 X 与 Y 方向分辨率示意图

八、最大有效偏移距对聚焦性的影响

一般地,适当增大道间距,对噪声压制有一定作用。然而,工程实践中更多是道间距过大,出现采样不够的情况。一般采用增加有效偏移距长度来增加覆盖次数,进而提高成像精度。但这会对纵向分辨率产生一定的影响。因此,能够更好地重建波场且确保分辨率,最大有效偏移距的选择至关重要。

定义道距为 10 m,最大有效偏移距分别为 300 m、400 m、500 m、600 m、700 m、800 m,其他观测系统参数相同,分析最大有效偏移距对成像分辨率的影响。计算得到不同最大有效偏移距对应的总聚焦束如图 5-32 所示,提取 X 与 Y 方向聚焦束振幅曲线,得到观测系统分辨率曲线如图 5-33 所示。

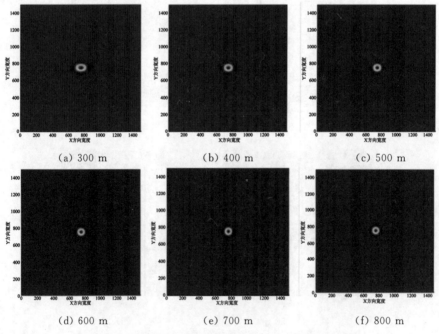

(a) 300 m　　　　　　　　(b) 400 m　　　　　　　　(c) 500 m

(d) 600 m　　　　　　　　(e) 700 m　　　　　　　　(f) 800 m

图 5-32　不同最大有效偏移距情况下的总聚焦束结果

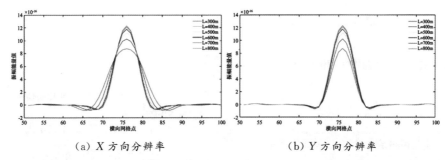

(a) X 方向分辨率　　　　　　　　　(b) Y 方向分辨率

图 5-33　不同最大有效偏移距情况下的聚焦束 X 与 Y 方向分辨率示意图

由图 5-32 可见,最大有效偏移距为 300 m～400 m 时,沿 X 方向存在轻微的旁瓣能量干扰。当最大有效偏移距大于 500 m 时,旁瓣能量基本得到压制,聚焦点能量基本收敛。继续增大有效偏移距,聚焦束形态基本保持不变。由图 5-33 可见,在 X 方向,随着最大有效偏移距的增加,聚焦束分辨率有所增加,主瓣能量也随之增加,但趋势渐缓。在 Y 方向,除了主瓣能量有所增加之外,聚焦束分辨率基本不变。

第四节　SWFocusing 软件研发

SWFocusing 软件实现了基于双聚焦理论的三维观测系统分析评价功能。

一、软件系统架构

设计了如图 5-34 所示的软件架构,包括 6 部分:观测系统定义、速度模型加载、波动方程正演、CFP 道集生成、共聚焦分析、三维可视化。

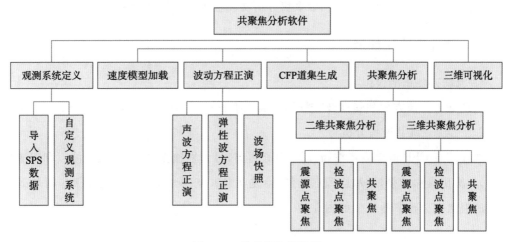

图 5-34　软件架构设计图

二、软件流程简介

软件操作流程如图 5-35 所示。

图 5-35　软件流程图

三、软件功能简介

实现二维、三维情况下波动方程模拟、观测系统设计、观测系统震源、检波点及总聚焦性评价等功能。

（1）观测系统定义：实现二维三维观测系统自定义，并支持 SPS1.0 和 2.1 格式大导入。

（2）速度模型加载：该数据来源于第三章介绍的高精度三维地质建模软件，并支持第三方软件输出的网格数据。

（3）CFP 道集生成：为节约计算量，将 CFP 道集生成与共聚焦算法分离，一个模型只需计算一次 CFP 道集数据。

（4）波动方程正演：实现基于声波方程和弹性波方程的正演模拟单炮记录，并记录波场快照。

（5）共聚焦分析：可进行二维、三维震源点聚焦、检波点聚焦和双聚焦计算，聚焦结果以二维图形和曲线形式展示，同时输出三维图形数据。

（6）三维图形可视化：导入三维聚焦分析功能输出的三维图形数据，实现三维显示。

四、软件主要功能展示

1. 波动方程正演模拟

实现基于声波方程和弹性波方程的正演模拟，并记录波场快照，如图 5-36。

2. 二维/三维共聚焦分析

选择已有 CFP 道集或者重新计算 CFP 道集，可分别独立进行炮点、检波点和双聚焦分析，并输出聚焦结果，显示震源点聚焦/检波点聚焦/双聚焦的 XOY 平面聚焦图及 X,Y 方向的聚焦束分辨率曲线。如图 5-37。

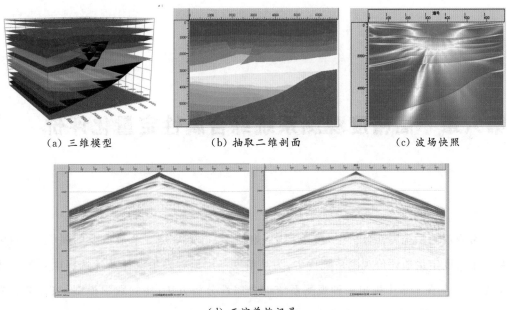

（a）三维模型　　　　（b）抽取二维剖面　　　　（c）波场快照

（d）正演单炮记录

图 5-36　波动方程正演图

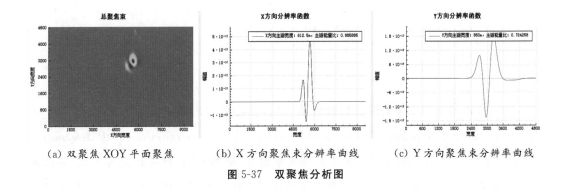

（a）双聚焦 XOY 平面聚焦　　（b）X 方向聚焦束分辨率曲线　　（c）Y 方向聚焦束分辨率曲线

图 5-37　双聚焦分析图

第六章　高精度观测系统综合属性定量化评价

常规观测系统属性分析中,覆盖次数、炮检距、方位角是三个最重要的属性,都能从某一个角度定量地评价观测系统优劣,为高精度三维地震采集设计及优选提供直观的技术支持[99]。在本章中提出一种观测系统综合属性分析方法,建立数学模型,综合考虑覆盖次数、炮检距分布和方位角分布三大观测系统属性,定量地评价优化观测系统。

第一节　方法原理

本章提出的观测系统的综合属性评价方法,核心思想来源于大卫·希尔于 2009 年在 EAGE 年会上发表的论文 *Coil survey design and a comparison with alternative azimuth-rich geometries*,他基于海上环形采集设计,提出了"具有最高覆盖次数、最高面元覆盖率以及两者中最小变化的观测系统设计将会生成最好的成像效果"。并且大卫·希尔给出公式 6-1,用于计算观测系统的综合属性评价因子。在该公式中,综合属性评价因子被记为 CDQF,当 CDQF 等于 10 时表示标准的最大覆盖次数和 100% 覆盖率。

$$CDQF = \frac{\sqrt{NMaxFold^2 + FMaxOcc^2}}{\sqrt{VarNMaxFold^2 + VarFMaxOcc^2 + k}} \tag{6-1}$$

式中,NMaxFold＝最大覆盖次数/参考覆盖次数;

FMaxOcc＝最大百分比－占比率/100;

VarNMaxFold＝最大 NMaxFold－最小 NMaxFold;

VarFMaxOcc＝最大 FMaxOcc－最小 FMaxOcc;

$k = (\frac{\sqrt{2}}{10})^2$,一个经验值常数。

本文进一步针对陆地地震采集特点,同时考虑满次范围内覆盖次数、炮检距和方位角均匀性三个关键参数,对公式 6-1 做了改进,给出陆地三维观测系统综合属性评价因子公式 6-2。

$$QF = \frac{\sqrt{\left(\frac{Fold_{max}}{CFold}\right)^2 + \left(\frac{CNUOffset}{NUOffset_{max}}\right)^2 + \left(\frac{BinOcc_{max}}{100}\right)^2}}{\sqrt{(VarFold)^2 + (VarNUOffset)^2 + (VarBinOcc)^2 + k}} \quad (6-2)$$

式(6-2)中所有参数都是在地震采集技术设计确定的满次覆盖区域内提取的。

(1)QF 为陆地三维观测系统综合属性评价因子。

(2)CFold 为理论设计满次覆盖次数,一般情况下,要得到采集均匀的观测系统,满次覆盖次数是一个常数;$Fold_{max}$ 为最大覆盖次数,由于可能存在观测系统变观,因此可能存在覆盖次数比满次覆盖次数更大;$Fold_{min}$ 为最小覆盖次数。

$$VarFold = \frac{Fold_{max} - Fold_{min}}{CFold} \quad (6-3)$$

(3)CNUOffset 为理想的炮检距非均匀性系数;NUOffset 为炮检距非均匀性系数;$NUOffset_{max}$ 为最大炮检距非均匀性系数;$NUOffset_{min}$ 为最小炮检距非均匀性系数。

$$VarNUOffse = \frac{NUOffset_{max} - NUOffset_{min}}{CNUOffset} \quad (6-4)$$

NUOffset 用于评价面元中炮检距分布均匀性情况,该值受面元内最大炮检距、最小炮检距和覆盖次数三个参数的影响,假设该面元上覆盖次数为 M 次,理想的炮检距分布应该是炮检距等量递增的,炮检距的增量定义为 $\Delta Offset_i = |Offset_i - Offset_{i+1}|$,式中,$1 < i < M$,由赵虎等建立了炮检距非均匀性系数数学模型[101],本文对理想的炮检距增量加以优化,得出炮检距非均匀性系数计算公式(6-5):

$$NUOffset = \frac{1}{M-1} \sum_{i=2}^{M} \left(1 + \left|1 - \frac{\Delta Offset_i}{\Delta Offset_0}\right|\right) \quad (6-5)$$

式中,$\Delta Offset_0 = \frac{Offset_{max} - Offset_{min}}{CFold - 1}$ 为理想的炮检距增量。

理想炮检距分布条件下,$\Delta Offset_0 = \Delta Offset_i$,$1 < i < M$,则有

$$NUOffset = \frac{1}{M-1} \sum_{i=2}^{M} \left(1 + \left|1 - \frac{\Delta Offset_i}{\Delta Offset_0}\right|\right) = 1 \quad (6-6)$$

(4)$BinOcc_{max}$ 为面元玫瑰图中最大百分比占比;$BinOcc_{min}$ 为面元玫瑰图中最小百分比占比;$VarBinOcc = \frac{BinOcc_{max} - BinOcc_{min}}{100}$;$BinOcc = \{BinOcc_j\}$ 这里需要注意的是,此处值为整个观测系统面元的个数,而非仅仅是满次范围内的面元个数。

BinOcc 计算方法如下:

对观测系统做常规属性分析可以得到覆盖次数、炮检距和方位角分布,如图 6-1(a)所示。从中任意抽取一个面元,可得到相应的炮检距及方位角,将其数据累加在图 6-1(b)对应区域中。图 6-1(b)所示圆形区域被等分成 36 个扇形,表示方位角被等分成 36 份,每一个扇形又被分成 10 个小块,表示炮检距被等分成 10 段。$BinOcc_i$ 表示第 i 个面元中,炮检距和方位角在整个圆形区域的占比。假设方位角被 P 等分,炮检距被 Q 等分,第 i 个面元有 R 个色块,则 $BinOcc_i = \dfrac{R \times 100}{P \times Q}$;当该区域中所有的小块都有色彩时,就表示方位角和炮检距已经覆盖了全区,则记 $BinOcc = 100$,反之,则表示该方位角统计范围内没有炮检对覆盖。色谱颜色不同,表示该方位角内炮检对覆盖次数不同。

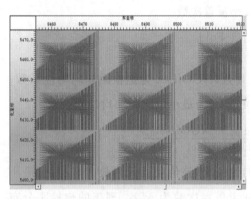
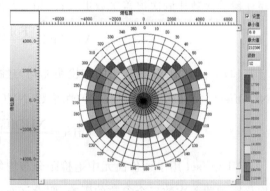

(a) 观测系统常规属性分析　　　　(b) 面元的炮检距及方位角分布

图 6-1　观测系统属性分析图

因此,针对图 6-1(b),彩色部分分布范围越广越好,说明此时观测系统的方位角和炮检距覆盖区域较大,则运用此观测系统得到的地震资料后期成像效果也越好。

(5) $k = 0.03$ 是一个经验值常数。分析公式(6-2)可知,满次覆盖区域内,当理想观测系统条件下,$QF = 10$,且面元覆盖次数和炮检距方位角均匀性越差,综合质量因子越小。

计算得到观测系统综合属性评价因子,绘制二维图形,如图 6-2 所示,该图是一个正交观测系统的综合属性评价因子图,从图中左上角(红色框内数值)可以读出该观测系统的综合属性评价因子值为 7.268 4,图中颜色对应的数值,即为 $BinOcc = \{BinOcc\}$,j 是面元号,其中 $BinOcc_{max}$ 为 72(蓝色框内数值)。

结合实践经验,由公式原理可知,观测系统越好则 QF 值一定越大,最大值为 10。所以,在进行观测系统的设计与评价工作时,应当先计算其综合属性评价因子,使其值尽量最大。

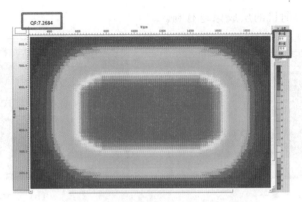

图 6-2　观测系统综合属性评价因子图

第二节　理论方法测试

　　为某区块设计四种观测系统,其参数如表 6-1 所示,对比分析不同观测系统的覆盖次数、炮检距、方位角、玫瑰图与综合属性评价因子图,结合实际工作经验,证实综合属性评价因子能为实际工区的观测系统质量评价提供可靠的理论依据。

表 6-1　某区块四种不同观测系统参数表

项目	方案一	方案二	方案三	方案四
观测系统	16L6S144R	20L4S144R	22L4S144R	24L4S144R
覆盖次数	12×8＝96	36×10＝360	36×11＝396	36×12＝432
接收线距/m	300	200	200	200
炮线距/m	300	100	100	100
炮点距/m	50	50	50	50
道间距/m	50	50	50	50
横向滚动距/m	300	200	200	200

　　图 6-3 是四种观测系统方案的覆盖次数对比图。色谱颜色由红到蓝,覆盖次数逐渐降低。可见,四套观测系统覆盖次数都是均匀的;随着观测系统接收线数的增加,观测系统的覆盖次数不断增大(黑色框内数值),依次为 96 次、360 次、396 次、432 次,通常认为

覆盖次数越高,对后期目的层成像越有利。

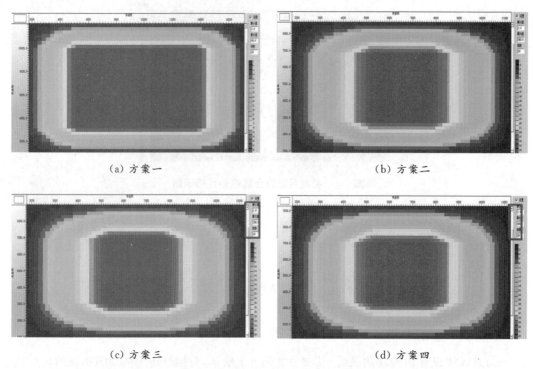

(a) 方案一 (b) 方案二

(c) 方案三 (d) 方案四

图 6-3　四种观测系统覆盖次数对比图

图 6-4 是四种观测系统的炮检距分布对比图,横坐标表示炮检距大小,纵坐标表示面元数量。可见,四种观测系统的炮检距分布曲线形态相似,远、中、近炮检距都能够被涵盖,从对应面元数量分析,方案四更优,这主要受其覆盖次数影响。

图 6-5 是四种观测系统的方位角分布对比图,可见,四种观测系统的方位角分布曲线形态相似,从对应面元数量来看,方案四方位角更宽。

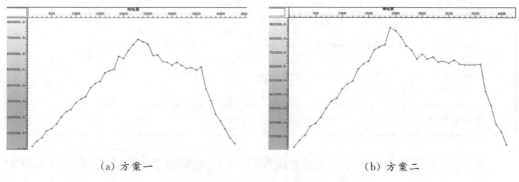

(a) 方案一 (b) 方案二

图 6-4(1)　四种观测系统炮检距分布图

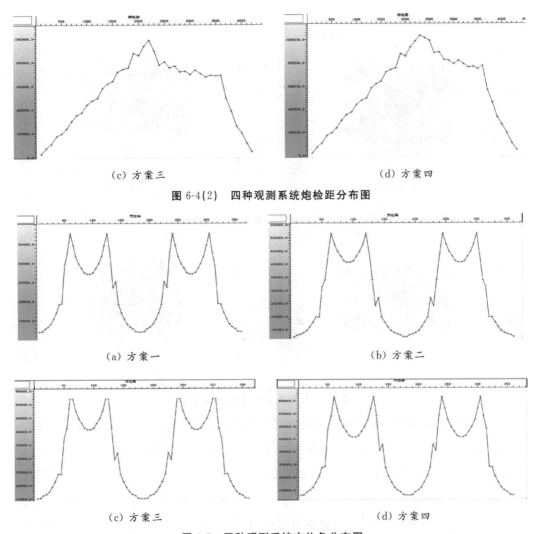

（c）方案三　　　　　　　　　　　　　（d）方案四

图 6-4(2)　四种观测系统炮检距分布图

（a）方案一　　　　　　　　　　　　　（b）方案二

（c）方案三　　　　　　　　　　　　　（d）方案四

图 6-5　四种观测系统方位角分布图

图 6-6 是四种观测系统的玫瑰图对比，颜色表示覆盖次数。可以看出，方案一和方案四方位角略宽，但方案一覆盖次数低；方案二到方案四，方位角逐渐变宽，且方案四远炮检距宽方位角要高于方案三；方案四覆盖次数最高。由此可以得出结论，接收线数的变化会对观测系统方位角的覆盖次数和覆盖率带来一定的影响，并且接收线数越多，方位角和炮检距分布的均匀性越好。

图 6-7 是四种观测系统综合属性评价因子对比图，四套观测系统综合属性评价因子值依次为 3.553 64,6.115 72,8.726 98,9.433 66(图中红色框内数值)；颜色表示面元百分比大小；面元百分比最大值依次为 43,66,70,72(图中黑色框内数值)。

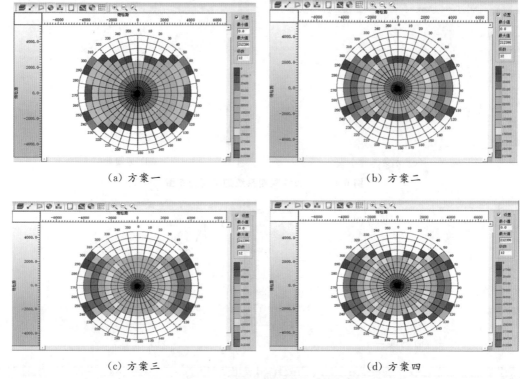

（a）方案一　　　　　　　　　　　　　（b）方案二

（c）方案三　　　　　　　　　　　　　（d）方案四

图 6-6　四种观测系统的玫瑰图

绘制四种观测系统的综合属性评价因子折线图,如图 6-8 所示,横坐标为接收线数,纵坐标为综合属性评价因子值。分析图 6-7 和图 6-8,可得出以下结论:① 观测系统综合属性评价因子和面元百分比的值会随着接收线数的增加而增大;② 适当增加接收线数,能够提升观测系统方位角分布的均匀性;③ 由综合属性评价因子公式可知,该因子越大,观测系统质量就越好,因此认为方案四是最优的;结合常规观测系统属性分析,即图 6-3 到图 6-6 的结论,也是方案四最优,论证结果完全一致,也证明了本文所提出的观测系统综合属性分析方法的正确性。④ 随着观测系统接收线数的增加,综合属性评价因子值逐渐增大,接收线数从 16 线增加到 22 线,其综合属性评价因子值的增大幅度明显大于接收线数从 22 线增加到 24 线,也表明当接收线数增大到一定程度时,综合质量因子增量会放缓,并且接收线数为 24 线的观测系统综合属性评价因子值最大,表明其观测系统的质量最优,这些认识与实际野外采集经验完全一致,因此可以说明观测系统综合属性评价因子评价技术具有较高的可靠性。

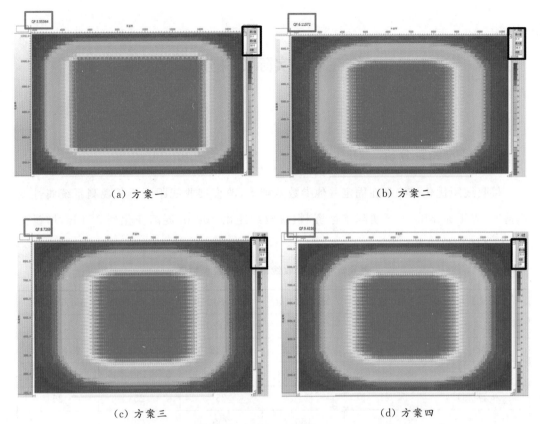

（a）方案一　　　　　　　　　　　　　（b）方案二

（c）方案三　　　　　　　　　　　　　（d）方案四

图 6-7　四种观测系统综合属性评价因子对比图

四种观测系统综合属性评价因子折线图

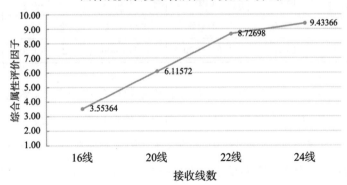

图 6-8　四种观测系统综合属性评价因子折线图

第三节　实际资料分析

一、接收线距分析

接收线距优化思路是在固定其他参数基础上,改变接收线距分析其观测系统属性变化情况,以下是 MQ 工区实际工区资料,接收线距由 100 m 逐渐变化到 300 m,增量为 50 m,具体参数如表 6-2 所示。

表 6-2　不同接收线距观测系统参数表

观测系统	36L2S420R	36L3S420R	36L4S420R	36L5S420R	36L6S420R
总道数	15120	15120	15120	15120	15120
面元(m×m)	25×12.5	25×12.5	25×12.5	25×12.5	25×12.5
覆盖次数	35×18＝630	35×18＝630	35×18＝630	35×18＝630	35×18＝630
道距(m)	25	25	25	25	25
接收线距(m)	100	150	200	250	300
炮点距(m)	50	50	50	50	50
炮线距(m)	150	150	150	150	150
束线距(m)	150/1 线	100/1 线	200/1 线	250/1 线	300/1 线
道密度	2 016 000	2 016 000	2 016 000	2 016 000	2 016 000

图 6-9 为五种观测系统综合属性评价因子及面元百分比分布图,颜色表示面元百分比大小。为便于分析,将综合属性评价因子(图中红色框内数值)及最大面元百分比计算结果(图中黑色框内数值)填入表 6-3 中,可见,这 5 种观测系统综合属性评价因子变化较小,100 m 接收线距时为 6.876 9,偏于窄方位,而 150 m,200 m 和 250 m 接收线距的观测系统,综合属性评价因子变化不大,值得注意的是,300 m 接收线距综合属性评价因子值开始变小。

为更好地对比分析综合属性评价因子随接收线距的变化情况,建立了二者之间的关系曲线,如图 6-10(a)所示。图形显示接收线距是一把双刃剑,在一定程度上拉大接收线距会改善方位角分布,提高观测系统质量,但是到达峰值后又会掉头向下,降低观测系统质量,但总体变化不大。因此认为,在本工区,接收线距对观测系统质量影响不大,因为

36 线接收,已经达到宽方位的要求,综合考虑其他观测系统属性,认为 150 m 和 200 m 接收线距都适合本区。

为进一步分析产生这样变化特征的原因,对观测系统进行分解,将观测系统炮检距以 500 m 为间隔,进行等间隔分段分析,分析每一段炮检距对观测系统综合属性评价因子值的影响,如图 6-10(b)所示。可见,接收线距的增加,会降低近炮检距观测系统质量,提高中远炮检距的观测系统质量,并且这种特征是很明显的,因此在实际施工中,应根据目的层深度来决定接收线距的大小,浅目的层应选择小接收线距,深目的层应选择大接收线距,二者都要兼顾时,需增加接收线数,增加接收线距不能解决问题。

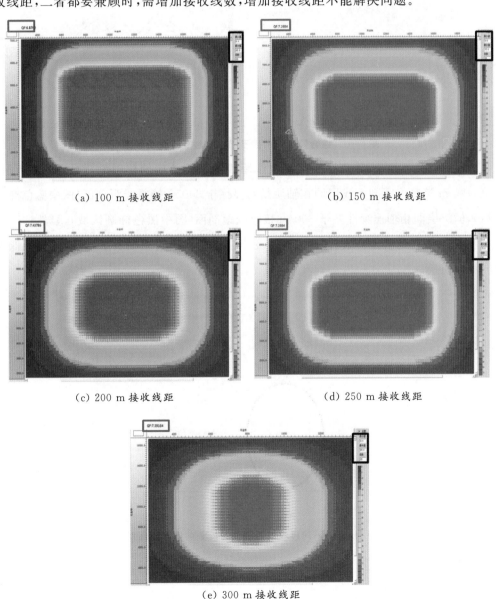

(a) 100 m 接收线距　　　　　　　　(b) 150 m 接收线距

(c) 200 m 接收线距　　　　　　　　(d) 250 m 接收线距

(e) 300 m 接收线距

图 6-9　观测系统综合属性评价因子图

表 6-3　不同接收线距观测系统综合属性因子及面元百分比计算结果统计表

观测系统	36L2S420R	36L3S420R	36L4S420R	36L5S420R	36L6S420R
最大面元百分比	62	72	77	79	83
质量因子值	6.876 9	7.268 4	7.437 86	7.573 7	7.391 64

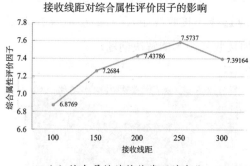

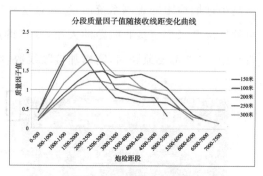

（a）综合属性随接收线距的变化　　　　　　（b）分段综合属性随接收线距的变化

图 6-10　综合属性评价因子随接收线距变化曲线图

　　为了验证以上结论,处理了不同接收线距观测系统叠前偏移剖面,如图 6-11 所示。可见,100 m 接收线距剖面浅层同相轴质量明显优于 300 m 接收线距剖面(图中蓝色椭圆区域),但深层同相轴连续性差于 300 m 接收线距剖面(图中黑色椭圆区域),显然这一结论与图 6-10 表现的特征一致,即接收线距变小会提高浅层同相轴质量,但同时会降低深层同相轴质量。

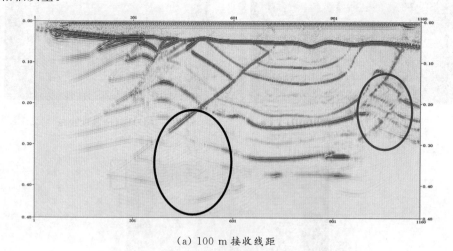

（a）100 m 接收线距

图 6-11(1)　不同接收线距观测系统叠前偏移剖面对比

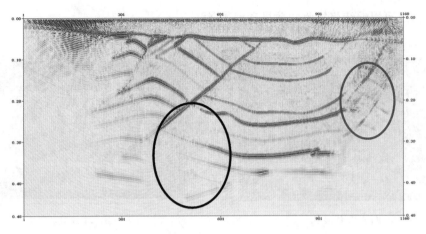

（b）300 m 接收线距

图 6-11(2)　不同接收线距观测系统叠前偏移剖面对比

二、接收线数分析

接收线数优化思路是在固定其他参数基础上，改变接收线数，分析观测系统属性变化情况，接收线数由 32 线递增到 40 线，增量为 2 条线，具体参数如表 6-4 所示。

表 6-4　不同接收线数观测系统参数表

观测系统	32L3S420R	34L3S420R	36L3S420R	38L3S420R	40L3S420R
总道数	13 440	14 280	15 120	15 960	16 800
面元	25×12.5	25×12.5	25×12.5	25×12.5	25×12.5
覆盖次数	35×16＝560	35×17＝595	35×18＝630	35×19＝665	35×20＝700
道距（m）	25	25	25	25	25
接收线距（m）	150	150	150	150	150
炮点距（m）	50	50	50	50	50
炮线距（m）	150	150	150	150	150
束线距（m）	150/1 线	150/1 线	150/1 线	150/1 线	150/1 线
道密度	1 792 000	1 904 000	2 016 000	2 128 000	2 240 000

图 6-12 为五种观测系统综合属性因子图（颜色表示面元百分比），图 6-13 为综合属性评价因子随接收线数的变化曲线。为便于分析，将综合属性评价因子（图中红色框内数值）及最大面元百分比（图中黑色框内数值）计算结果填入表 6-5 中，可见，随着接收线数增加，综合属性评价因子会稳步提高，由 6.818 71 增加到 7.986 81，面元百分比也逐渐增加，由 0.69 增大到 0.77，说明观测系统方位角和炮检距均匀性逐渐变好。由此可见，接收线数对观测系统质量有一定的影响，增加线数会提高观测系统质量，如果野外施工

条件允许,还可以继续将接收线数提高到 40 线。

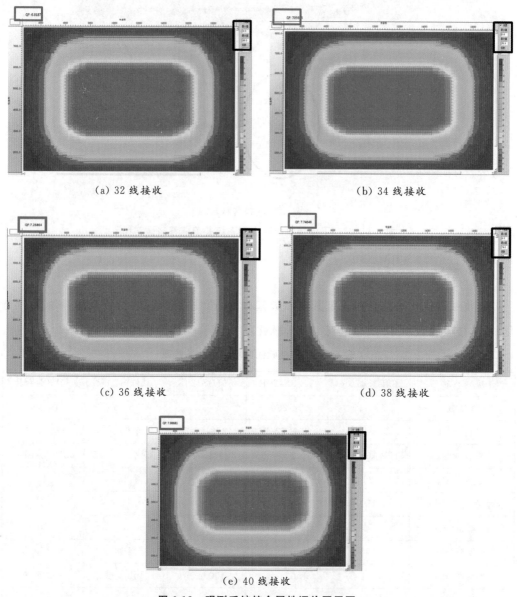

(a) 32 线接收   (b) 34 线接收

(c) 36 线接收   (d) 38 线接收

(e) 40 线接收

图 6-12　观测系统综合属性评价因子图

那么改善的是哪一段数据的质量呢?依然将观测系统炮检距以 500 m 为间隔进行等间隔分段,分析每一段炮检距观测系统综合属性评价因子值变化情况,如图 6-13(a)所示。随着接收线数的增加,每一个炮检距段观测系统质量因子都有所增大,主要是中炮检距部分数据改善较多,整体变化幅度不大,分析其原因是该观测系统已经是宽方位观测系统,再增加接收线数,对提高数据质量帮助不大。

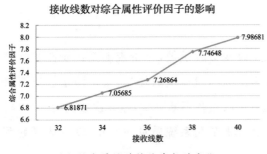

（a）综合属性随接收线数的变化

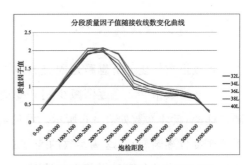

（b）分段综合属性随接收线数的变化

图 6-13 综合属性随接收线数变化曲线图

表 6-5 不同接收线数观测系统综合属性因子及面元百分比计算结果统计表

观测系统	32L3S420R	34L3S420R	36L3S420R	38L3S420R	40L3S420R
最大面元百分比	69	70	73	75	77
质量因子值	6.818 71	7.056 85	7.268 64	7.746 48	7.986 81

同样为了验证以上分析结果，处理了不同接收线数观测系统叠前偏移剖面，如图 6-14。可见，38 线接收偏移剖面深层同相轴连续性稍优于 32 线接收剖面（图中黑色框区域），与图 6-13 体现的特征一致，说明针对宽方位观测系统，随着接收线数增加，中深层同相轴会略有改善，但改善不明显。

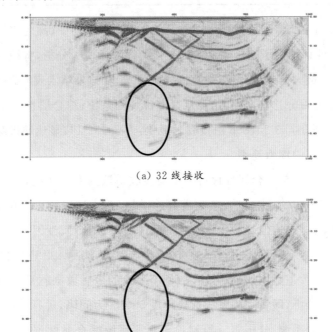

（a）32 线接收

（b）38 线接收

图 6-14 不同接收线数观测系统叠前偏移剖面对比

三、接收道数分析

接收道数优化分析思路是固定其他参数,改变接收道数,分析观测系统属性变化情况。接收道数由 552 道逐渐减少到 396 道,为使纵向覆盖次数均匀,采用的是近似等间隔的递减,具体参数如表 6-6 所示。可见,随着接收道数不断减少,覆盖次数逐渐变小,同时道密度也逐渐变小,这些参数的变化必然会带来观测系统质量的变化,以下从观测系统综合属性因子角度分析其变化情况。

表 6-6　接收道数变化观测系统参数表

观测系统	36L3S 552R	36L3S 540R	36L3S 516R	36L3S 492R	36L3S 468R	36L3S 444R	36L3S 420R	36L3S 396R
道数	19 872	19 440	18 576	17 712	16 848	15 984	15 120	14 256
覆盖次数	46× 18=828	45× 18=810	43× 18=774	41× 18=738	39× 18=702	37× 18=666	35× 18=630	33× 18=594
相同参数	面元大小 25 m×12.5 m;道距 25 m;接收线距 150 m;炮点距 50 m;炮线距 150 m;束线距 150 m/1 线							
道密度(万)	264.96	259.2	247.68	236.16	224.64	213.12	201.6	190.08

图 6-15 为观测系统综合属性评价因子及面元百分比分布图(颜色表示面元百分比),图 6-16 为综合属性评价因子随接收道数的变化曲线。为便于分析,将综合属性评价因子(红色框内数值)及最大面元百分比(黑色框内数值)计算结果填入表 6-7 中。

可见,最大面元百分比基本相当,都是宽方位观测系统;综合属性因子变化较大,552 道接收时最优,达到 8.463 25,396 道接收时最差,为 6.999 14,显然通过综合属性因子可以判别观测系统之间的细微差别。

为了更好地对比分析综合属性评价因子随接收道数的变化情况,建立了二者之间的关系曲线,如图 6-16(a)所示,显然,接收道数的增加,会提高观测系统的综合质量因子,改善观测系统的整体质量,但当接收道数增加到 492 时,综合属性因子达到 8.089 28,继续增加接收道数时,综合属性因子增幅放缓,因此该工区,选择 492 道接收最为合适。

同样,为分析接收道数增加到底改善的是哪一段的地震数据质量,因此,将观测系统进行分段质量因子分析,即将观测系统炮检距以 500 m 为间隔,进行等间隔分段,将每一段数据组成新的观测系统,分析每一段炮检距观测系统综合属性评价因子值变化情况,如图 6-16(b)所示。由图中可见,炮检距小于 5 000 m 部分几乎没有改变,观测系统改善的原因来自于大炮检距,这说明接收道数增加会改善深层数据的质量,但改善不了浅层数据的质量。

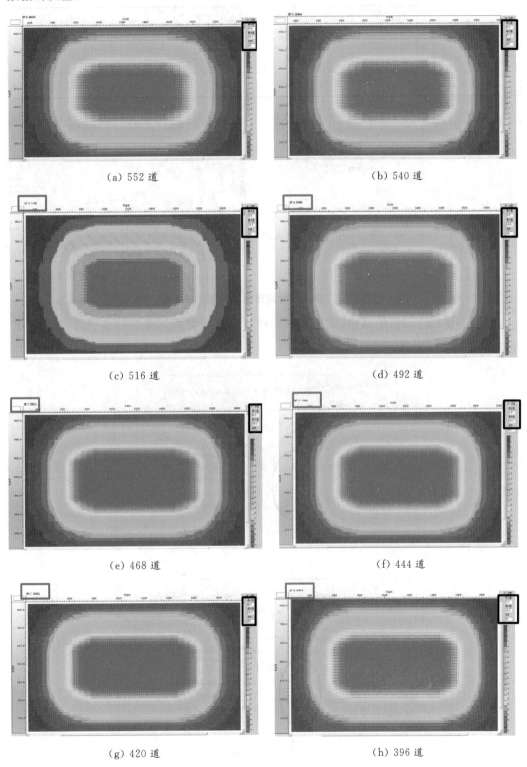

(a) 552 道

(b) 540 道

(c) 516 道

(d) 492 道

(e) 468 道

(f) 444 道

(g) 420 道

(h) 396 道

图 6-15　观测系统综合属性评价因子图

表 6-7　不同接道数观测系统综合属性因子及面元百分比计算结果统计表

观测系统	36L3S 552R	36L3S 540R	36L3S 516R	36L3S 492R	36L3S 468R	36L3S 444R	36L3S 420R	36L3S 396R
最大面元百分比	71	71	71	71	70	71	72	74
综合属性因子	8.463 25	8.339 44	8.170 8	8.089 28	7.869 13	7.554 3	7.268 64	6.999 14

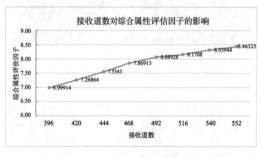

（a）接收道数对综合属性的影响

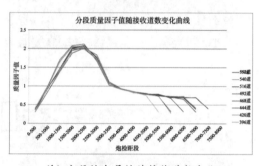

（b）分段综合属性随接收道数变化

图 6-16　综合属性随接收道数变化曲线图

　　为了验证以上分析的结论,处理了不同接收道数观测系统叠前偏移剖面,如图 6-17所示。

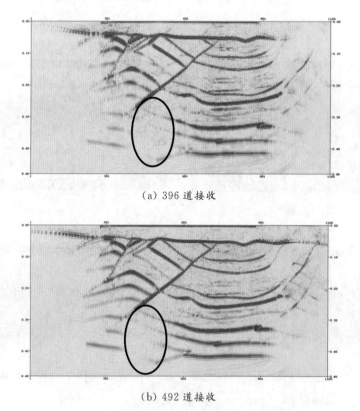

（a）396 道接收

（b）492 道接收

图 6-17　不同接收道数观测系统叠前偏移剖面

由图 6-17 可见，492 道接收偏移剖面深层同相轴质量优于 396 道接收偏移剖面（图中黑色椭圆区域），同相轴连续性和能量都有所加强，但两个剖面的浅层同相轴变化不大，与图 6-16 分析得出的结论一致，即接收道数增加能改善深层同相轴质量，对浅层帮助不大。

四、炮线距分析

炮线距优化思路是固定其他参数，改变炮线距，分析观测系统属性变化情况。炮线距由 100 m 等量递增到 300 m，增量为 50 m，具体参数如表 6-8 所示。可见，随着炮线距的增加，道密度迅速下降，因此观测系统质量也必然受到较大影响。

表 6-8　炮线距变化观测系统参数及计算结果表

观测系统	36L3S420R	36L3S420R	36L3S420R	36L3S420R	36L3S420R
覆盖次数	53×18＝954	35×18＝630	27×18＝486	21×18＝378	18×18＝324
相同参数	总道数 15120；面元大小 25 m×12.5 m；道距 25 m；接收线距 150m；炮点距 50m；束线距 150m/1 线				
炮线距(m)	100	150	200	250	300
道密度	3 052 800	2 016 000	1 555 200	1 209 600	1 036 800

图 6-18 为观测系统综合属性评价因子及面元百分比分布图（颜色表示面元百分比），图 6-19 为综合属性评价因子随炮线距的变化曲线。为便于分析，将综合属性评价因子（红色框内数值）及最大面元百分比（黑色框内数值）计算结果填入表 6-9 中。由图可见，五种观测系统质量因子变化较大，100 m 炮线距时最优达到了 9.628 67，300 m 炮线距时最小为 4.764 85，100 m 炮线距观测系统最大面元百分比达到了 76，说明其方位角和炮检距分布比较均匀，因此通过综合属性评价因子可以判别观测系统之间的差别。

为了更好地对比分析综合属性评价因子随炮线距的变化情况，建立了二者之间的关系曲线，如图 6-19(a)所示。可见，随着炮线距的增大，观测系统的综合属性评价因子会快速减小，降低观测系统的整体质量；图形显示 100 m 炮线距最优，但从采集成本分析，会导致大量的成本投入，但是过大的炮线距又会导致质量因子值下降很严重，因此综合考虑，150～200 m 炮线距较为合适，150 m 最佳。

同样，进一步分析炮线距减小到底会改善哪个炮检距段的数据质量。将观测系统炮检距以 500 m 为间隔，进行等间隔分段，分析每一段炮检距观测系统综合属性评价因子值变化情况，如图 6-19(b)所示。由图可见，炮线距变小，每个炮检距段综合属性都会变好，近炮检距改善幅度尤为明显，因此浅层数据质量会有更大提高。

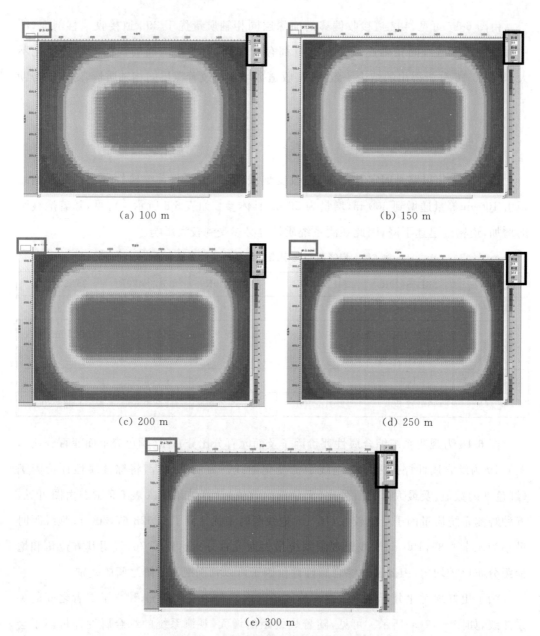

(a) 100 m

(b) 150 m

(c) 200 m

(d) 250 m

(e) 300 m

图 6-18　观测系统综合属性评价因子图

表 6-9　不同炮线距观测系统综合属性因子及面元百分比计算结果统计表

观测系统	36L3S420R	36L3S420R	36L3S420R	36L3S420R	36L3S420R
面元百分比	76	73	70	67	65
质量因子值	9.628 67	7.268 64	6.177 19	5.516 44	4.764 85

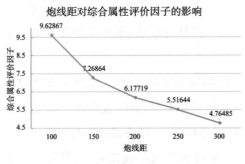

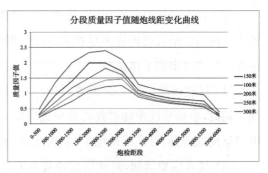

（a）综合属性随炮线距变化曲线图　　　　　（b）分段综合属性随炮线距变化曲线图

图 6-19　综合属性随炮线距变化曲线图

　　为验证以上分析的结果，处理了不同炮线距观测系统叠前偏移剖面，如图 6-20 所示。由图可见，100 m 炮线距剖面深层同相轴质量优于 300 m 炮线距剖面（图中黑色椭圆区域），同时，浅层同相轴质量也优于 300 m 炮线距剖面（图中蓝色椭圆区域），同相轴连续性和能量都有所加强，充分说明炮线距减小能够改善剖面整体成像质量。

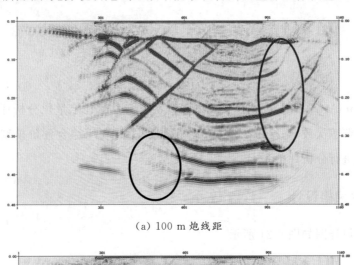

（a）100 m 炮线距

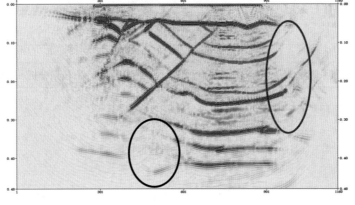

（b）300 m 炮线距

图 6-20　不同炮线距观测系统叠前偏移剖面对比

综合以上分析可以看出,优化四个主要采集参数对观测系统质量提升都有改善,并且改善的炮检距段范围也不尽相同,因此,需要根据不同目的层系,选择最佳的地震采集参数。具体得出以下结论:

(1)接收线距选择尤为关键,接收线距增大,能够提升观测系统方位角分布的均匀性。同时,小接收线距能够改善浅层成像质量,对深层成像不利,而大接收线距够能改善中深层成像质量,对浅层成像不利,因此,要根据勘探目标深度,优选最佳接收线距。

(2)接收线数增加,对浅层成像基本无影响,能够改善中深层成像质量,但达到宽方位时,则改善不再明显。

(3)接收道数增加,能够改善中深层成像质量,但对浅层成像基本无改善。

(4)炮线距减小,能够改善浅、中、深层地震数据成像质量,但采集成本也随之增加,应该合理选择。

第四节　SWGeoComAttrAnalysis 软件研发

SWGeoComAttrAnalysis 软件实现了观测系统综合属性定量化分析评价功能,综合考虑观测系统覆盖次数、炮检距、方位角三种属性信息,利用综合评价模型,从宏观的角度对观测系统进行分析评价。

一、软件架构设计

软件架构设计图如图 6-21 所示。

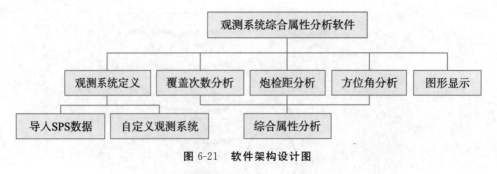

图 6-21　软件架构设计图

二、软件流程简介

软件操作流程如图 6-22 所示。

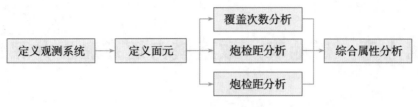

图 6-22 软件流程图

三、软件功能简介

实现观测系统综合属性定量化分析评价功能，包括观测系统定义、覆盖次数分析、炮检距分析、方位角分析、综合属性分析、图形显示。

四、软件主要功能展示

计算综合属性，并定量化显示综合属性信息，如图 6-23 所示。

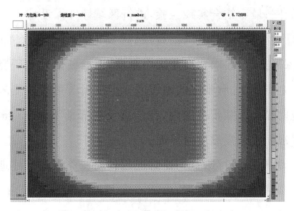

图 6-23 综合属性分析图

第七章　近地表一致建模与逐点激发井深优化设计

复杂地表地震条件的资料采集质量是地震高精度成像面临的诸多挑战之一,而激发井深的选取是保证地震采集资料品质的关键因素。尤其在高精度、高密度勘探中,选择最佳的井深,确保激发子波的频率和下传能量尤为重要。

目前,地震勘探工程施工中,并没有统一的生产流程,各地震队根据自己的经验,各自探索井深设计流程。一般地,先通过专业软件对微测井和小折射基础资料进行处理、解释;然后利用 Excel 表格处理,形成特定格式;再导入到专业软件中,形成近地表的低、降速带等值线图;最后结合实践经验,进行区域性井深设计。

井深设计要根据地下岩性、高速层、虚反射界面与潜水面埋深,考虑虚反射的影响,以往地震勘探采集时,要求在高速层中激发,而最新的技术研究要求,必须在最佳岩性中激发,才能产生能量强、频带宽的地震波。虚反射既可以改变激发频谱,又可以改变激发能量,在地震勘探有效频带范围内,在强虚反射界面下 3～5 m 激发效果最佳;在有潜水面的地区,潜水面就是强虚反射界面。

可见,要做好井深设计,首先要对近地表调查资料进行处理解释,并建立精细的近地表模型,基于该精细近地表模型,做逐点激发井深设计。但由于地表的复杂性导致单一方法无法完全解决表层结构问题,需要联合运用多种近地表调查手段,常规获取近地表信息的手段包括小折射、微测井、地质雷达、岩性探测、岩性取心等。而多种近地表调查方法得到的低降速带、潜水面、表层岩性界面和吸收界面往往具有不一致性,因此首先需要对多种近地表调查手段得到的数据进行联合解释,得到最佳激发层位,逐点设计井深[103]。

此外,层析反演技术是优化近地表模型的一项新技术,相对传统的小折射和微测井等表层探测方法,层析反演技术在近地表建模方面具有独特优势。它采用非线性模型反演技术,利用地震初至波射线的走时和路径反演近地表速度模型,因此,不受近地表结构纵横向变化的约束,反演的近地表模型精度较高,适用于非均质体模型,根据正演初至时间与实际初至时间的误差,修正速度模型,经反复迭代,达到要求的误差精度,最终得到更为精确的静校正量。层析反演具有下列明显优势:① 能够反演出较为可靠的表层速度模型;② 射线追踪的地震波传播路径与实际相符;③ 可根据速度模型确定可靠的低降速带底的空间位置及形态;④ 提供面模型和体模型(其他方法只能提供点模型),进而提高近地表模型建模精度。

同时为确保下传能量和地震波频带,还要选取目标试验点,做井深药量试验,进一步优化激发井深。

本章基于多年实践经验,提出了一套基于近地表试验资料、岩性数据和井深药量试验等多条件约束的逐点激发井深优化设计技术,通过优选激发井深和激发岩性,保证单炮的激发效果,提高地震勘探质量,并研发 SWSourceDepth 软件,形成完整的技术流程。

第一节　基于多源信息融合的近地表一致建模

在地震勘探中,近地表模型是一项十分重要的基础资料,但是由于低降速带、潜水面、表层岩性界面和吸收界面具有不一致性,因此需要精确的近地表模型指导野外的激发和后续静校正工作,以及由近地表引起的地震子波频率、振幅及相位差异的校正工作。

一、多源信息的提取

在野外实际工作中,常用的表层调查方法有小折射、单/双井微测井、岩性探测、岩性取芯等。目前,一些专业地震采集软件对这些方法的解释技术已日益成熟,并具有一定的准确性。野外地震队能够采用野外质量监控与室内软件解释相结合的手段提取到准确的近地表调查成果。近地表多源信息通常包括:低降带调查信息、岩性控制点信息、虚反射控制点信息及地表高程信息。高程信息主要用于南方山地地区,地表高程起伏异常剧烈,造成插值后层位模型可能会出现穿层现象,因此用地表高程来约束近地表模型,以提高近地表模型精度。

通常,从小折射、单击微测井原始数据中提取低速带控制点信息;从岩性探测、岩性取芯试验中提取岩性控制点信息;双井微测井技术是比常规微测井技术和小折射方法更先进的一项新技术,从其解释成果中能够提取虚反射控制点信息。

常规的解释方法并没有将三种方法进行联合解释,然而速度与岩性之间往往存在一定的联系,我们通过对微测井和小折射试验数据进行联合解释,能够得到最佳速度分层数据。

对岩性取芯、静力触探与微测井三种方法得到的试验数据进行联合解释，可以得到最佳岩性分层界面(图 7-1)，为建立一致近地表模型提供基础数据。

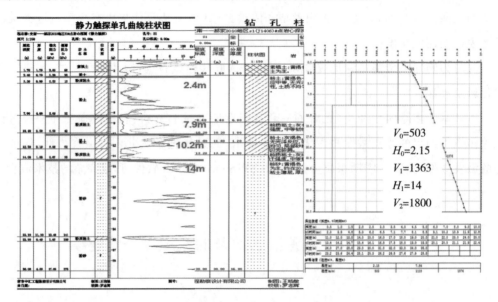

图 7-1　岩性取芯、静力触探与微测井联合解释

二、稀疏控制点下的网格剖分

三角剖分对于插值处理是一个重要的预处理技术，通过剖分后工区被划分为若干个三角区域，这些区域通过三角网建立了拓扑关系，因此可以提高插值的准确性，并在程序实现中提高插值的速度。

1. 三角剖分

假设 V 是二维实数域上的有限点集，边 e 是由点集中的点作为端点构成的封闭线段，E 为 e 的集合。那么该点集 V 的一个三角剖分 $T = (V, E)$ 是一个平面图 G，该平面图满足条件：

(1) 除了端点，平面图中的边不包含点集中的任何点。

(2) 没有相交的边。

(3) 平面图中所有的面都是三角面，且所有三角面的合集是散点集 V 的凸包。

2. Delaunay 三角网的特性

目前，Delaunay 三角网是比较通用的三角网格划分形式，它有如下特性：

(1) 空圆特性：Delaunay 三角网是唯一的(任意四点不能共圆)，在 Delaunay 三角形网中任一三角形的外接圆范围内不会有其他点存在，参考图 7-2。

（2）最大化最小角特性：在离散点集可能形成的三角剖分中，Delaunay 三角剖分所形成的三角形的最小角最大，参考图 7-3。

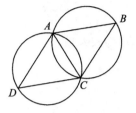

图 7-2　Delaunay 空圆特征图

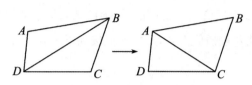

图 7-3　最大化最小角特性

3．Delaunay 三角网的优点

Delaunay 剖分具备如下优异特性：

（1）最接近：以最近邻三点形成三角形，且各线段（三角形的边）皆不相交。

（2）唯一性：不论从区域何处开始构建，最终都将得到一致的结果。

（3）区域性：新增、删除、移动某一个顶点时只会影响邻近的三角形。

4．三角剖分的步骤

（1）构造一个超级三角形，包含所有散点，放入三角形链表。

（2）图 7-4 示意了本步骤的主要工作：将点集中的散点 P 插入，在三角形链表中，找出其外接圆包含插入点的三角形（称为该点的影响三角形）。这里，有 2 个三角形：$\triangle ABD$ 和 $\triangle ABC$，删除影响三角形的公共边 AB，将插入点同影响三角形的全部顶点连接起来，这些边分别是：AP、CP、BP 和 DP，从而完成一个点在 Delaunay 三角形链表中的插入。

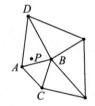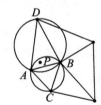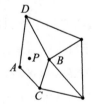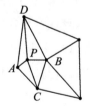

图 7-4　增加新点的操作过程

（3）根据优化准则对局部新形成的三角形进行优化。

（4）将形成的三角形放入 Delaunay 三角形链表。

三、稀疏不规则离散分布条件下的等值曲面重构

就单纯数值插值而言，地震采集近地表调查离散控制点存在分布不均匀、控制点不足等问题，因此，需要根据离散点分布形态，确定合适的插值方法。

1．自适应距离倒数加权平方插值算法

距离倒数加权是一种重要的插值方法，它是基于插值点相对于离散控制点的距离远

近作为影响插值计算的权重,距离越近的,权重越大;反之,权重就小。

其计算公式如下:

$$v = \sum\nolimits_{i=1}^{N} \rho_i * v_i \qquad (7\text{-}1)$$

式中,v 为插值点的属性值,v_i 为已知离散点的属性值,ρ_i 为权系数。

就一般插值而言,ρ_i 的取值按如下公式计算。

$$\rho_i = \frac{\dfrac{1}{d_i}}{d} \qquad (7\text{-}2)$$

式中,$i = 1, 2, \cdots, N$;$d = \sum\nolimits_{i=1}^{N} \dfrac{1}{d_i^j}$。

由以上定义,可以得出如下结论:

当 $d_i \to 0$ 时,$v \to v_i$,这就确保了数值在空间的连续性;当待插值点距离某个离散点较近时,权系数会增大,说明该离散点对插值点的影响更大。

讨论:参数 j 是一个重要的控制因子,它主要用来约束权重递减的强弱,也就是控制离散点对插值点的影响程度。当 $j=1$ 时,公式蜕变为传统的距离倒数加权插值算法;当 $j=2$ 时,我们这里称为距离倒数平方加权插值算法;当 $j \geqslant 3$ 时,由于曲线震荡比较严重,可能导致不可预知的插值畸变,一般不常用。根据研究,地理特征分布具有分形特征,j 为 2 的插值效果更接近于真实的地质现象。

为解决复杂地表与近地表条件下离散点分布孤立、不均匀和数目少等因素对插值结果的影响,在 j 为 2 情况下,如何更有效地模拟真实地表和近地表模型,我们从多角度考虑以形成符合各种情况下自适应处理过程。

(1)区域限定:对于特定点的属性求取,没有必要利用全工区离散数据,按照一定半径范围内进行扫描,只有落在该区域内的点才参与计算,提高计算效率。

(2)离散点数量限定:每次在计算前,计算插值点与全部离散点的距离,并对距离按从小到大排序,确保在区域限定范围内有一定数量的离散点,如果少于该值,可以适当按距离增大顺序依次放大搜索半径。

(3)恒等赋值:在搜索半径达到某个阈值时,在该阈值范围内,如果没有可利用的离散点,这时,显然就是数据外推问题,为了避免插值点外推造成插值线/面沿趋势无节制地增长/降低,该值不再采用插值,而是恒等方式赋值。

2. 克里金插值

克里金(Kriging)插值法又称空间自协方差最佳插值法,它是以南非矿业工程师 D. G. Krige 的名字命名的一种最优内插法。克里金法广泛地应用于地下水模拟、土壤制图等领域,是一种很有用的地质统计格网化方法。它首先考虑的是空间属性在空间位置上的变异分布,确定对一个待插点值有影响的距离范围,然后用此范围内的采样点来估计待插点的属性值。该方法在数学上可对所研究的对象提供一种最佳线性无偏估计(某点处的确定值)的方法。它是考虑了信息样品的形状、大小及与待估计块段相互间的空间位置等几何特征以及品位的空间结构之后,为达到线性、无偏和最小估计方差的估计,而对每一个样品赋予一定的系数,最后,进行加权平均估计块段品位的方法。但它仍是一种光滑的内插方法。在数据点多时,其内插的结果可信度较高。

克里金法分常规克里金插值和块克里金插值。常规克里金插值方法的内插值与原始样本的容量有关,当样本数量较少的情况下,采用简单的常规克里金模型内插的结果图会出现明显的凹凸现象;块克里金插值是通过修改克里金方程以估计子块 B 内的平均值来克服克里金点模型的缺点,对估算给定面积实验小区的平均值或对给定格网大小的规则格网进行插值比较适用。块克里金插值估算的方差结果常小于常规克里金插值,所以,生成的平滑插值表面不会发生常规克里金模型的凹凸现象。按照空间场是否存在漂移,可将克里金插值分为普通克里金和泛克里金,其中普通克里金常称作局部最优线性无偏估计。所谓线性是指估计值是样本值的线性组合,即加权线性平均,无偏是指理论上估计值的平均值等于实际样本值的平均值,即估计的平均误差为 0,最优是指估计的误差方差最小。

克里金方法通过引进以距离为自变量的半变差函数来计算权值,由于半变差函数既可以反应变量的空间结构特性,又可以反映变量的随机分布特性,利用克里金方法进行空间数据插值往往可以取得理想的效果。克里金方法很容易实现局部加权插值,克服了一般距离加权插值结果的不稳定性。

设 $Z(x)$ 是表层高程的变化量,且是 2 阶平稳的,$Z(x_i)(i=1,2,\cdots,n)$,现要对点 x_0 处的变化量进行估计,所用的估计量为

$$Z'(x_0) = \sum_{i=1}^{n} \lambda_i Z(x_i) \tag{7-3}$$

公式(7-3)是 n 个数值的线性组合,克里金方法的原则就是保证估计量是无偏的且估计方差最小的前提下,求出 n 个权值系数 λ_i:

$$\left. \begin{aligned} E[Z'(x_0) - Z(x_0)] &= 0 \Rightarrow \sum_{i=1}^{n} \lambda_i = 1; \\ \sigma_E^2 = E[Z'(x_0) - Z(x_0)]^2 &= \mathrm{Min} \end{aligned} \right\} \tag{7-4}$$

在无偏性条件下,为了使估计方差最小,这是一个求条件极值的问题,要用到拉格朗日乘子法:

$$F = \sigma_E^2 - 2\mu \left(\sum_{i=1}^{n} \lambda_i - 1 \right) \tag{7-5}$$

设计算 x_0 处的值需要 N 个控制点,为了达到好的插值效果并兼顾计算速度,控制点密集区域采用较小的 N 值,对控制点比较稀疏的区域采用较大的 N 值。

稀疏或密集的判别条件通过三角剖分实现,插值点所在的三角形 T_0 的顶点三个控制点 p_1、p_2 和 p_3,T_0 的三条边所外接的三角网格点对应三个控制点 q_1、q_2 和 q_3,根据 p_1、p_2 和 p_3 以及 q_1、q_2 和 q_3 到 x_0 的距离标准差,判断 x_0 附近控制点的稀疏程度。

具体的算法实现如下:

(1)根据控制点和工区范围对需要插值的区域进行三角剖分;

(2)计算 x_0 附近控制点的稀疏程度,我们从最稀疏开始分为 3 个等级 L_1、L_2 和 L_3;

(3)根据稀疏等级进行克里金插值,根据经验,L_1、L_2 和 L_3 分别取 $N=15,9,6$;

(4)重复②、③两步直到计算所有的待插值点。

3. 插值方法的适应性分析

每种插值方法有自己的优势,也有自己的缺陷,受物理点分布程度控制。

自适应距离倒数加权平方插值算法的基本思路是"两个物体离得近,它们的性质就越相似,反之,离得越远则相似性越小",而克里金插值方法是区域化变量存在空间相关性。图 7-5 为用实验室数据和实际数据对两种不同插值方法的效果对比图。

相比克里金插值算法,反距离加权法在空间跳跃幅度大的样本点附近,容易出现比较明显的边缘性效应[如图 7-5(c)所示],并且根据权值影响在格网区域内产生围绕观测点位置的所谓"牛眼"现象,而克里金法相应的高点会根据整体趋势沿一个脊连接,而不是被牛眼形等值线所孤立,外推趋势较为明显,符合实际的地理环境趋势。

克里金插值法虽然能较好地反映各种地形变化,但其计算量很大,尤其在对大面积区域,大数据量插值时,对计算机软硬件的要求较高。

此外,我们使用实际数据,比较了自主实现的克里金插值法的计算结果与商业软件插值结果,验证了方法的正确性(如图 7-6)。

4. 等值线的构建

以近地表高速层 2D 曲面构建为例,说明等值线构建方法。

(1)工区网格化:根据工区的勘探程度及勘探目标要求,用户自行定义工区的网格尺度。

(2)计算高速层顶高程:按照上述插值方法,计算网格节点集上每个节点的高速层顶高程。

(3)等值线追踪对于给定的高速层数值,在由网格点构成的矩形集中,一次扫描,找到该值对应的第一个矩形的边,由于我们在建立近地表模型时,不考虑断层的影响,进入矩形的线,必定要从矩形中出来,所以,在该矩形的另外三条边上必定有一条出现与该高速层相等的点。

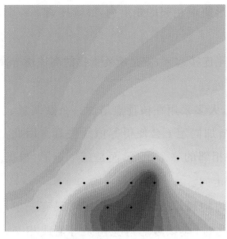
（a）理论数据的反距离加权

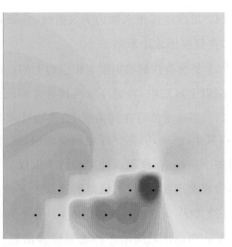
（b）理论数据的克里金法

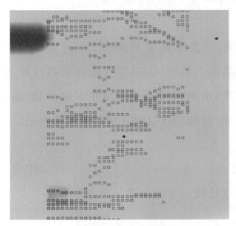
（c）实际数据的反距离加权

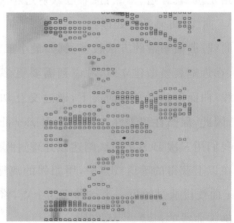
（d）实际数据的克里金法

图 7-5　两种插值方法效果对比

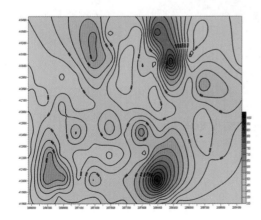

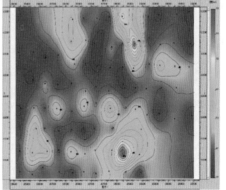

图 7-6　与某商业软件的对比（左：某商业软件效果；右：SWSourceDepth 效果）

（4）以该矩形出来的边为入射线，在该矩形集中相邻的矩形内，继续搜索下一个出来的边，直到遍历该矩形集。

（5）将所有找到的矩形上相应边上的点首尾连接起来，就是所要查找的高速层等高线。

在以上算法中，特别注意两种异常情况的处理：

（1）当给定值落在网格点上：常规处理时，大多采用在该顶点增加一个微调量 ε：$v_i = v_i + \varepsilon$，其中，$\varepsilon > 0$，但在实际应用中发现，这样增加固定 ε 会使得等值线失真。因此，我们采用如下策略：在该顶点处搜索的不仅仅是它相邻的一个矩形，而是三个矩形，根据这些矩形的相交情况，确定与该矩形顶点的下一步走向。

（2）当从一个矩形的边进入，而另外三条边均满足搜索条件时（正常只有一条边，这种情况在两山顶之间的走廊地带经常出现），此时，应该考虑避免两条等值线相交，解决的思路是按"就近边"方式：按靠近入射边相邻的那条边作为出射线。

5. 曲线/曲面光滑处理

曲线/曲面平滑的方法较多，例如最小二乘、三次样条、B 样条和 Bezier 曲线/曲面拟合等，在近地表模型建立时，考虑到需要更多地质人员介入，以吸收地质家的经验，在保持曲线/曲面形状不变的前提下，通过交互功能，地质家可以更方便地调整曲线/曲面的形状，因此，保凸性和柔性非常重要，Bezier 曲线/曲面描述这种光滑形状非常合适。

我们用三次 Bezier 曲线阐述该处理过程。

在以上获得的等值线点中，用相邻的离散点 (x_i, y_i, v_i) 和 $(x_{i+1}, y_{i+1}, v_{+1i})$ 作为三次 Bezier 曲线段通过的第一个点和第四个点，将该线段三等分为第二个点和第三个点，他们用来确定曲线的形状。

对于一条搜索到的等值线，可以用首尾相接的曲线段拟合出一条复杂的曲线。首先，定义一个基矩阵 M_b：

$$M_b = \begin{bmatrix} -1.0 & 3.0 & -3.0 & 1.0 \\ 3.0 & -6.0 & 3.0 & 0.0 \\ -3.0 & 3.0 & 0.0 & 0.0 \\ 1.0 & 0.0 & 0.0 & 0.0 \end{bmatrix} \tag{7-6}$$

再指定近似该曲线的直线个数 n 所对应的精度矩阵 M_p：

$$M_p = \begin{bmatrix} \dfrac{6}{n^3} & 0 & 0 & 0 \\ \dfrac{6}{n^3} & \dfrac{2}{n^2} & 0 & 0 \\ \dfrac{1}{n^3} & \dfrac{1}{n^2} & \dfrac{1}{n} & 0 \\ 0 & 0 & 0 & 0 \end{bmatrix} \tag{7-7}$$

最后用等值线点数组 $C(x_i, y_i, z_i, v_i)^T$ 去乘这两个矩阵,产生矩阵 M,即 $M = M_p x M_b x_C$。

我们才有向前差分算法迭代该矩阵,以产生该曲线上的不动点,每迭代一次,第一行加到第二行,第二行加到第三行,第三行加到第四行,这样,第四行就作为曲线上的一点输出。每次迭代生成曲线段上的一条直线段。

对于 Bezier 曲面而言,它使用以下过程生成:

定义基矩阵 M_b,注意 u,v 方向的基矩阵相同;再指定每个方向上的线段数 m,n 以及每个方向上曲线的精度(可以不同),然后,才有类似 Bezier 曲线向前差分方式,即可产生一个 Bezier 曲面片。

四、多约束条件下的模型融合

1. 高速层约束下的岩性曲面插值

在实际生产中,我们都是在高速层下寻找最佳激发岩性。但是当插值得到的岩性层某部分位于高速层顶界面之上时,采用高速层约束岩性层,建立高速层与岩性层相一致的模型。

2. 高速层约束下的虚反射界面插值

通常,我们都是在高速层下寻找虚反射面。当插值得到的虚反射界面某部分位于高速层顶界面之上时,采用高速层约束虚反射界面,建立高速层与虚反射界面相一致的模型。

五、近地表一致建模流程

建立多源信息近地表一致建模流程如图 7-7。

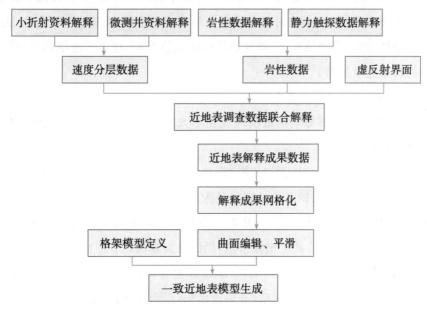

图 7-7　多源信息近地表一致建模流程图

第二节 初至波层析反演近地表建模

层析反演方法是一种非线性反演方法,利用地震波初至波走时,反演近地表速度模型,不受速度横向变化影响,进而获得更高精度的近地表速度模型,是后期做逐点激发井深优化设计的重要技术方法。

一、初始模型建模方法

层析反演方法求解过程中,对初始模型具有一定的依赖性,如果初始模型比较好,有利于加快反演收敛速度,减少反演多解性,有利于获得更为准确的速度值。因此我们希望能够利用已有的勘探信息,创建一个尽量接近反演结果的初始模型,以提高反演速度和精度。

(一)大炮初至建模法

在大炮初至数据的共检波点域内,利用直达波和折射波的斜率,直接确定层状地层的速度。

(二)近地表解释成果插值法

由于野外做大量近地表调查试验,西部探区甚至会采用 1 km×1 km 的微测井调查,直接数据插值,建立初始速度模型。其具体步骤如下:① 利用炮点、检波点坐标信息,插值得到起伏地表曲面;② 根据野外近地表调查解释成果中低、降速层分层信息,由地表曲面作为约束条件,插值得到低速层、降速层及高速层顶界面,建立低速层、降速层、高速层三层结构的初始速度模型。

(三)渐变初始速度模型建模法

可见,在近地表和地下地质构造横向变化不太剧烈的地区,初至时间随炮检距近似可认为是线性变化的。

因此,可以建立渐变模型作为初始模型,初始模型划分为三个层:低速层、降速层、高速层,每层是渐变的,每个层的最小速度和最大速度由野外调查资料获得,下面的地层也是略有起伏,起伏形态跟地表一致,这样模型更接近实际情况。建立初始速度模型的具体过程如下:① 利用炮点、检波点坐标信息,插值得到起伏地表曲面;② 根据野外近地表调查资料中低速层、降速层及高速层层位厚度和速度范围,确定网格大小和速度增量;③ 以地表曲面散点化,并向下等网格、等梯度延拓,得到渐变初始速度模型。

其中方法(一)和方法(二),在非复杂地表地下介质区域,层状地层信息比较明确的情况下,利用该方法,能够快速建立初始模型,且反演收敛的速度也非常快,尤其反演出的速度模型与野外微测井和小折射等表层试验数据吻合度好,缺点在于如果由于试验数据错误而造成的初始模型与实际相差较大,那么会造成最后反演的模型不收敛。方法(二)建立的模型,速度有规律的渐变,反演过程中,射线逐步向下,反演的速度较为准确,反演的模型与大炮初至信息能够有效吻合,缺点在于反演计算的速度比较慢。因此,一般在双复杂地区,采用渐变速度模型,反演效果更好。

二、多次回溯的高精度射线追踪方法

地震波的射线追踪方法是研究地震波在介质任意速度分布情况下传播问题的有效手段之一,该方法能够用于地震波旅行时计算、层析成像以及叠前偏移。射线追踪就是将地震波面的连续传播离散为多条射线,每条射线都从震源出发,按照地震波传播的规律,计算出射线传播的轨迹和旅行时。射线追踪的目的就是求取地震波从震源到各个检波点所用走时最小的路径。由于三维观测系统数据量庞大,计算量大,耗时长,而三维射线追踪的计算效率和精度是影响三维层析成像的质量与效率的关键。为了满足三维层析成像的实际要求,寻找一种计算精度高且效率高的三维射线追踪算法,是至关重要的。

(一)几种射线追踪方法比较

对现有的射线追踪算法进行了综合比较研究,分析各自的优、缺点和适应条件。

初值法需要给出射线出射点和出射角,对于纵横向速度变化较大的速度场,可以利用解析法来求解,它对二维射线追踪是很有效,但是由于在单元边界上引入了二阶界面,因此对振幅的计算是不利的。

边值法求解常用的方法有弯曲法和打靶法两种。弯曲法用于简单的模型较为有效,在复杂的模型中效率不高。

打靶法由于人为干预多而造成交互实现困难,并且容易造成计算迭代求解不收敛。

Vidale方法计算的是波阵面而不是射线路径,因此涉及波前曲率中心的计算,计算量较大,如果利用该方法做层析反演射线追踪方法,计算速度会非常慢。

WHRT方法的基本出发点是Huygens原理,考虑计算区域内的速度界面可能存在不同的组合形式,在计算效率方面有较大幅度提高。

Huygens原理法是Sava在综合分析传统射线追踪方法和程函方程的有限差分法的优缺点的基础上提出的,该方法稳定,计算效率高,有效减小了阴影区范围,但该方法采用的离散方式为一阶精度,因此,计算精度是否能够达到正演模拟预期目标,还要做进一步深入的研究。

慢度匹配法是求解多值走时问题,但计算量太大,目前在实用化方面还不够成熟。

图论法是把速度场分成网格化,旅行时是节点之间直接相连并计算,用折线来代替曲线或代替直线,所以网格的大小直接影响计算精度和计算速度,若想提高精度,需要减少节点之间的间距来增加节点数目,这样就大大的增加了内存量。

通过对以上 7 种射线追踪方法进行比较研究,发现,从理论上来讲如果将 WHRT 方法与基于图论的最短路径射线追踪实现方法相结合,则既能提高计算的速度,也能够保证射线追踪的精度,同时也兼顾到了射线追踪算法程序的可实现性,为此本章提出了一种基于多次回溯的高精度射线追踪方法,追踪初至波旅行时。

(二)多次回溯高精度三维射线追踪方法研究

前面介绍了多种射线追踪方法,这些方法在实现的目的上及用途上是不同的。通过在计算效率和计算精度方面比较各种方法的优缺点,本课题选择了多次回溯高精度三维射线追踪方法。本节将详细地介绍此算法的基本原理和实现步骤。

为了满足初至波三维层析成像的要求,本文优化并改进了多次回溯高精度射线追踪算法,将此算法扩展到三维射线追踪情况的同时,保持了非常好的计算精度和计算效率。多次回溯高精度三维射线追踪方法研究的根本出发点是费马原理,根据这一原理寻找准确的最小旅行时和射线路径。费马原理的核心思想是:地震波射线的传播满足所用时间最短。下述的曲线积分确定了两点之间的旅行时。

$$t = \int_{AB} \frac{\mathrm{d}s}{V(x,y,z)} \tag{7-8}$$

式中,$\mathrm{d}s$ 为弧长。

在介绍多次回溯高精度快速射线追踪方法前,首先介绍一下追踪半径的概念。追踪半径是为了一定程度地减小计算量而又保证计算精度而提出的。追踪半径越大,计算结果越精确,但是同时也增加了计算量。因此,在实现该方法前应确定一个合适的追踪半径。将介质网格化,追踪半径的大小是利用网格数来表示的,当追踪半径是 2,则表示以要计算的点为中心,分别向上下左右四个方向扩展 2 个网格,得到的区域即为计算范围(图 7-8)。方法以网

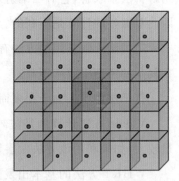

图 7-8 追踪半径示意图

格中心作为基准点,假设 0 点为当前所要计算的点,追踪半径为 2 时的计算范围就是图中所标示的各点的区域,即计算 0 点与图中各 ● 点之间的时间,比较所得到的时间选取最小的作为点 0 的最小旅行时。

多次回溯高精度快速射线追踪方法在计算网格内各点旅行时的时候,将点分为两种,

一种为信息已知点，一种为信息未知点。方法就是利用计算网格内（计算范围大小是由追踪半径来控制的）已知点的最小旅行时来确定未知点的最小旅行时。首先将震源位置设定后，只有震源一点为信息已知点，认为震源点的初至时间为 0，震源的前一节点是不存在的，再遵循震源能量由内向外扩散的顺序，计算最靠近震源的信息未知点的，并逐步对整个三维地质模型的网格节点进行计算，计算完毕后，就能够获得每个网格点到震源的最小走时以及前一节点信息。计算的顺序是以震源为中心，首先计算邻近震源边长为 3 的立方体中心处的网格点，再计算边长为 5 的立方体中心处的网格点，按照这样以震源为中心逐"层"增加的立方体的顺序一直计算下去，直到计算出整个三维模型中的网格点信息（图 7-9）。

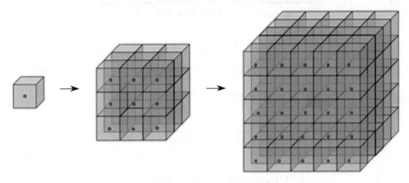

图 7-9　计算点顺序示意图

当把计算顺序确定之后，接下来的工作是遵循确定的计算顺序逐步计算整个三维研究区域中所有未知点的旅行时以及其前一节点。以邻近震源点 0 的信息为例说明。图 7-10 用 $\otimes$ 表示信息未知点，用 $\cdot$ 表示信息已知点。本文把地震波经路径 m,n 之间的走时记为 t_{mn}，震源传播到 m 点的走时记为 $t_{\min}^m$。令 0 点为震源点，计算开始，遵循设定的计算顺序，第一步要计算邻近震源的点 1 的节点信息，在点 1 的追踪半径内，仅震源点是信息已知的点，这时点 1 的前一节点为震源点 0，最小走时为点 1 和震源点 0 的直线走时，在追踪半径之内的计算过程中，信息未知点不参与运算。对于点 1 有：

$$t_{\min}^1 = t_{01} = \int_{01} \frac{\mathrm{d}s}{V(x,z)} = \sum_{i=0}^n \frac{\mathrm{d}s_i}{V_i(x,z)} = \frac{s_0}{V_0(x,z)} + \frac{s_1}{V_1(x,z)} \tag{7-9}$$

式（7-9）中 s_i 为射线 01 所穿过的各个网格的长度，$V_i(x,z)$ 为其所穿过各个网格的速度。

那么点 1 的最小走时为 $t_{\min}^1$，其前一节点是震源，可以将点 1 的信息写作（$t_{\min}^1$，0 点）。点 1 从信息未知点更新为信息已知点。

下面将说明计算任意的一个未知节点 A 的节点信息的方法，如图 7-10，在点 A 的追踪半径之内，有四个信息已知的点，分别是震源点 0，点 1，点 2，点 3。可以认为地震波从震源传播到 A 点有四种可能的路径，分别是 $0-A,0-1-A,0-2-A,0-3-A$。下面的任务就是从这四条可能的路径中找个旅行时最小的路径。

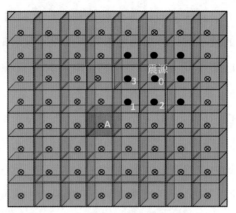

图 7-10　计算邻近震源 1 点的信息

下面分别计算四种可能的路径所对应的旅行时：

在追踪半径之内计算两点之间的旅行时，是按直线路径计算的。这样首先计算 A 点和四个可能的前一节点之间直线传播时间，t_{A_0}，t_{A_1}，t_{A_2}，t_{A_3}。

$$t_{A_0} = \int_{A_0} \frac{\mathrm{d}s}{V(x,y,z)} = \frac{s_A}{V_A(x,y,z)} + \frac{s_0}{V_0(x,y,z)}$$

$$t_{A_1} = \int_{A_1} \frac{\mathrm{d}s}{V(x,y,z)} = \frac{s_A}{V_A(x,y,z)} + \frac{s_1}{V_1(x,y,z)}$$

$$t_{A_2} = \int_{A_2} \frac{\mathrm{d}s}{V(x,y,z)} = \frac{s_A}{V_A(x,y,z)} + \frac{s_2}{V_2(x,y,z)}$$

$$t_{A_3} = \int_{A_3} \frac{\mathrm{d}s}{V(x,y,z)} = \frac{s_A}{V_A(x,y,z)} + \frac{s_3}{V_3(x,y,z)} \tag{7-10}$$

将两点之间的直线传播时间计算完毕之后，分别再同震源点 0，点 1、点 2、点 3 的旅行时 $t_{\min}^0$、$t_{\min}^1$、$t_{\min}^2$、$t_{\min}^3$ 相加，相加之后的和，即为 A 点四种可能的路径所对应的旅行时。A 点四种可能的旅行时分别为 $t_{A_1} + t_{\min}^1$、$t_{A_2} + t_{\min}^2$、$t_{A_8} + t_{\min}^8$、$t_{A_0} + t_{\min}^0$。从这 4 个值中选取最小的值作为 A 点的初至时间，记做 $t_{\min}^A$，旅行时最短的路径所对应的节点为 A 点的前一节点。这样 A 点的信息就计算完毕了（图 7-11）。

按照上面讲述的方法能够获得整个研究区域中每个网格节点的初至时间和射线路径，但是可能由于追踪半径不够大，会影响最终的三维射线追踪的精度，为了使追踪半径之外的点也能参与搜索运算，多利用可靠的已知信息点，却又对计算效率不造成较大的影响，本文采用了多次回溯的处理方法。下面将对回溯的原理做详细介绍。

多次回溯是利用了追踪半径之外的信息已知点，增加了搜索计算的范围，能够提高三维射线追踪的精度。由于追踪半径是计算前设定的，计算过程中的搜索范围也是被限定的，追踪半径之外的点没有参加搜索计算，但是有可能是计算点的前一节点，也就是说在追踪半径之内计算出的最小走时并不一定是该点精确的最小走时，同样计算出的射线路径也不一定精确。

计算过程中,假设计算出点 1 的节点信息为$(t_{\min}^1,2$ 点$)$,计算出点 2 的节点信息为$(t_{\min}^2,3$ 点$)$。由于节点 3 在节点 1 的追踪半径之外,在搜索计算的过程中,没有计算点 3 和点 1 直接的旅行时。回溯的过程就是利用点 2 找到它的前一节点 3,直接计算 1 点和 3 点之间的旅行时,记做 t_{13},比较路径 1—2—3…0 和路径 1—3…0 旅行时的大小,如果:

$t_{13}>t_{12}+t_{23}$,那么说明原来的路径更加精确,不需做回溯处理;

$t_{13}<t_{12}+t_{23}$,那么说明新的路径更加精确,点 3 是点的更精确的前一节点。点 1 的节点信息应该更新为$(t_{\min}^1,3$ 点$)$,其中 $t_{\min}^1$ 是按新的射线路径重新计算出的最小走时。这样的处理过程叫做一次回溯。

根据实际的计算精度和计算效率的要求,可以按照上面的思路,实现多次回溯。多次的意思是利用多次寻找前一节点。回溯的根本思想是"以直代曲",就是寻找旅行时更短的直线代替曲线的过程,让射线路径的旅行时变短(图 7-12)。显然,回溯处理能够减少了射线路径上的节点,使得射线路径变得更加简单,同样也更加精确。

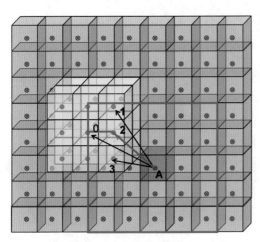

图 7-11　计算任意一点 A 的最小走时示意图　　图 7-12　射线回溯的原理(以直代曲)

利用上面详细讲述的方法和步骤,将整个三维研究区域中的节点信息全部计算完毕。因为每一个节点信息都包含此点的前一节点的坐标,利用这一信息,可以从检波点出发,利用计算出的检波点的节点信息,首先反向追踪出检波点的前一节点 1,再利用计算出的点 1 的信息,反向追踪出点 1 的前一节点 2,按照这样的方法,一直回追下去,就可以回追到震源位置,这样就在三维空间中确定出了一条射线路径。

反向追踪的过程如图 7-13 所示。

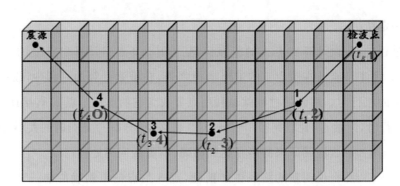

图 7-13　由检波点反向追踪射线路径示意图

　　选取大小合适的网格和追踪半径是多次回溯高精度快速三维射线追踪方法的关键。网格大小和追踪半径的大小应该能够在满足计算精度要求的同时,又能保证较好的计算效率。所以网格不必划分的太小,追踪半径也不必选取太大,只要能够满足精度的要求即可,尽量使计算量最小化。

　　(三)理论模型试算

　　多次回溯高精度射线追踪方法的关键是如何选取追踪半径和回溯次数,适当的追踪半径和回溯次数可以在保证方法速度的同时满足所需要的精度。

　　设计三维均匀介质模型做理论方法测试。

　　模型大小为 1 000 m×1 000 m×1 000 m,网格长度为 10 m×10 m×10 m,速度为1 000 m/s。炮点设在模型的中心(50,50,50)处,检波点均匀地分布在模型的六个表面上。

　　由图 7-14 可见,追踪半径是 5 时,震源产生的球面波向外传播过程中,波前都基本是保持球面的,符合惠更斯原理。

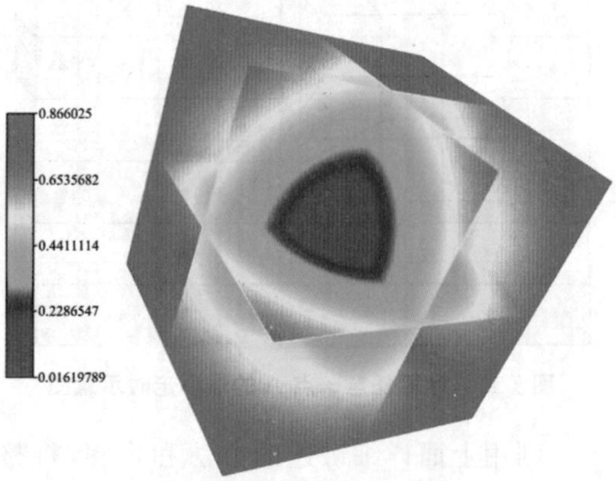

　　图 7-15 色谱表示多次回溯高精度快

图 7-14　追踪半径为 5 时,三维旅行时场分布

速三维射线追踪方法得到的旅行时与理论旅行时间的差值,即计算值与真实值间的误差。由图可见,追踪半径是 3 时,旅行时最大误差为 0.012 s,而追踪半径为 5 时,旅行时最大误差为 0.0046 s,当追踪半径为 5,加入两次回溯时,走时与精确值误差基本为零。可见,随着追踪半径的增大,或者加入回溯算法,计算出的旅行时和射线路径变得更精确。当然,追踪半径越大,回溯次数越多,计算量越大,自然更耗时。当追踪半径为 3 时,每次进行搜索计算时,有 7^3 个网格节点参与计算,当追踪半径为 5 时,有 7^3 个网格节点参与计算,计算量增加了 2.88 倍。因此,在满足计算精度前提下,要选取较小的追踪半

径,提高计算效率,同时在算法中加入回溯处理,提高计算精度。

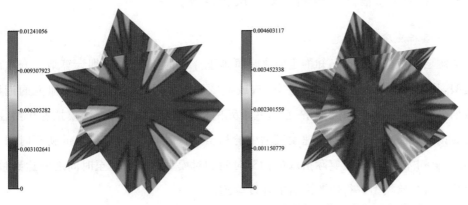

（a）追踪半径为 3,未加回溯,耗时 20 s   （b）追踪半径为 5,未加回溯,耗时 56 s

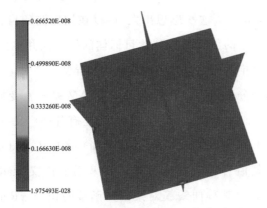

（c）追踪半径为 5,加入 2 次回溯,耗时 126 s

图 7-15 走时与精确值的误差分布对比图

　　综上分析,射线追踪的速度和精度直接影响偏移、成像质量和静校正的精度等。针对复杂构造和不均匀介质中的地震波传播问题,文中提出了多次回溯高精度快速射线追踪方法。首先从震源出发依次选择目标点,以目标点为中心选定矩形网格内,计算各网格点到目标点的旅行时,选择震源到网格点再到目标点的最小旅行时作为该目标点的传播时间,同时记录下该点的前一节点坐标,从而介质中各点均有一条指向震源的射线路径。然后对射线进行回溯,对射线上任意一节点根据追踪半径确定圈定回溯网格,计算地震波从震源到回溯网格中任意网格点再到接收点的传播时间,如果该时间比原时间短,则用该网格点替代原节点。根据精度要求选择合适的回溯次数更新节点信息,最终获得射线传播路径。多次回溯射线追踪方法基于费马原理,因而具有较高的速度。其精度取决于网格大小和回溯次数,因而该方法的关键是选取追踪半径和回溯次数,具体的选择要根据实际要求和野外施工的具体条件而定,合理地选择追踪半径和回溯次数可以在提高计算精度的同时保证计算效率。

三、基于先验信息约束的初至波层析反演方法

(一) 层析反演基本思想

地震层析成像是根据已知的走时来反推地下介质的速度分布,即计算地下介质的速度模型,从而揭示其地质构造、岩性分布、或矿藏形态。因此,首先把所要研究的近地表区域划分为不同速度的单元网格,在这些单元网格中,用射线追踪方法模拟射线路径,然后沿着该射线路径计算在初始速度模型中的初至旅行时间,以实际拾取的初至时间为基准,修改该初始模型,以使实际拾取的初至时间和对模型计算的初至时间之差达到最小,从而得到对初始模型进行修改之后的速度模型。

层析成像的数学理论基础是 Radon 变换。Radon 变换基本思想就是对某个函数在给定的路径上进行积分运算。从这一思想出发,可以在被探测的目标体一侧置放一个源,让源产生的能量沿着一定的射线路径到达目标体的另一侧并被接收,这个过程被视为正变换;然后用反变换来推测研究目标体内的结构和异常。

在地震资料处理中,积分路径为线性的 Radon 变换又称 τ-p 变换(τ 记作垂直双程旅行时间,p 为射线参数),或称为倾斜叠加。相应地,还有各种广义 Radon 变换,如抛物线 Radon 变换(τ-p 变换),双曲 Radon 变换(速度叠加),多项式 Radon 变换。

经典 Radon 正变换是沿直线簇对已知函数的积分。广义 Radon 正变换是经典 Radon 正变换的推广,它是沿某种曲线簇对某已知函数的积分。Radon 反变换是重建 Radon 正变换中所涉及的函数,或者恢复该函数的某种特性。在地震勘探中,当地下介质的层与层之间的速度变化不大时,即波阻抗差较小时,初至波射线路径可以用直线近似,此时,可将初至波旅行时看作是地下介质的地震波慢度函数的经典 Radon 正变换,通过经典 Radon 反变换可由初至波旅行时重建地下介质的地震波慢度函数。当地下介质的波阻抗差大时,初至波射线路径是曲线,不再能用直线近似,这时,应将初至波旅行时看作是地下介质的地震波慢度函数的广义 Radon 正变换,由初至波旅行时重建地下介质的慢度函数的问题属于广义 Radon 反变换问题。地震层析成像是以经典 Radon 变换为基础的。只有在少数地震条件简单的地区,可以直接应用经典 Radon 变换,而在大多数情况下,岩性分布很不均匀,不能用直射线进行层析成象,只能利用象素划分和射线追踪技术实现曲射线层析成像。下面给出二维经典 Radon 变换。设 $u(x,z)$ 是在 xoz 平面上定义的充分光滑的二元函数,在充分大的区域之外为零 L 为 xoz 平面内的任意一条直线,则称 $u(x,z)$ 沿直线 L 的积分为 $u(x,z)$ 的 Radon 正变换,记为

$$Ru = \int_L u(x,z)\mathrm{d}s \tag{7-11}$$

式中，$\mathrm{d}s$ 表示线长元素。通常称 u 为图像，称 Ru 为图像的投影。xoz 平面内任意直线 L（图7-16）可表示为

$$L：p = x\cos\theta + z\sin\theta \qquad (7-12)$$

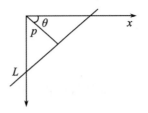

式中，$\cos\theta$，$\sin\theta$ 为 L 的单位法向量，θ 为 L 的法线与 x 轴正向的夹角，p 为坐标原点到 L 的距离。由此可见，任意直线 L 对应确定的数对 (p,θ)，反之，每个数 (p,θ) 对应 xoz 平面内的确定的一条直线（当 $\theta\in[0,2\pi]$ 时，这种对应是一一对应）。所以 $u(x,z)$ 的 Radon 正变换也可表示为

图 7-16　直射线投影表示示意图

$$Ru(p,\theta) = \int_{p = x\cos\theta + z\sin\theta} u(x,z)\mathrm{d}s \qquad (7-13)$$

二维 Radon 反变换，是指根据函数 $u(x,z)$ 的 Radon 正变换的值（即许许多多的积分值）来求被积函数 $u(x,z)$。二维 Radon 反变换，也称为二维 Radon 反演公式，此公式为

$$u(x,z) = -\frac{1}{2\pi^2} \int_0^\pi \mathrm{d}\theta \int_{-\infty}^{+\infty} \frac{Ru(p,\theta)}{p - x\cos\theta - z\sin\theta}\mathrm{d}p \qquad (7-14)$$

因此，地震初至波旅行时层析成像可以通过以下过程来实现。

在地震初至波旅行时层析成象中，首先将要重建图像的区域进行网格划分，每个网格称为一个像素，每个像素可以是正方形的，也可以是长方形的，还可以是三角形。如图 7-17 所示。

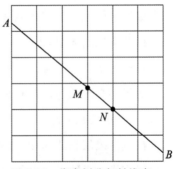

假设用正方形的像素覆盖要重建图像的区域，按一定的顺序排列后，共有 J 个像素，且每个像素内地震波的慢度是常数，不妨用 $s_j(j=1,2,\cdots,J)$ 表示。对于每个 $j(j=1,2,\cdots,J)$，定义一个如下的图像基函数：

图 7-17　像素划分与射线穿过像素的长度示意图

$$g_j(x,z) = \begin{cases} 1, & (x,z) \in 第\ j\ 个像素 \\ 0, & (x,z) \notin 第\ j\ 个像素 \end{cases} \qquad (7-15)$$

于是，地下介质的地震波慢度图象 $s(x,z)$ 可用 s_j 和 $g_j(x,z)(j=1,2,\cdots,J)$ 的线性组合来近似，即

$$s(x,z) = \sum_{j=1}^{J} s_j g_j(x,z) \qquad (7-16)$$

再假设某次地震观测共记录了 I 道，每道对应一条从炮点到接收点的初至波射线路径，不妨用 $L_i=(i=1,2,\cdots,I)$ 表示，每道也对应一个初至波旅行时，不妨用 $b_i(i=1,2,\cdots,I)$ 表示。而 b_i 等于 $s(x,z)$ 沿第 i 条射线的曲线积分，所以 $b_i(i=1,2,\cdots,I)$ 可看作 $s(x,z)$ 的广义 Radon 正变换，即

$$b_i = \int_{L_j} s(x,y)\mathrm{d}s = \int_{L_j} \sum_{j=1}^{J} s_j g_j(x,z)\mathrm{d}s = \sum_{j=1}^{J} s_j \int_{L_j} g_j(x,z)\mathrm{d}s \quad (i=1,2,\cdots,I)$$

$$(7\text{-}17)$$

根据 $g_j(x,z)$ 的定义可知，$\int_{L_j} g_j(x,z)\mathrm{d}s$ 为第 i 个条射线穿过第 j 个像素的射线长度，不妨用 $a_{ij}(i=1,2,\cdots,I)j=(1,2,\cdots,J)$ 表示这个积分。于是，由（7-17）式可得到如下的方程组

$$\begin{bmatrix} a_{11} & a_{12} & \cdots & a_{1j} & \cdots & a_{1J} \\ a_{21} & a_{22} & \cdots & a_{2j} & \cdots & a_{2J} \\ \cdots & \cdots & \cdots & \cdots & \cdots & \cdots \\ a_{i1} & a_{i2} & \cdots & a_{ij} & \cdots & a_{iJ} \\ \cdots & \cdots & \cdots & \cdots & \cdots & \cdots \\ a_{I1} & a_{I2} & \cdots & a_{Ij} & \cdots & a_{IJ} \end{bmatrix} \begin{bmatrix} s_1 \\ s_2 \\ \cdots \\ s_j \\ \cdots \\ s_J \end{bmatrix} = \begin{bmatrix} b_1 \\ b_2 \\ \cdots \\ b_i \\ \cdots \\ b_1 \end{bmatrix} \qquad (7\text{-}18)$$

或写为 $As=b$，这里 $A=(a_{ij})$ 是由各条射线在各个像素内的长度构成的矩阵；s 是由各个橡素内的地震波慢度构成的向量，即 $s=(s_1,s_2,\cdots,s_J)^T$；b 是由各地震道对应的初至波旅行时构成的向量，即 $b=(b_1,b_2,\cdots,b_1)^T$。

若第 k 条射线不穿过第 l 个橡素，则 $a_{kl}=0$，所以，一般地，A 是大型的稀疏距阵。

地震初至波旅行时层析成像实现的基本原理就是要根据已知的初至波旅行时 $b_i(i=1,2,\cdots,I)$ 设法从方程（7-18）组中解出慢度向量 $s_j(j=1,2,\cdots,J)$。

在直射线层析成像中，方程组（7-18）的系数距阵是容易求出的，且是不变的，使得该方程组成为一个线性方程组，可用层析成像基本算法求解此方程组，得到慢度向量 $s_j(j=1,2,\cdots,J)$。

在曲射线层析成像中，慢度向量 $s_j(j=1,2,\cdots,J)$ 为未知的，射线路经也是未知的，即方程组（7-18）的系数矩阵中的每个元素 a_{ij} 都是未知的，因此，从方程组（7-18）中解出慢度向量 $s_j(j=1,2,\cdots,J)$ 的问题是一个非线性问题。解决这个非线性问题一般做法是，先给定慢度向量 $s_j(j=1,2,\cdots,J)$ 的初始值，通过射线追踪求出方程组（7-18）的系数矩阵 A 的近似矩阵，然后，仅将慢度向量 $s_j(j=1,2,\cdots,J)$ 看成未知量，方程组（7-18）就成为了线性方程，用层析成像基本算法解此线性方程可得到新的慢度向量 $s_j(j=1,2,\cdots,J)$，再通过射线追踪求出在新的慢度向量下的初至波旅行时 $b_i^{(k)}(j=1,2,\cdots,I)$（上标 k 表示迭代次数），根据 $b_i^k(i=1,2,\cdots,I)$ 与已知的 $b_i(i=1,2,\cdots,I)$ 的差量值 $r_i^{(k)}=b_i-b_i^{(k)}$ $(i=1,2,\cdots,I)$ 来修正慢度向量 $s_j(j=1,2,\cdots,J)$，并将正慢度向量 $s_j(j=1,2,\cdots,J)$ 作为新的初始值，再重复以上的过程，直到初至波旅行时误差 $r_i^{(k)}$ 减到足够小为止。

（二）常用层析反演算法比较研究

求出方程组(7-18)的合理解是地震初至波旅行时层析成像中的关键之一。当方程组(7-18)的系数距阵已知或通过射线追踪得到近似的系数距阵时，该方程组就成为线性方程组，但是，通常此线性方程组是大型、稀疏、强超定、欠定甚至不相容的方程组，所以要求求解此线性方程组的算法具有稳定、收敛、节省内存、效率高等特点。诸多专家学者们为此作了大量的研究工作，给出了许多适用的算法，这里主要介绍代数重建方法（ART方法）、联合迭代法（SIRT方法）以及结合 Lanczos 投影法、最小二乘法和矩阵的 QR 分解法而得到的 LSQR 方法。

1. ART 方法

ART（Algebraic Reconstruction Technique）方法求解线性方程组(7-18)是个迭代过程。此迭代过程为：首先，给定慢度向量的初值 $s_j^{(0)}(j=1,2,\cdots,J)$，然后，循环地按照方程组(7-18)的第一个方程到最后一个方程，依次对慢度向量 $s_j(j=1,2,\cdots,J)$ 进行修正，直到修正后的慢度向量满足预定误差的要求为止。修正的原则是，将前一次修正后的慢度向量值加上一个修正量，使其成为当前所对应的方程的解，并使其作为新的慢度向量。

若用 k 表示对慢度向量的修正次数，用 $(i=1,2,\cdots,I)$ 表示方程组(7-18)中的方程的序号，则 k 与 i 的关系为

$$i = \mathrm{mod}(k, I) \tag{7-19}$$

若用 $s_j^{(k-1)}(j=1,2,\cdots,J)$ 表示第 $(k-1)$ 次修正后的慢度向量，$\Delta s_j^{(k)}(j=1,2,\cdots,J)$ 表示第 k 次慢度修正量，则第 k 次慢度修正量应满足如下方程：

$$b_i - \sum_{j=1}^{J} a_{ij}(s_j^{(k-1)} + \Delta s_j^{(k)}) = 0 \tag{7-20}$$

式中，i 是由(7-19)式确定的。满足此方程的 $\Delta s_j^{(k)}(j=1,2,\cdots,J)$ 有无穷多，但须保证 $s_j^{(k)}$ $(j=1,2,\cdots,J)$ 收敛，所以通常取

$$\Delta s_j^{(k)} = \frac{a_{ij}(b_i - \sum_{j=1}^{J} a_{ij}s_j^{(k-1)}}{\sum_{j=1}^{J} a_{ij}^2} = \frac{a_{ij}r_i^{(k)}}{\sum_{j=1}^{J} a_{ij}^2} \ (j=1,2,\cdots,J) \tag{7-21}$$

$$其中，r_i^{(k)} = (b_i - \sum_{j=1}^{J} a_{ij}s_j^{(k-1)}) \tag{7-22}$$

$r_i^{(k)}$ 是第 $(k-1)$ 次修正后的慢度向量对于第 k 次修正对应的第 i 个方程的误差。此时，第 k 次修正后的慢度向量为

$$s_j^{(k)} = s_j^{(k-1)} + \Delta s_j^{(k)} = s_j^{(k-1)} + a_{ij}r_i^{(k)} \big/ \sum_{j=1}^{J} a_{ij}^2 \quad (j=1,2,\cdots,J) \tag{7-23}$$

综上所述，ART 方法的具体实现步骤为：① 选定初值 $s_j^{(0)}(j=1,2,\cdots,J)$；② 计算第

i 个观测值与第 i 个方程的估计值之差 $r_i^{(k)}$；③ 计算慢度向量 $s_j^{(k-1)}(j=1,2,\cdots,J)$。其中，$k$ 从 1 开始递增。对于每个 k 都作②、③两步。随着 k 的递增，其对应的方程从第一个方程到最后一个方程逐轮循环。每完成一轮循环后，要判定迭代结果满足预定误差的要求，满足则停止，不满足则进入下一轮循环。在每次完成第③步后，要根据声波测井（或其它地球物理资料）对 $s_j^{(k)}(j=1,2,\cdots,J)$ 加以约束。

2. SIRT 方法

SIRT（Simultanneous Iterative Reconstraction）方法也称为联合迭代重建法。与 ART 方法的不同的是，SIRT 方法不是逐个方程（或逐条射线）逐次地对慢度向量 $s_j(j=1,2,\cdots,J)$ 进行修正，而是在每次迭代中所有方程同时参入对慢度向量 $s_j(j=1,2,\cdots,J)$ 的修正。在给定慢度向量的初值 $s_j^{(0)}(j=1,2,\cdots,J)$ 后，或在第 $(k-1)$ 次迭代求出了修正的慢度向量 $s_j^{(k-1)}(j=1,2,\cdots,J)$ 后，如（7-21）式所给出的，为使单个的第 $i(i=1,2,\cdots,I)$ 个方程成立，第 $i(i=1,2,\cdots,I)$ 个方程对应的慢度修正量为 $\Delta s_j^{(k,j)}=\dfrac{a_{ij}r_i^{(k)}}{\sum\limits_{j=1}^{J}a_{ij}^2}$ $(j=1,2,\cdots,J)$。SIRT 方法是将所有方程对同一个象素的慢度修正量作平均后作为当前的慢度修正量，因此，第 k 次迭代的慢度修正量为

$$\Delta s_j^{(k)}=\frac{1}{M_j}\sum_{i=1}^{I}\left(\frac{a_{ij}r_i^{(k)}}{\sum\limits_{j=1}^{J}a_{ij}^2}\right)(j=1,2,\cdots,J) \tag{7-24}$$

式中，M_j 表示方程组（7-18）的系数距阵 A 的第 j 列中非零元素的个数，第 k 次迭代修正后的慢度修正量为

$$s_j^{k}=s_j^{(k-1)}+\Delta s_j^{(k)}=s_j^{(k-1)}+\frac{1}{M_j}\sum_{i=1}^{I}\left(a_{ij}r_i^{(k)}\Big/\sum_{j=1}^{J}a_{ij}^2\right)(j=1,2,\cdots,J) \tag{7-25}$$

为加快收敛速度，在（7-25）式中加入松弛因子，SIRT 方法的递推公式可写为

$$\begin{cases}s_j^{(k)}=s_j^{(k-1)}+\dfrac{\eta}{\lambda_j}\sum\limits_{i=1}^{I}\dfrac{a_{ij}r_i^{(k)}}{\rho_i}(j=1,2,\cdots,J)\\[2mm]0<\eta<2,0\leqslant\alpha\leqslant2\\[2mm]\lambda_j=\sum\limits_{i=1}^{I}a_{ij}^{\alpha}(j=1,2,\cdots,J),\rho_i=\sum\limits_{i=1}^{l}a_{il}^{2-\alpha}(l=1,2,\cdots,I)\end{cases} \tag{7-26}$$

综上所述，SIRT 方法的具体实现步骤：

（1）给出一组初值 $s_j^{(0)}(j=1,2,\cdots,J)$；

（2）计算观测值 $b_i(i=1,2,\cdots,I)$ 与估算值 $\sum\limits_{j=1}^{J}a_{ij}s_j^{(k-1)}(i=1,2,\cdots,I)$ 的差 $r_i^{(k)}(i,1,2,\cdots,I)$；

（3）计算慢度向量 $s^{(k)}(j=1,2,\cdots,J)$。同样，k 从 1 开始递增，对于每个 k 都作（2）（3）两步，在每次完成第（3）步后，要根据声波测井（或其它地球物理资料）对 $s_j^{(k)}(j=1,2,\cdots,J)$ 加以约束，每次迭代都要判定迭代结果满足预定误差的要求，满足则停止，否则进入下一次迭代。

3. LSQR 方法

LSQR 方法（Least Squares QR－factorization）是将最小二乘法、Lanczos 投影方法和 QR 分解方法有机地相结合而形成的一种求解大型线性方程组的方法。

一般地，设要求解的是形如方程组（7-18）的线性方程组：

$$Ax=b \tag{7-27}$$

式中，系数距阵 A 是 I 行 J 列的距阵，即 $A=A_{I\times J},x\in R^J,b\in R^I$。

求解此方程组不能直接采用 Lanczos 方法，因为，Lanczos 方法要求方程组的系数距阵是对称的方阵。为此，需要将此方程组转化为等价的具有对称系数距阵的方程组，再用 Lanczos 方法和 QR 分解方法求解。

首先，考察与方程组（7-27）等价的具有对称系数距阵的方程组：

$$\begin{bmatrix} 0_{1\times I} & A \\ A^T & 0_{J\times J} \end{bmatrix} \begin{pmatrix} 0_{J\times I} \\ x \end{pmatrix} = \begin{pmatrix} b \\ 0_{J\times I} \end{pmatrix} \tag{7-28}$$

将 Lanczos 递推构造标准正交向量列 w_i 以及单调子空间列的方法用于此方程组，当递推到 $2\,m$ 步时，标准正交向量列 $w_i=1,2,\cdots,2m$ 以及 W_{2m} 和 T_{2m} 分别为

$$w_{2k-1}=\begin{pmatrix} u_k \\ 0 \end{pmatrix},w_{2k}=\begin{pmatrix} 0 \\ v_k \end{pmatrix} \quad (k=1,2,\cdots,m) \tag{7-29}$$

$$W_{2m}=\begin{bmatrix} u_1 & 0 & \cdots & u_{2m} & 0 \\ 0 & v_1 & \cdots & 0 & v_m \end{bmatrix}_{(I+J)\times 2m} \tag{7-30}$$

$$T_{2m}=\begin{bmatrix} 0 & \alpha_1 & 0 & 0 & \cdots & 0 & 0 \\ \alpha_1 & 0 & \beta_2 & 0 & \cdots & 0 & 0 \\ 0 & \beta_2 & 0 & 0 & \cdots & 0 & 0 \\ \cdots & \cdots & \cdots & \cdots & \cdots & & \\ & & & & & \beta_m & 0 \\ 0 & 0 & 0 & 0 & \cdots & 0 & \alpha_m \\ 0 & 0 & 0 & 0 & \cdots & \alpha_m & 0 \end{bmatrix}_{2m\times 2m} \tag{7-31}$$

式中，$u_i\in R^I,v_i\in R^J(i=1,2,\cdots,m),u_i,v_i,\alpha_i,\beta_i(i=1,2,\cdots)$ 满足如下的递推式：

$$\begin{cases} v_0=0,\beta_1=\parallel b\parallel,u_1=b/\beta,当\ i=1,2,\cdots 时，\\ \alpha_i=\parallel A^Tu_i-\beta_iv_{i-1}\parallel,v_i=(A^Tu_i-\beta_iv_{i-1})/\alpha_i \\ \beta_{i+1}=\parallel Av_i-\alpha_iu_i\parallel,u_{i+1}=(Av_i-\alpha_iu_i)/\beta_{i+1} \\ 当\ \alpha_i=0\ 或\ \beta_{i+1}=0 时，停止 \end{cases} \tag{7-32}$$

此时,子空间 $W^{(2m)} = span\left\{ \begin{bmatrix} u_1 \\ 0 \end{bmatrix}, \begin{pmatrix} 0 \\ v_1 \end{pmatrix}, \cdots, \begin{bmatrix} u_m \\ 0 \end{bmatrix}, \begin{pmatrix} 0 \\ v_m \end{pmatrix} \right\} \subseteq R^{I+j}$,方程组(7-28)在子

空间 $W^{(2m)}$ 的投影近似解的形式为

$$x_{2m} = W_{2m}(z_1, y_1, \cdots, z_m, y_m)^T = \begin{cases} z_1 u_1 + z_2 u_2 + \cdots + z_m u_m \\ y_1 v_1 + y_2 v_2 + \cdots + y_m v_m \end{cases} \tag{7-33}$$

同时

$$(z_1, y_1, \cdots, z_m, y_m) 满足方程 \ T_{2m}(z_1, y_1, \cdots, z_m, y_m)^T = W_{2m}^T \begin{pmatrix} b \\ 0 \end{pmatrix} \tag{7-34}$$

将近似解 x_{2m} 代入方程组(7-27)得

$$\begin{cases} A(y_1 v_1 + y_2 v_2 + \cdots + y_m v_m) \\ A^T(z_1 u_1 + z_2 u_2 + \cdots + z_m u_m) \end{cases} \cong \begin{pmatrix} b \\ 0_{J \times I} \end{pmatrix} \tag{7-35}$$

即

$$\begin{cases} A(y_2 v_1 + y_2 v_2 + \cdots + y_{2m} v_m) \cong b \\ A^T(y_1 u_1 + y_2 u_2 + \cdots + y_{2m-1} u_m) \cong 0 \end{cases} \tag{7-36}$$

若记 $V_m = [v_1 \quad v_2 \quad \cdots \quad v_m]_{I \times m}, U_m = [u_1 \quad u_2 \quad \cdots \quad u_m]_{I \times m}$

$$B_m = \begin{bmatrix} \alpha_1 & 0 & 0 & \cdots & 0 & 0 \\ \beta_2 & \alpha_2 & 0 & \cdots & 0 & 0 \\ 0 & \beta_3 & \alpha_3 & \cdots & 0 & 0 \\ \cdots & \cdots & \cdots & \cdots & \cdots & \cdots \\ 0 & 0 & 0 & \cdots & \beta_m & \alpha_m \\ 0 & 0 & 0 & \cdots & 0 & \beta_{m+1} \end{bmatrix}_{(m+1) \times m} \tag{7-37}$$

以及 $V^{(m)} = span(v_1 \quad v_2 \quad \cdots \quad v_m)$,则根据 $w_i(i=1,2,\cdots,2m)$ 的标准正交性有

$$U_m^T U_m = V_m^T V_m = I \tag{7-38}$$

再根据(7-32)式可得

$$U_{m+1}(\beta_1 e_1) = b, AV_m = U_{m+1} B_m, A^T U_{m+1} = V_m B_m^T + \alpha_{m+1} v_{m+1} e_{m+1}^T \tag{7-39}$$

式中,$e_1 = (1, 0, \cdots 0)^T \in R^{m+1}, e_{m+1}^T = (0, \cdots 0, 1) \in R^{m+1}$。

由(7-38)可得

$$A = U_{m+1} B_m V_m^T 或 U_{m+1}^T A V_m = B \tag{7-40}$$

若记

$$Y_m = (y_1, y_2, \cdots, y_m)^T, X_m = V_m Y_m \in V^{(m)} \tag{7-41}$$

则由式(7-36)式知 X_m 是方程组(7-27)的近似解,且要求方程组(7-27)的近似解 X_m,只需先求出 Y_m。当然可以用 QR 分解方法求解方程组(7-34)得到出 Y_m,但这样做

包括了求出$(z_1,z_2,\cdots,z_m)$的不必要的运算，使得运算量大大增大。为此，这里用最小二乘方法将问题简化。

方程组(7-27)的最小二乘问题是指求$x\in R^l$，使得

$$\|Ax-b\|=\min\{\|Av-b\|_2,v\in R^l\} \tag{7-42}$$

现在是要求出$V^{(m)}$中的方程组(7-27)的近似解X_m，所以，只需将问题限制在子空值$V^{(m)}$之内，此时，上面的最小二乘问题简化为求$X_m\in V^{(m)}$，使得

$$\|Ax_m-b\|_2=\min\{\|Av-b\|_2,v\in V^{(m)}\} \tag{7-43}$$

由于根据(7-38)、(7-39)和(7-40)式以及$X_m=V_mY_m\in V^{(m)}$可得

$$\|AX_m-b\|_2=\|U_{m+1}B_mV_m^TV_mY_m-U_{m+1}(\beta_1e_1)\|$$
$$=\|U_{m+1}(B_mY_m-\beta_1e_1)\|=\|(B_mY_m-\beta_1e_1)\| \tag{7-44}$$

所以，求X_m使$\|AX_m-b\|_2$取极小的问题又简化为求$Y_m\in R^m$，使得$\|(B_mY_m-\beta_1e_1)\|$取极小。总之求方程组(7-27)在$V^{(m)}$中的近似解X_m的问题转化为先求解方程组$B_mY_m-\beta_1e_1$，即

$$\begin{bmatrix} \alpha_1 & 0 & 0 & \cdots & 0 & 0 \\ \beta_2 & \alpha_2 & 0 & \cdots & 0 & 0 \\ 0 & \beta_3 & \alpha_3 & \cdots & 0 & 0 \\ \cdots & \cdots & \cdots & \cdots & \cdots & \cdots \\ 0 & 0 & 0 & \cdots & \beta_m & \alpha_m \\ 0 & 0 & 0 & \cdots & 0 & \beta_{m+1} \end{bmatrix}_{(m+1)\times m} \begin{bmatrix} y_1 \\ y_2 \\ y_3 \\ \vdots \\ y_{m-1} \\ y_m \end{bmatrix} = \begin{bmatrix} \beta_1 \\ 0 \\ 0 \\ \vdots \\ 0 \\ 0 \end{bmatrix} \tag{7-45}$$

因为B_m是下双对角阵，所以可用 QR 方法求解方程组(7-45)得到Y_m，再根据式(7-41)计算出方程组(7-27)在$V^{(m)}$中的近似解X_m。

上述的求出方程组(7-27)的近似解X_m的过程综合运用了 Lanczos 投影方法、最小二乘法和 QR 分解方法，但这是一个递推过程，随着m的递增，Y_m和X_m是变化的。如果每递推一步，都用 QR 方法求解相应的方程组(7-45)得到相应的Y_m和x_m，则必然包含大量的重复运算。因此，必须找到以递推方式求解方程组(7-45)的方法，并得到近似解X_m递推式。许多专家学者为此作了非常有意义的工作，并给出了多种求解方程组(7-27)QR 算法，包括无阻尼的 LSQR 算法和阻尼 LSQR 算法。下面介绍的是其中之一。

迭代求解方程组(7-27)的近似解的无阻尼 LSQR 算法流程：

第一步，赋初始值。

$$\begin{cases} \beta_1=\|b\|,u_1=b/\beta_1,\alpha_1=\|A^Tu_1\|,v_1=A^Tu_1/\alpha_1, \\ w_1=v_1,X_0=0,\phi_1=\beta_1\rho_1=\alpha_1 \end{cases} \tag{7-46}$$

第二步,计算第 m 次迭代时的递增 Lanczos 向量(m 从 1 开始)。

$$\begin{cases} \beta_{m+1} = \parallel Av_m - \alpha_m u_m \parallel, u_{m+1} = (Av_m - \alpha_m u_m)/\beta_{m+1} \\ \alpha_{m+1} = \parallel A^T u_{m+1} - \beta_{m+1} v_m \parallel, v_{m+1} = (A^T u_{m+1} - \beta_{m+1} v_m)/\alpha_{m+1} \end{cases} \tag{7-47}$$

第三步,计算对 B_m,进行递推式 QR 分解中的中间变量。

$$\begin{cases} \rho_m = \sqrt{\bar{\rho}_m^2 + \beta_{m+1}^2}, c_m = \dfrac{\bar{\rho}_m}{\rho_m}, s_m = \dfrac{\beta_{m+1}}{\rho_m}, \theta_{m+1} = s_m \alpha_{m+1} \\ \bar{\rho}_{m+1} = -c_m \alpha_{m+1}, \phi_m = c_m \bar{\phi}_m, \phi_{m+1} = s_m \bar{\phi}_m \end{cases} \tag{7-48}$$

第四步计算解方程组(7-27)的新的近似解 X_{m+1} 和中间向量 q_{m+1}。

$$X_{m+1} = X_m + \frac{\phi_m}{\rho_m} q_m, q_{m+1} = v_{m+1} - \frac{\theta_{m+1}}{\rho_m} q_m \tag{7-49}$$

第五步,判断迭代终止条件是否满足。如果不满足迭代终止条件,则 m 增加 1,再重复第二至五步。

迭代求解方程组(7-27)的近似解的阻尼 LSQR 算法流程:

第一步,赋初始值。

$$\begin{cases} \beta_1 = \parallel b \parallel, u_1 = b/\beta_1, \alpha_1 = \parallel A^T u_1 \parallel, v_1 = A^T u_1/\alpha_1, \\ w_1 = v_1, X_0 = 0, \phi_1' = \dfrac{\alpha_1 \beta_1}{\rho_1}, \rho_1' = \sqrt{\alpha_1^2 + \lambda^2} \end{cases} \tag{7-50}$$

第二步,计算第 m 次迭代时的递增 Lanczos 向量(m 从 1 开始)。

$$\begin{cases} \beta_{m+1} = \parallel Av_m - \alpha_m u_m \parallel, u_{m+1} = (Av_m - \alpha_m u_m)/\beta_{m+1} \\ \alpha_{m+1} = \parallel A^T u_{m+1} - \beta_{m+1} v_m \parallel, v_{m+1} = (A^T u_{m+1} - \beta_{m+1} v_m)/\alpha_{m+1} \end{cases} \tag{7-51}$$

第三步,计算对 B_m 进行递推式 QR 分解中的中间变量。

$$\begin{cases} \rho_m = \sqrt{\rho_m'^2 + \beta_{m+1}^2}, c_m = \dfrac{\rho_m'}{\rho_m}, s_m = \dfrac{\beta_{m+1}}{\rho_m}, \theta_{m+1} = s_m \alpha_{m+1} \\ \phi_m = c_m \phi_m', \bar{\rho}_{m+1} + c_m \alpha_{m+1}, \bar{\phi}_{m+1} = -s_m \phi_m', \rho_{m+1}' = \sqrt{\bar{\rho}_{m+1}^2 + \lambda^2} \\ c_{m+1}' = \dfrac{\bar{\rho}_{m+1}}{\rho_{m+1}'}, s_{m+1}' = \dfrac{\lambda}{\rho_{m+1}'} = \phi_{m+1}' = c_{m+1}' \bar{\phi}_{m+1} \end{cases} \tag{7-52}$$

第四步,计算解方程组(7-27)的新的近似解 X_{m+1} 和中间向量 q_{m+1}。

$$x_{m+1} = x_m + \frac{\phi_i}{\rho_i} w_m, w_{m+1} = v_{m+1} - \frac{\theta_{i+1}}{\rho_i} w_m \tag{7-53}$$

第五步,判断迭代终止条件是否满足。如果不满足迭代终止条件,则 m 增加 1,再重复第二至五步。

通过对上述 3 种常用的反演方法进行比较研究发现,线性反演方法最早是代数重建技术(Algebraic Reconstruction Technique,ART),这种方法是按射线依次修改有关像元的图像向量的一类迭代算法,ART法由于是按行运算的,在大规模的数值计算中不存在计算机内存不足的问题。虽然它的计算速度较快,但是迭代收敛性能较差,并且依赖于初值选择。

典型的联合迭代重建技术(Simultaneous Iterative Re2construction Technique,SIRT)与ART算法不同,它是在某一轮迭代中,所有象元上的图像函数平均值都用前一轮的近似值来修改,而不像ART算法那样逐条射线进行修改。SIRT算法虽然要求内存较大,但是收敛性好,具有较高的成像精度,并能够克服由于个别数据误差较大所造成的结果失真和由于射线分布不均所造成的误差集中等缺点。

最小二乘正交分解法(LSQR)是利用Lanczos方法求解最小二乘问题的一种投影方法。该方法极大地节省了内存,又克服了ART算法的不稳定性,但是该方法不能在求解过程中给出模型分辨率矩阵,因此无法对LSQR方法做出解的定量评价,这是LSQR方法的一个缺陷。

因此,在迭代计算过程中,本章提出采用SIRT算法作为求解大型稀疏方程组的基本方法。

（三）基于SIRT的层析反演算法优化

目前的研究结果表明层析反演结果受诸多因素的影响,其难点不在于理论方法上,而在于具体实现的技巧上。要获得相对可靠的近地表速度估计,层析技术不仅对数据资料的质量和层析正反演算法有较高的要求,而且采用适当和必要的约束方法也是层析应用获得成功的关键。

地震采集有限视角的特点决定了地震层析成像解的非唯一性,射线不均匀覆盖决定了层析反演方程组是一个混定问题,这样,加入各种合理的约束和先验信息是非常必要和重要的。本文采用基于大炮初至数据,采用多次回溯高精度快速射线追踪正演方法计算地下初至波旅行时,使用联合迭代图像重建方法(SIRT)进行反演,并对SIRT算法加以优化。在反演公式中引入松弛因子,调节其收敛速度;对慢度修正量、最大最小速度加以限制,提高算法稳定性;采用双重网格反演,提高反演精度和反演速度;利用小折射微测井等先验地质信息和各种约束方法等,最终获得精确的地下速度结构。

1. 先验信息约束的初至波层析反演

在利用初至波进行三维初至波层析反演时,将已知的小折射或微测井作为约束条件,与旅行时残差一起构成目标函数,求解拉格朗日约束的目标函数最小二乘解。这样,能有效地利用已知的近地表调查速度信息,提高层析反演的精度。

在层析反演中,M条射线和N个未知数建立的层析方程组可表示为

$$A \cdot \Delta S = \Delta T \tag{7-54}$$

A 是射线路径组成的 Jacobi 矩阵，ΔS 是慢度变化，ΔT 是旅行时之差。

$$A=\begin{bmatrix}\dfrac{\partial t_1}{\partial s_1} & \dfrac{\partial t_1}{\partial s_2} & \cdots & \dfrac{\partial t_1}{\partial s_N}\\[6pt]\dfrac{\partial t_2}{\partial s_1} & \dfrac{\partial t_2}{\partial s_2} & \cdots & \dfrac{\partial t_2}{\partial s_N}\\[6pt]\cdots & \cdots & \cdots & \cdots\\[6pt]\dfrac{\partial t_M}{\partial s_1} & \dfrac{\partial t_M}{\partial s_2} & \cdots & \dfrac{\partial t_M}{\partial s_N}\end{bmatrix},\Delta S=\begin{bmatrix}\Delta s_1\\\Delta s_2\\\cdots\\\Delta s_N\end{bmatrix},\Delta T=\begin{bmatrix}\Delta t_1\\\Delta t_2\\\cdots\\\Delta t_N\end{bmatrix} \tag{7-55}$$

L 个约束条件建立的约束方程组可以写为

$$C \cdot \Delta S = F \tag{7-56}$$

$$其中，C=\begin{bmatrix}c_{11} & c_{12} & \cdots & c_{1N}\\c_{21} & c_{22} & \cdots & c_{2N}\\\cdots & \cdots & \cdots & \cdots\\c_{L1} & c_{L2} & \cdots & c_{LN}\end{bmatrix},\Delta S=\begin{bmatrix}\Delta s_1\\\Delta s_2\\\cdots\\\Delta s_N\end{bmatrix},F=\begin{bmatrix}f_1\\f_2\\\cdots\\f_L\end{bmatrix} \tag{7-57}$$

假定 $[\tilde{s}_1,\tilde{s}_2,\tilde{s}_L]$ 为由微测井或其他手段获得的已知速度，那么在等式中 $c_{i,j}=$
$\begin{cases}1 & (i=j)\\0 & (i\neq j)\end{cases}$，$f_i=\tilde{s}_i-s_i$ 其中 s_i 是最后层析成像中第 i 个单元上一次迭代层析反演速度值。

旅行时方程与约束方程一起构成一个新的方程：

$$B \cdot \Delta S = H \tag{7-58}$$

$$B=\begin{bmatrix}A\\\sqrt{\lambda}C\end{bmatrix},H=\begin{bmatrix}\Delta T\\\sqrt{\lambda F}\end{bmatrix}$$

式中，B 是 $(M+L) \cdot N$ 维矩阵。

拉格朗日最优化目标函数：

$$\zeta(\Delta S)=(B\Delta S-H)^T(B\Delta S-H) \\ =(A\Delta S-\Delta T)^T(A\Delta S-\Delta T)+\lambda(C\Delta S-F)^T(C\Delta S-F) \tag{7-59}$$

当目标函数有最小值时，$\Delta\zeta(\Delta S)=0$ 存在，可以求解方程（7-59），计算得到的 ΔS 是最优解。从目标函数中可以看出，若 $\lambda=0$ 相当于没有约束条件，当 λ 越大时，相当于约束方程在目标函数中所占权重越大约束性越强。

2. 大型稀疏矩阵的压缩存储和求解

三维初至波层析成像的模型数据量是二维模型的几何倍数，模型离散后网格数量是非常大的，对数据的存储空间要求相对二维是非常庞大的。以胜利探区的 SH102 工区第 12 束线为例，范围约 2 km×8 km×30 m，1 073 炮激发，3 840 道接收，网格大小 25 m×25 m

×6 m,离散后网格数为 $80×320×5$。

完全存储占用内存空间:$1\,073×3\,840×80×320×5×32Bit/(8×10\,243)≈1\,965$ GB

计算量:$1\,073×3\,840×80×320×5≈5.27E12$ 次

截掉远偏移距占用内存空间:$67\,122×80×320×5×32Bit/(8×10\,243)≈32$ GB

截掉远偏计算量:$67\,122×80×320×5≈1.65E10$ 次

显然,普通计算机已无法提供如此巨大的内存来进行反演计算。为解决问题,本文提出了大型稀疏矩阵压缩存储及求解的方法,对大型稀疏矩阵进行压缩存储,节省内存空间的同时,并使压缩后的矩阵能够灵活地参与反演运算。

大型稀疏矩阵中包含大量的零值,这耗费了大量的存储空间和计算量,大大降低了三维初至波层析成像的计算效率。因此考虑对大型稀疏矩阵进行压缩存储是非常有意义的。由于在整个三维模型中,一条射线穿过的网格数量非常少,即大型稀疏矩阵的每一行中的非零值的数量非常少,所以可以考虑对这一矩阵进行压缩存储,并且在反演过程中能够灵活地利用压缩后的矩阵进行反演计算,这会从很大程度上节省计算量和存储空间。

压缩存储的具体方法如下:

将原大型稀疏矩阵用三个一维数组表示,分别为 row,col,val,其中 row 的维数大小为原矩阵的行数加 1,col 和 val 的维数大小为原矩阵中非零元素的个数。row 是一个整型数组,用于保存该行前面所有行中非零元素的个数,col 是一个整型数组,用于保存非零元素在原矩阵中的列号,val 是一个浮点型数组,用于保存非零值的大小。

首先以 $(4×5)$ 维的稀疏矩阵为例说明:

$$\begin{bmatrix} 0 & 1.2 & 3.5 & 0 & 0 \\ 0 & 0 & 1.9 & 5.4 & 0 \\ 1.7 & 0 & 0 & 0 & 2.7 \\ 0 & 2.3 & 0 & 0 & 1.4 \end{bmatrix}$$

此矩阵中非零元素的个数为 8,则 row 的维数为 5,col 和 val 的维数为 8,那么压缩后存储数组 row、col 和 val 的具体情况如表 7-1 和 7-2。

对于压缩存储后,节省的存储量与稀疏矩阵的稀疏程度和矩阵维数大小有关。若稀疏矩阵的稀疏程度越高,矩阵的维数越大,压缩后节省的存储量越大。若有一个 $m×n$ 维的浮点型的稀疏矩阵,其中矩阵的非零元素个数为 k,那么按照上面所述的方法进行压缩后,存储量为

$$(m+1+k)×\text{sizeof(int)}+k×\text{sizeof(float)}$$

若要进行完全存储这一矩阵,存储量为

$$m×n×\text{sieof(float)}$$

表 7-1　数值 row 的存储情况

序号	1	2	3	4	5
row	0	2	4	6	8

表 7-2　数值 col、val 存储情况

序号	1	2	3	4	5	6	7	8
col	2	3	3	4	1	5	2	5
val	1.2	3.5	1.9	5.4	1.7	2.7	2.3	1.4

则压缩后求解：

（1）矩阵与向量的乘积运算：

$$c(i) = \sum_{j=row(i)}^{row(i+1)} \text{val}(j) * b(\text{col}(j)), i = 1, 2, \cdots, m \tag{7-60}$$

其中，m 为原矩阵的行数，n 为列数，n 为向量 b 元素的个数，向量 c 为压缩后矩阵与向量 b 的乘积 c 中第 i 个分量，是原矩阵中第 i 行中的元素同向量 b 中对应元素相乘再相加的结果。具体描述：因为 $row(i)$ 表示第 i 行前非零元素的个数，$row(i+1)$ 表示第 $i+1$ 行前非零元素的个数，那么 $row(i+1)-row(i)$ 表示第 i 行非零元素的个数。j 为压缩后非零元素中的第 j 个，可以用 $col(j)$ 找到它在原矩阵中的列号。所以只需计算第 i 行中非零元素同向量 b 中对应元素的乘积，避免了对每一行的所用元素同向量 b 的相乘，大大节省了计算量。

利用这个求解方法，可以方便地求出 SIRT 方法中 $\sum\limits_{i=1}^{I} \dfrac{a_{ij} r_i^{(k)}}{\rho_i}$ 的值。

（2）矩阵的转置与向量的乘积运算：

$$c[\text{col}[i]] = \sum_{j=row(j)}^{row(j+1)} \text{val}[i] \times b[j], j = 1, 2, \cdots, m \tag{7-61}$$

其中，m 为原大型稀疏矩阵的行数，n 为其列数，m 为向量 b 的元素个数，向量 c 为原稀疏矩阵的转置同向量 b 的乘积。原大型稀疏矩阵的转置同向量 b 的乘积结果向量 c 的第 i 个元素为原矩阵中第 i 列中的元素同向量 b 中对应元素的乘积之和。首先将乘积向量中所有元素都赋值为零。仍按原矩阵的一行一行地运算，使每行中的非零元素同向量 b 中所对应元素相乘再将乘积累加作为向量 c 中对应的元素。

$i(i = row(j), row(j)+1, \cdots, row(j+1))$ 为原矩阵中第 j 行（转置矩阵中第 j 列）中的非零元素在所有非零元素中的序号。使 $\text{val}[i]$ 同向量 b 中对应元素 $b[j]$ 相乘，再将乘积进行累加，即能得到向量 c 中对应元素 $c[\text{col}[i]]$ 的值。

利用这一方法，可以求出 $SIRT$ 算法中 $\lambda_j = \sum_{i=1}^{I} a_{ij}^{\alpha}$ 的值，$\lambda_j = \sum_{i=1}^{I} a_{ij}^{\alpha}$ 的数学意义是大型稀疏矩阵的第 j 列中所有非零元素的 α 次方和，物理意义为，所有射线穿过第 j 个网格长度的 α 次方和。

此时再分析上面 SH102 工区第 12 束线，压缩后占内存：

$(2\,828\,260 + 1 + 67\,122) \times 16\text{Bit} + 2\,828\,260 \times 32\text{Bit}/(8 \times 10\,243) \approx 0.015\,9\ \text{GB}$

压缩后计算量：2.8E6 次。

举例对比矩阵压缩前后的存储量如表 7-3。

表 7-3　矩阵压缩前后的存储量对比

矩阵的维数	$1\,000 \times 1\,000$	$2\,000 \times 2\,000$	$4\,000 \times 4\,000$
非零元素的个数	2×10^3	4×10^3	8×10^3
压缩前的存储量	4×10^6 byte	1.6×10^7 byte	6.4×10^7 byte
压缩后的存储量	14002byte	28002byte	56002 byte
压缩比	0.35%	0.175%	0.0875%

由表 7-3 可见，稀疏矩阵的稀疏程度越高，矩阵的维数越大，压缩后节省的存储量越大。

3. 虚拟检波点技术

由于野外地震采集往往炮检距过大，并且缺乏浅层信息，不能精确地建立近地表速度模型。为此，本节提出，在炮点和距离其最近的检波点之间，加入一个或多个虚拟的检波点，再根据近地表速度调查的结果和虚拟检波点到炮点的距离，求出震源点到各虚拟检波点的旅行时，把其作为相应的虚拟检波点接收到地震波的初至时间。最后将这些虚拟检波点及其理论初至时间和实际检波点及其接收到地震波初至时间，一起进行层析成像正反演。这样，相当于增加了近偏移距内检波点数量，同时也增加了近偏移距内射线的密度，充分利用了近偏移距内的信息，进而提高了近地表的层析成像精度。

具体原理，如图 7-18 所示：

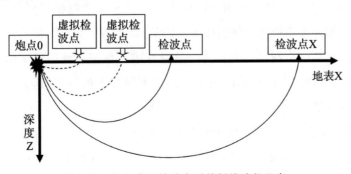

图 7-18　加入虚拟检波点后的射线路径示意

其中,检波点$(X_1,0)$、$(X_2,0)$表示野外实际检波点位置,检波点$(X_1,0)$是距离炮点最近的检波点,在$(X_1,0)$和炮点 0 之间插入两个点$(x_1,0)$、$(x_2,0)$作为虚拟检波点。虚拟检波点$(x_1,0)$、$(x_2,0)$接收到地震波的初至时间分别记为$t_1=x_1/v_1,t_2=x_2/v_2$,其中v_1、v_2是表层调查估计出来的速度。

4. SIRT 反演算法求解过程约束

(1) 速度区间约束:如果不考虑反演结果的实际地质意义,那么反演是纯粹的数学问题,因此模型速度可能被修正成没有任何地质意义的值,比如负值或者非常大的值。因此需要使用速度区间约束,将反演所得速度约束在一定范围区间之内。这种反演约束方法是比较常见的,在目前几种常用的层析反演软件中都能见到。利用先验信息或者本区的经验信息可以估计并设定反演速度的上限和下限。如果没有相应资料,下限可以设置为 0,上限可以通过速度分析获得。

(2) 慢度修正量大小约束:每次反演结束离散网格点都会得到一个慢度修正量,我们正是通过慢度修正量一次一次修改速度模型,因此如果由于奇异数据或者其他因素引起慢度修正量过大或者过小,将影响到后续的反演过程,因此对慢度修正量值的大小做了一定的约束,目前我们采用的方法是慢度修正量不能大于本网格慢度的$1/n,n$可取 5,10,20 等等。若修正量过大,则限制修正量为本网格慢度的$1/n$。这样有利于反演稳定性,使离散点网格慢度平滑的变化到正确解。

(3) 内部迭代次数限制:我们把包含射线追踪和反演的迭代称为外部迭代,而反演本身的迭代称为内部迭代。在反演开始阶段,由于初始模型和真实地下速度结构存在较大差异,射线路径也大不相同,在错误的射线路径之下做大量内部迭代是不可靠的,这样会导致某些区域速度过量修正或者欠修正,后面的反演将很难弥补。因此我们在反演的初期阶段限制了内部迭代的次数,以便及时地修改射线路径,从而提高反演的可靠性,避免出现局部假异常。

(4) 速度外推:为解决每次反演迭代只修改射线经过网格,没有射线经过的网格得不到修正的问题,采用速度外推。即当一次内部迭代结束某个网格得到慢度修正量之后,我们根据一定的相关关系把这个慢度修正量的值乘以不同的权值,然后附加到这个网格周围的区域。这样某一个网格的慢度修正量就变成了反演得到的慢度修正量和附加修正量之和。这样,射线没有经过的网格也得到了不同程度的修正,这也在一定程度上缓解了射线不足的问题。

(5) 速度平滑:平滑是在层析的中间和最后结果上滤除不切实际的噪音影响的有效手段。平滑的方法有很多,如中值平滑、均值平滑等。另外根据平滑因子是否变化平滑又可以分为静态平滑和动态平滑。一般来说动态平滑效果要优于静态平滑。我们也可以根据需要设计合理的平滑滤波器。平滑有利于使层析图像看起来更符合实际情况,有利于分层,消除速度剖面上的奇异点,增加反演的稳定性。但是平滑过强不利于复杂地区层析反演。

(6)层约束:利用微测井、小折射等先验信息对反演做层约束,利用地下界面位置和各层速度情况约束反演过程。在确定速度的区域使用常速区域约束,在垂向渐变区域使用线性梯度区域约束。层约束依赖先验信息准确性,要求微测井、小折射等资料品质好,可靠程度高。

(7)松弛因子调节收敛速度:反演过程中总的趋势是收敛的,但是总会在时间差平方和收敛到一定程度之后出现反复甚至不收敛的情况。因此加入 SIRT 反演方法中介绍的松弛因子。来实现加速收敛。

为加快收敛速度,在(7-25)式中加入松弛因子,SIRT 方法的递推公式可写为

$$
\begin{cases}
s_j^{(k)} = s_j^{(k-1)} + \dfrac{\eta}{\lambda_j} \sum_{i=1}^{I} \dfrac{a_{ij} r_i^{(k)}}{\rho_i} & (j=1,2,\cdots,J) \\
0 < \eta < 2, 0 \leqslant \alpha \leqslant 2 \\
\lambda_j = \sum_{i=1}^{I} a_{ij}^{\alpha} (j=1,2,\cdots,J), \rho_i = \sum_{l=1}^{J} a_{il}^{2-\alpha} (l=1,2,\cdots,I)
\end{cases}
\tag{7-62}
$$

对于松弛因子的两个参数不可以随便取值,不同的取值收敛情况不相同,有的收敛慢有的收敛快,有的甚至出现不收敛的情况。对于不同的模型或者相同的模型不同的观测系统,反演中松弛因子的最佳取值也是不同的。

(8)基于双重网格的精细反演技术:射线追踪的网格大小对旅行时和射线路径的计算精度影响表现在:细网格能更逼真地拟合复杂模型界面的形态、位置以及复杂模型的速度结构,网格越细,产生误差越小,得到的旅行时和射线路径越准确。当然,射线追踪网格也不能过细,因为当模型的大小一定时,网格越细,网格的数目就越多,射线追踪时,占用的内存也就越大,所需机时也越长。

成像网格大小对成像质量的影响表现在:从理论上讲,细网格能充分反映目标体结构的细节,提高层析成像的分辨率;然而,层析成像的质量与每个网格像素上射线覆盖次数有密切的关系,当某些网格像素上没有射线穿过或穿过的射线太少时,成像质量会反而变差。考虑到记录道数的限制,要想得到成像质量相对高的结果,网格划分不能太细,否则某些网格像素上的射线覆盖次数会过低甚至为零。

因此提出双重网格地震层析成像技术,即在较细的网格上进行射线追踪,以提高射线路径和旅行时的计算精度,在较粗的网格上进行层析反演成像,使网格像素上射线覆盖最低次数达到一定要求,以提高成像质量。

四、理论模型试算

1. 先验信息约束的层析反演算法测试

为了验证加入已知的微测井或小折射信息能够改善反演效果,下面通过对一带透镜体的起伏地表理论模型进行反演,来对比加入微测井信息前后的反演效果。

模型大小为:240 m×100 m×60 m,网格大小为:2 m×2 m×1 m,模型加入高速透镜体,模型切片如图7-19所示。采用20炮激发,每炮的检波点数不完全一样,总的接收道数为7 200,加入四口微测井,微测井的位置分别为(11,23)、(41,31)、(71,39)、(101,47),微测井的深度分别为30 m、31 m、29 m、27 m,加入已知信息前后的迭代次数均为20次,反演初始模型采用的是起伏地表渐变模型,模型切片如图7-20所示。

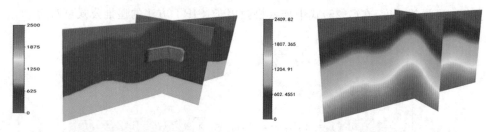

图7-19　起伏地表透镜体理论模型内部切片　　　　图7-20　初始模型内部切片

由图7-21,加入已知微测井信息后透镜体的构造轮廓更加清晰,且透镜体内的速度也更趋近于真实的理论值。

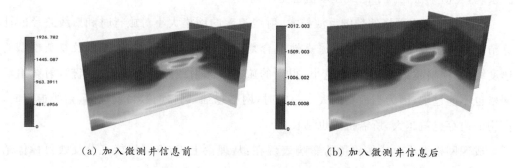

（a）加入微测井信息前　　　　　　　　　（b）加入微测井信息后

图7-21　加入微测井约束前后反演结果内部切片

2. 加入虚拟检波点的层析反演算法测试

下面利用一斜断层模型进行验证加入虚拟检波点前后的反演效果。

模型大小为160 m×100 m×30 m,斜断层上下的速度分别为500 m/s、1 300 m/s,如图7-22所示。网格大小为:2 m×2 m×1 m,采用20炮激发,井深为15 m,每炮的检波点数不完全一样,总的接收道数为7 200,加入已知信息前后的迭代次数均为20次,反演初始模型采用的是渐变起伏地表模型。

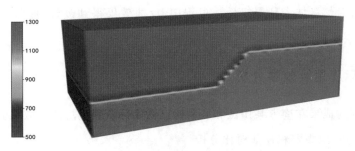

图 7-22　斜断层理论模型

由图 7-23 中圈出的部分可以看出,加入虚拟检波点后斜断层上面一层的速度更接近理论值,且斜断层构造也更接近理论模型中的斜断层构造。

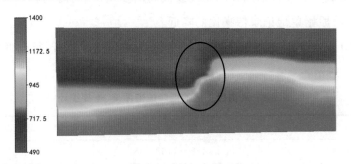

（a）未加虚拟检波点反演结果内部切片

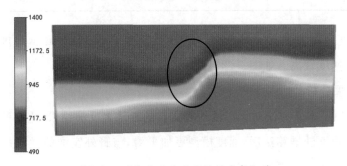

（b）加入虚拟检波点反演结果内部切片

图 7-23　加入虚拟检波点前后反演结果内部切片

由于层析成像存在多种不确定因素,使得反演算法不稳定,反演结果不精确,以及大型稀疏矩阵耗用计算机内存太大,针对这些问题,本课题对 SIRT 方法做了多处改进,用速度区间限制,使得修正后的慢度更具有实际地质意义,用速度外推的方法,缓解了射线密度不足的问题,使得没有射线经过的网格中的慢度也得到了修正。对反演初始阶段的内部迭代次数做了限制,减少了初始阶段奇异值的出现,使得整个反演过程更趋于稳定。通过速度平滑的方法,滤除了反演结果中的噪音。在反演算法中加入了松弛因子,提高了迭代的速度,节省了大量的计算时间。运用双重网格技术,缓解了由于射线密度分布不均匀造成的局部区域欠修正和过修正的问题,使得反演结果更加准确可靠,将已知的

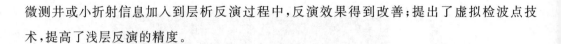

微测井或小折射信息加入到层析反演过程中,反演效果得到改善;提出了虚拟检波点技术,提高了浅层反演的精度。

五、实际应用及效果分析

利用研究的成果在南方某山区和胜利探区做实际资料的应用及效果分析。

1. 南方海相地震资料反演对比分析

地表及激发条件分析:区内地形变化剧烈,山高坡陡,悬崖绝壁众多。这种地形使得地震波传播过程中能量损失加剧,到达接收点的能量变弱。起伏剧烈、严重非均质的地表特征不仅会造成地震波传播路径和地震波波场的复杂性,同时也会产生各种类型的强干扰波,进而导致原始单炮记录信噪比的降低。

低降速带分析:对通南巴工区的低降速带资料进行统计分析,得到低降速带的速度和厚度如表 7-4 所示:

表 7-4 通南巴工区的低降速带厚度、速度统计

	低 速 层	降 速 层
$V(m/s)$	443－1163	1402－2955
$H(m)$	1.82－3.26	3.68－11.17

低速层速度平均 700 m/s,厚度 2 m,降速层速度平均 2 300 m/s,厚度 4.8 m。低降速带厚度较薄,速度较高。如图 7-24、图 7-25 所示。

2. 应用效果分析

图 7-26 给出了本文方法对该工区地震资料的近地表反演结果,速度模型反演十分精细,加入平滑和速度外推算法后,速度模型更加平滑,与野外实测的微测井数据比对完全吻合(将图形放大则看的更加清晰)。

图 7-27 给出了静校前、后的共偏移距叠加剖面,改善效果比较明显。

3. SH102 工区实际资料

工区水平 x 方向长 1 386 m,y 方向长 7 204 m,100 炮,5 972 个检波点接收,共367 779 道。该工区的观测系统如图 7-28 所示。

反演使用的初始渐变模型水平大小为:1 400 m×7 225 m,深度 30 m,射线追踪采用的小网格为:12.5 m×12.5 m×1 m,反演网格大小为:25 m×25 m×1 m。由于初始模型深度仅 30 m,且低降速带的厚度在 4～12.8 m,而远炮检距包含了深层信息,若不删除,深层的误差会影响到浅层的反演结果,所以在反演前应对每道的远炮检距信息进行删除。

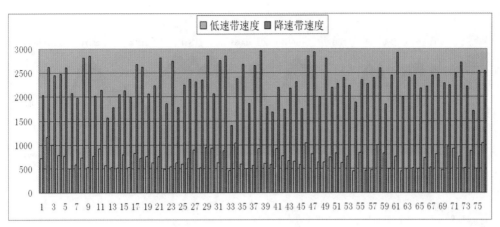

图 7-24　低速带速度图

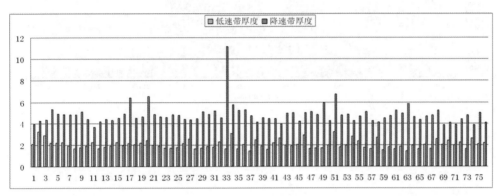

图 7-25　低速带厚度图

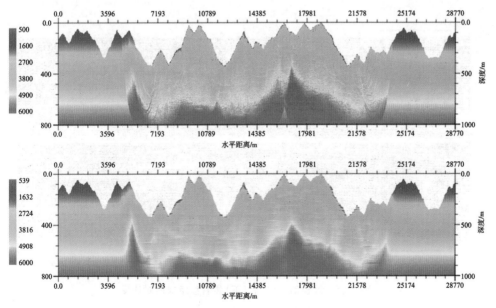

（a）未加入平滑和速度外推效果（上）　加入平滑和速度外推效果（下）

图 7-26(1)　南方某区块的层析反演近地表速度模型

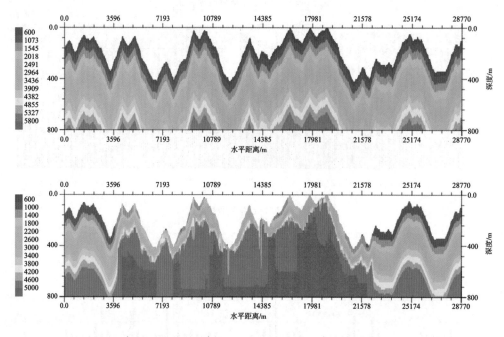

（b）未加入微测井约束效果（上）　加入微测井约束效果（下）

图 7-26(2)　南方某区块的层析反演近地表速度模型

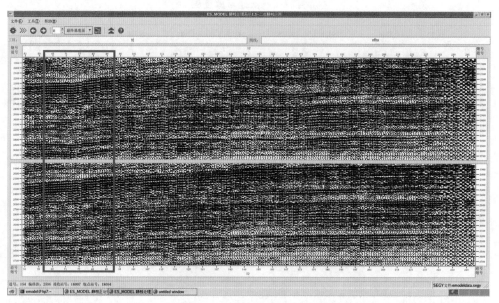

图 7-27　静校前(上)、后(下)共偏移距剖面对比图

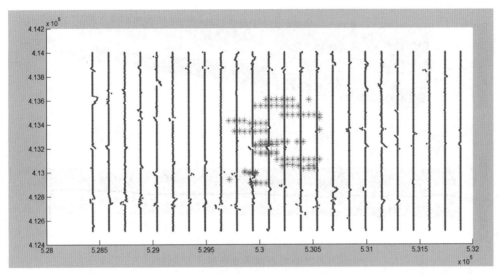

图 7-28 工区三维观测系统平面示意图

反演结果如图 7-29 所示。

从图 7-29 中可以看出,低降速带的厚度为 7～13 m,而小折射、微测井资料的解释结果为 4～12 m,低降速带反演出来的厚度偏厚了一些,低降速带的速度为 320～1 050 m/s,高速层中间反演出来的速度偏小了些。

从实际资料的应用效果分析来看,实际资料品质对反演影响很大,信噪比高,初至起跳干脆,初至拾取准确的地震数据是做好层析反演的重要前提,即便是很少几条射线初至时间的不准确也会对反演结果的可靠性和稳定性造成一定的负面影响,造成模型中间有速度异常点。从静校正后剖面的整体形态上来看,本文得到的静校正量与商业软件效果相当,甚至局部区域效果更好,这也说明了本文研究的基于大炮初至的近地表速度模型反演方法科学、合理、准确。

从模型反演效果上看,本文使用的反演方法基本能反映出高速顶和异常体的位置及形态,但是地震层析成像技术很难达到医学层析成像那样好的效果,无法达到任意位置的速度信息都精确地反演出来。造成这种现象的原因主要有以下 6 个方面:① 有限的透射角使得成像区域的射线分布很不均匀;② 地下介质的非均匀性使得地震波在介质中的传播规律很复杂,射线路径未知;③ 野外采集常受到各种规则和随机干扰的影响,使得采集数据常常带有一定的误差;④ 先验信息不足,使得反演约束条件不够;⑤ 可用的初至数据信息太少,射线不足,只能求得方程组的最优解而并非唯一解,此时可能会有异常点存在;⑥ 受观测视角的影响,这也是造成地震层析成像技术很难达到医学层析成像效果的原因。

因此,需要不断研究和发展新的、实用的地震层析成像方法技术,提高地震层析成像的应用效果。

（a）反演效果图

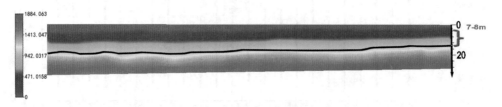

（b）反演结果内部切片

33	31	7	53801246	53741247	20525844.0	4131227.0	14.5	490	1066	1688	4.5	3.9	8.4	
34	32	7	54201246	54201246	20525812.6	4133537.7	13.6	452	975	1702	2.5	6.0	8.5	
35	33	7	54601246	54691248	20525932.0	4135988.0	13.1	514		1635	5.5		5.5	
36	34	8		S2	20526476.3	4132647.7	13.6	424	1362	1885	4.0	3.7	7.7	双井微测井
37	35	9	51801286	51831277	20527362.0	4121681.0	16.0	359	786	1839	3.3	3.8	7.1	
38	36	9	52201286	52261281	20527562.4	4123837.6	14.8	594	959	1715	3.3	4.0	7.3	
39	37	9	52601286	52661288	20527919.0	4125822.0	14.4	556	840	1777	4.2	4.1	8.3	
40	38	9	53001286	53001282	20527629.0	4127527.0	14.3	445	863	1557	3.8	5.0	8.8	
41	39	9	53801286	53801286	20527812.4	4131537.8	14.1	544		1625	4.4		4.4	
42	40	9	54201286	54141279	20527883.0	4133259.0	12.9	385	762	1571	3.2	4.1	7.3	
43	41	9	54601286	54681283	20527654.0	4135948.0	13.2	554	1001	1828	2.3	3.0	5.3	
44	42	10	53401286	53301294	20528238.0	4129041.0	14.4	493	875	1592	4.0	4.5	8.5	
45	43	11	53401326	53401319	20529462.4	4129537.5	13.4	570	985	1630	3.5	3.4	6.9	
46	44	12	51801326	51901326	20529812.6	4122037.5	14.7	522	846	1693	2.6	4.8	7.4	
47	45	12	52201326	52191335	20530261.0	4123487.0	14.1	441	761	1668	3.0	3.3	6.3	
48	46	12	52601326	52571322	20529634.0	4125360.0	14.0	488	818	1607	3.1	3.6	6.7	
49	47	12	53001326	53051331	20530063.0	4127776.0	13.4		958	1734	5.1		5.1	
50	48			S3	20530575.3	4129333.5	13.0	326	846	1675	3.2	4.3	7.5	双井微测井

（c）野外微测井解释成果

图 7-29

第三节　基于一致近地表模型的逐点激发井深设计

来源于不同解释成果的近地表一致模型建立后，需要给定激发点位，做最佳激发层位曲面离散化，得到逐点井深。在野外做实验点分析，对井深、药量做进一步优化。

一、多约束条件下的井深计算

以近地表低降速带调查信息为基础,利用岩性和虚反射界面对井深计算进行约束。当激发点处有岩性/虚反射数据(统一记作"控制点")时,对控制点的数据进行分析。这里做如下定义:

药量系数:长度与药量之间的比例关系,一米的长度代表的药量值。

$$钻井井深 = 高速层顶深 + 井深试验深度 + 药柱长度$$

$$药柱长度 = 药量 \times 药量系数$$

1. 激发井深计算原理

(1)表层模型法:如果勘探工区仅有低降速带成果数据,则插值出高速顶界面后,优选激发试验参数,合理计算药柱长度,得到激发深度与钻井深度。如图 7-30 所示。

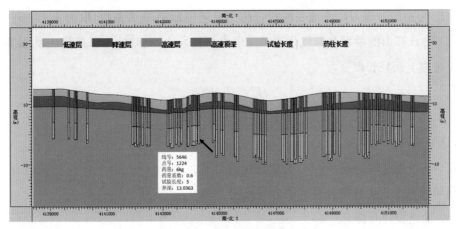

图 7-30　剖面线井深显示

(2)低降、岩性双重约束方法:如果工区内有低降速带成果数据,并且获取到了岩性数据,那么通过低降速带成果数据插值出高速层顶界面,在高速层顶界面以下,寻求最佳激发岩性层,并直接选取岩性顶界面做为选取激发深度的标准。

约束原则:判断每个炮点的药柱长度与插值岩性界面厚度的关系,

1)如果药柱长度<岩性厚度,满足岩性约束条件,则定义以岩性顶界面为激发深度;

2)如果药柱长度>岩性厚度,则炸药不能完全在最佳激发岩性里激发,设计方法改为表层模型设计方式。

3)低降、虚反射双重约束方法:如果工区内具备低降速带成果,并且提取全区的双井微测井虚反射信息,形成虚反射界面,就满足虚反射约束条件。当有虚反射界面时,优先考虑虚反射界面对井深的影响,按照虚反射界面下的计算公式进行激发井深设计;

约束原则:判断插值后的高速层顶与虚反射界面之间深度大小关系,保证激发深度下方不存在强反射层,导致影响激发效果。

$$井深=虚反射界面+井深试验深度值+药柱长度$$

或

$$井深=高速层顶+井深试验深度值+药柱长度$$

4)低降、岩性、虚反射三重约束方法:当全区同时具有低降速带成果,岩性数据,虚反射数据的情况下,首先判断高速层顶与虚反射深度大小关系,再寻求下方的最佳激发岩性段,以岩性为主作为井深设计的约束条件。

2. 激发井深计算步骤

(1)输入激发点和其他信息,工区内计算近地表模型。

(2)初步根据以下公式计算激发深度:

$$H_w=(H_e-H_h)+\partial \tag{7-63}$$

式中,H_w 为初始井深,H_e 为地表高程,H_h 为高速层顶深,∂ 为常数,取为 3~5 m。

(3)将计算出的激发井深优化到第一激发岩性段内,此时的井深是药柱顶,实际激发井深应再加上药柱长度:

$$H_2=H_1+H_l \tag{7-64}$$

$$H_2=(H_e-D)+H_l \tag{7-65}$$

式中,D 为激发岩性顶深。

式(7-64)为经验公式,(7-65)为岩性约束公式。

利用两种方式生成激发井深的差异见图 7-31。

(4)输出设计井深。

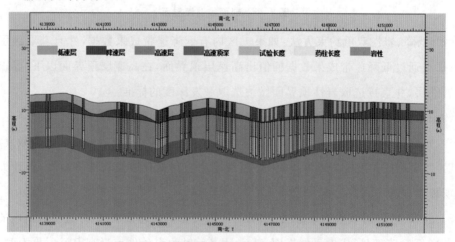

图 7-31　利用两种方式生成激发井深的差异

二、逐点激发井深设计流程

以滨三区三维地震采集工程和大河沿二维地震采集项目为例,介绍应用流程。

(1) 导入炮点、控制点,如图 7-32 所示。

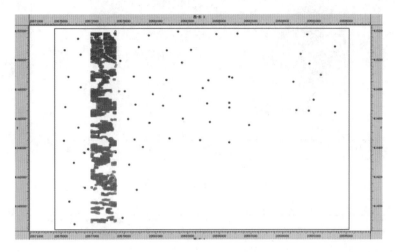

图 7-32　滨三区第 3 束线炮点(中间彩色)和全区控制点(其它散落的微测井试验点)

(2) 对控制点进行第一次三角剖分,如图 7-33。

(3) 对控制点网格进行加密,如图 7-34。

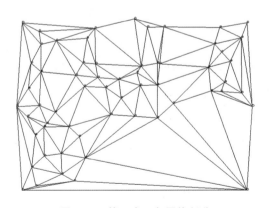 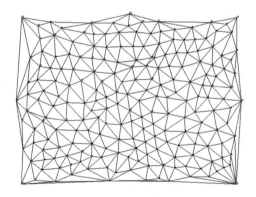

图 7-33　第一次三角网格剖分　　　　　　　图 7-34　网格点加密

(4) 根据加密后的网格进行工区表层属性(高程、低降速带厚度/速度、岩性顶底等)插值,并在出现串层现象时,根据不同数据的来源,确定相关数据的可信度,最终,形成统一的属性层位。图 7-35 为激发井位置显示,图 7-36 为激发井深计算结果。

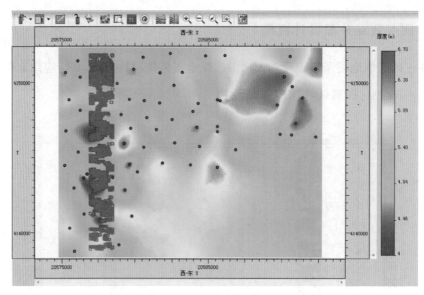

图 7-35　激发井深位置显示

	LineNum	PNum	X	Y	Z	HTop	ELength	LTop	LThick	VirInter	GL	SDepth	DDepth
1													
2	EW788.65	11330.5	623656.9	4788630.0	1053.1	18.0	7	0.0	0.0	0.0	4.8	25.0	29.9
3	EW788.65	11333.5	623716.9	4788630.0	1053.1	17.5	7	0.0	0.0	0.0	4.8	24.5	29.2
4	EW788.65	11336.5	623776.9	4788630.0	1052.5	17.4	7	0.0	0.0	0.0	4.8	24.4	29.2
5	EW788.65	11337.5	623797.3	4788630.0	1051	17.3	7	0.0	0.0	0.0	5.1	24.3	29.4
6	EW788.65	11338.5	623816.6	4788630.0	1051.5	17.2	7	0.0	0.0	0.0	4.6	24.2	28.8
7	EW788.65	11342.5	623897.0	4788630.0	1055.1	17.0	7	0.0	0.0	0.0	4.9	24.0	28.9

图 7-36　激发井深计算结果输出

第四节　基于资料品质分析技术的井深优化

　　在地震采集生产施工前,通过对地震采集现场试验单炮的分析,进一步对激发井深和药量数据做优化,选择最佳激发井深、药量等参数。试验单炮的分析主要采用能量、频率、信噪比、分频扫描以及自相关等手段,分析用户选择时窗内的地震数据,把传统经验式评估变为数据量化式评价,从大量的试验炮中得到属性最优单炮数据,该技术在许多工区得到广泛应用。

　　以滨三区数据为例,在滨三区做井深药量试验,S1 为系统试验点,图 7-37(a)～(e)分别为井深 11 m、13 m、14 m、15 m 和 17 m 的解编记录,其激发岩性分别为 11 m、15 m、17 m激发井深为粉土和粉质黏土,13 m、14 m 激发井深为粉质黏土。由解编记录可见,粉质黏土激发岩性段中,激发效果更好。

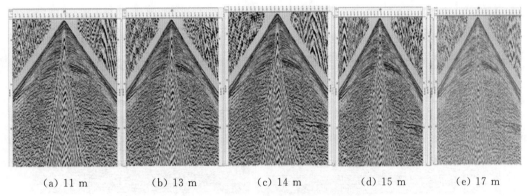

(a) 11 m　　　(b) 13 m　　　(c) 14 m　　　(d) 15 m　　　(e) 17 m

图 7-37　S1 试验点的井深试验解编记录

对比分析 S1 点不同激发井深的能量、信噪比、频率等信息，优化井深设计方案，如图 7-38(a)～(c)。

从频率分析来看，主频无明显差异，13 m 井深时，频带较宽。

井深试验结论：从 S1、S2 点井深试验解遍记录来看，完全在最佳激发岩性段粉质黏土层中激发资料较其他岩性段中激发有优势；从频谱分析来看，主频没明显差异，最佳激发岩性段粉黏土中激发频带较宽；从定量分析资料来看，不同井深中激发能量、信噪比有所差异，差异不明显，频率分析最佳激发岩性频带较宽。

综合考虑，井深选择在高速层顶界面下粉质黏土中激发，激发井深优化为 13 m。

该工区最终野外实际采集资料信噪比较高，频带较宽，单炮平均频宽在 80～88 Hz。如图 7-39 为第 15 束线新老剖面对比，资料品质有明显提升。

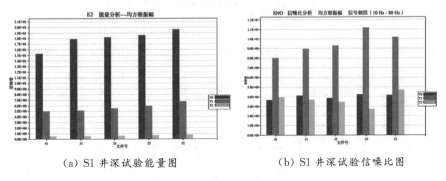

(a) S1 井深试验能量图　　　　　　　(b) S1 井深试验信噪比图

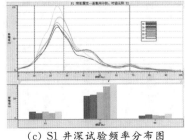

(c) S1 井深试验频率分布图

图 7-38　S1 试验点分析

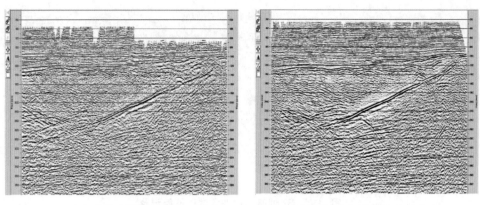

（a）大连片成果剖面　　　　　　　　　（b）第 15 束线现场处理剖面

图 7-39　地震采集资料新老剖面对比图

第五节　SWSourceDepth **软件研发**

一、软件架构设计

设计了如图 7-40 所示的软件架构。

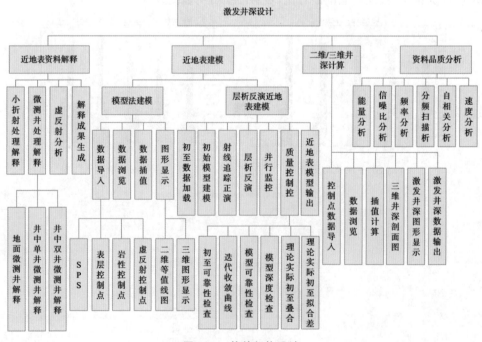

图 7-40　软件架构设计

二、软件流程简介

软件操作流程如图 7-41 所示。

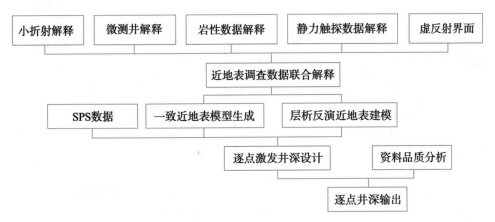

图 7-41　软件操作流程

三、软件功能简介

实现近地表精细建模与逐点激发井深优化设计,包括:近地表资料解释(小折射、微测井)、近地表建模(模型法、层析反演法)、资料品质分析、逐点激发井深设计等功能。

四、软件主要功能展示

(一)近地表资料处理解释模块

实现小折射与微测井资料处理与解释功能:观测系统定义、班报定义、初至手工拾取和自动拾取、自动和手工交互解释、解释结果输出。

图 7-42(a)~(d)近地表资料解释部分功能效果图。

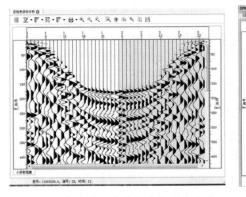

(a)小折射炮集显示与初至拾取效果图

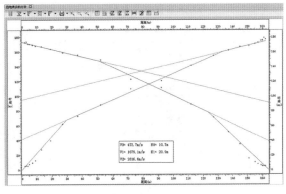

(b)小折自动射解释成果图

图 7-42(1)　近地表资料处理解释功能

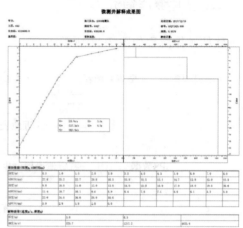

（c）井微测井班报定义图　　　　　　（d）微测井射解释成果图

图 7-42(2)　近地表资料处理解释功能

（二）层析反演近地表建模

实现基于大炮初至的近地表层析反演速度模型建模，包括初至拾取数据加载/拾取、初至拾取数据检查、初始模型建立、射线追踪正演、层析反演、质量控制、图形可视化等功能，如图 7-43(a)～(d)所示。

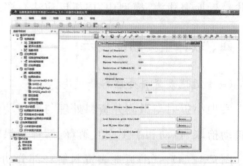

（a）正演模拟参数输入　　　　　　　（b）反演模块参数输入

（c）节点管理模块　　　　　　　　　（d）并行监控模块

图 7-43(1)　层析反演近地表建模

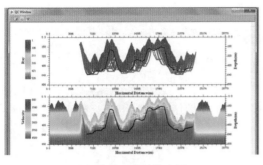

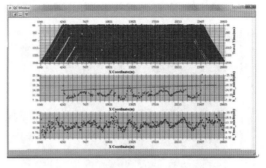

（e）模型可靠性检查图　　　　　（f）理论与实际初至时间差拟合差分析图

图 7-43(2)　层析反演近地表建模

（三）激发井深设计模块

导入近地表解释成果，联合解释，建立基于多源信息的一致近地表模型，计算激发井深，并输出井深设计结果。

（1）数据导入、浏览及显示，如图 7-44(a)(b)所示。

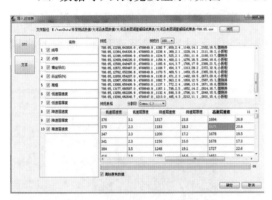

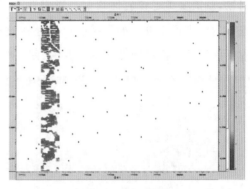

（a）数据导入、浏览　　　　　　（b）数据图形显示

图 7-44　数据导入

（2）插值计算：数据插值方法如图 7-45(a)所示，计算完成后，界面如图 7-45(b)所示。

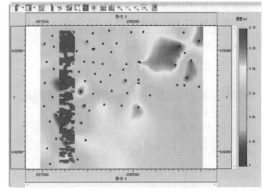

（a）数据插值方法　　　　　　（b）低降速带厚度计算

图 7-45　插值计算

（3）近地表模型可视化，如图7-46(a)(b)所示。

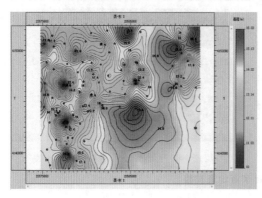

（a）高速顶界面等值线图

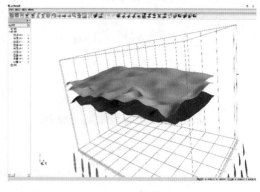

（b）三维近地表模型可视化

图7-46　近地表模型可视化

（4）井深计算：钻井井深＝高速层顶深值＋井深试验深度值＋药柱长度值

如果在高速顶下，某些位置存在岩性，且岩性厚度满足一定条件，那么在计算井深的时候，就需要考虑该岩性约束。当岩性厚度大于等于药柱长度时，则需要将药柱长度埋进该岩性进行激发。如果某些位置存在虚反射，且虚反射界面在高速顶下，则需要将以虚反射界面替换高速顶来计算井深（图7-47）。

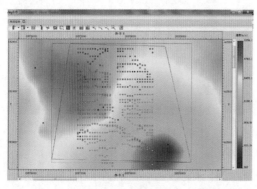

（a）选择激发井深计算范围

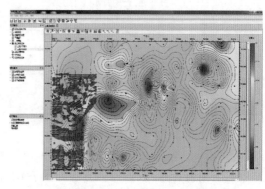

（b）激发井深计算结果俯视图

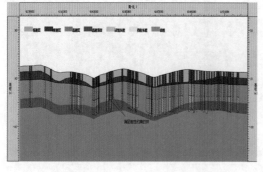

（c）有岩性约束时的井深（剖面线显示）

（d）井深数据输出

图7-47　激发井深计算

（四）资料品质分析

以定量的方式评价单炮属性，辨别参数的优劣。模块主要提供 7 种属性分析功能，包括能量分析、频率分析、时频分析、频时分析、信噪比分析、分频扫描、自相关分析等。

（1）资料品质分析模块主界面及 SEGY 数据加载，如图 7-48。

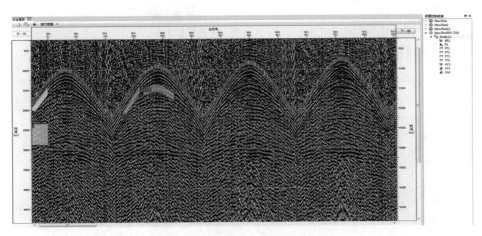

图 7-48　资料品质分析模块主界面

（2）资料品质分析。可以计算地震记录分析时窗内的最大振幅、平均振幅、均方根振幅，从而进行能量对比，如图 7-49（a）平均振幅分析。可以分析时窗内的信噪比，如图 7-49（b）所示。可以对比分析道集内或者道集间的频率的变化规律，如图 7-49（c）时间频率分析。图 7-49（d）为自相关属性计算与显示，把在时窗内每炮每道数据进行自相关变换，分析每道的结果。图 7-49（e）为分频扫描效果图，其中左上为原始炮集，右上为 0～20 Hz，左下为 20～40 Hz，右下为 40～60 Hz 分频扫描结果。

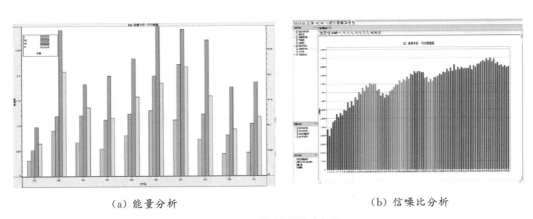

（a）能量分析　　　　　　　　　　　　（b）信噪比分析

图 7-49(1)　资料品质分析图

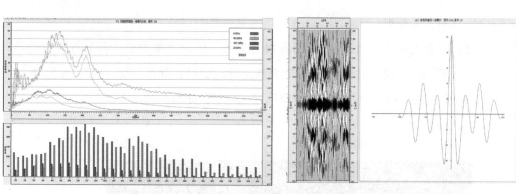

（c）时间频率分析　　　　　　　　　　（d）自相关分析

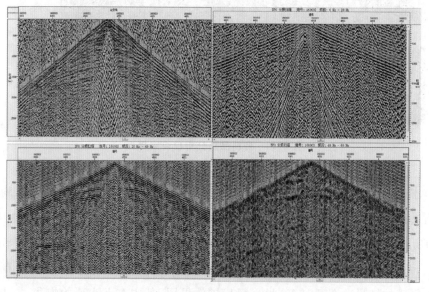

（e）分频扫描分析

图 7-49(2)　资料品质分析图

第八章 地震采集工程软件平台研发及模块集成

高精度三维地震采集优化设计是一项系统工程,需要系列技术联合应用来实现。前面章节介绍了高精度三维地震采集优化设计方法及软件,为更有利于这些方法和软件在生产中推广应用,我们打造了地震采集工程软件平台 SeisWayBase,并将所有模块集成到这个软件平台上,升级 SeisWay 软件到 4.0 版本。

地震采集工程软件平台主要需求是针对用户界面、数据、图形和算法等方面,基于松耦合、高内聚的原则,按照 SOA 设计理念,应用集成框架采用分层次、按模块的组织方式,使得该结构具有高内聚、松耦合特性。通过对地震数据采集工程主要业务功能进行分析,并采用自顶向下的设计方式,确定业务流程,抽象成服务,然后对服务进行归类和不同粒度划分,实现业务应用的抽象服务接口和功能,再建立统一的集成环境,支持不同业务应用开发和集成。按照这一思路,设计了如图 8-1 的地震数据采集工程软件应用集成框架结构,共分为三层:数据层、服务层和应用层。

平台数据层确立标准、完备和统一的地震采集工程数据规范,建立业务数据模型,支持地震数据采集工程业务应用的开发;平台服务层提供抽象的业务逻辑服务接口,支持业务应用模块的开发,并支持开发用户进行业务应用系统扩展;平台应用层建立应用集成框架,提供基本数据管理与工具等供开发人员直接使用,作为集成第三方插件的宿主平台,平台提供开发设计配置工具,为开发用户提供快速集成应用服务。

SeisWayBase 总体分为六大功能:基础架构服务、地震采集工程图形库、地震采集工程方法库、并行计算支持环境、地震采集应用集成框架、地震采集软件数据管理。

1. 基础架构服务

基础架构服务是为整个平台和应用层开发提供公用的基础服务和支持,是地震采集软件平台的底层库,主要包括基础应用服务:提供平台配置管理、异常管理、消息机制、加密机制、版本管理、国际化支持、I/O 支持等系列服务。

2. 地震数据采集工程图形服务

为应用层提供统一的基于 OpenGL/OpenInventor 等图形引擎的 2D/3D 图形库，实现地震数据采集业务要求的图形需求，主要包括：

（1）图形绘制：提供各种曲线图、颜色填充图、地震剖面图、2D/3D 正演模型图、地震数据采集观测系统图等的图形绘制；

（2）图形属性处理：提供各种图形对象属性的编辑和相应图形特征的绘制；

（3）图形操作：提供各种图形的编辑和操作的接口，提供 2D/3D 人机交互图形环境，如放大、缩小、图元选择、图形操作的 Redo 与 Undo 等；

（4）图形存储：提供图形到文件的持久化方法，将生成的图形以一定的格式（图形或图像格式）保存到文件中，并提供与其它地震、图形软件的图形格式（如 CGM 等）的相互转换、兼容等功能。

3. 地震数据采集工程方法服务

对地震数据采集工程中的各种应用算法进行分析和研究，为应用开发提供多层次并支持并行计算的地震数据采集工程应用算法库，主要包括：

（1）数学算法：如求和、平均、连乘、矩阵、指数、三角、导数、积分等基础数学算法；

（2）几何计算：几何数据结构和二维、三维几何计算，如点线关系、点面关系、二维凸包、三维凸包、多边形运算、曲线与曲面的插值与光滑等；

（3）一些通用的数据拟合、地质统计算法和数字信号处理方法；

（4）地震数据采集通用算法。

4. 并行计算支持环境

研究海量地震数据的并行计算方法，提供基于集群的分布式并行计算支持环境，提高大规模数据运算的算法运行效率。

根据算法结构，设计并行算法，并用消息传递接口（Message Passing interface，MPI）修改原有算法程序，使算法可以并行执行。提供基本数值算法的并行实现，如简单的查找、排序等，常用的数值算法，如拟合、插值等。

提供地震数据采集常用算法的并行实现。

基于 MPI 与 OpenMP 混合编程，充分利用 MPI 的通用性和可扩展性，利用 OpenMP 的易编程性，计算节点内利用共享存储的 OpenMP，节点间采用分布式消息传递 MPI 并行。提供基础并行支撑库，使算法编写人员可以在高层次抽象和解决问题，而不必关心并行的任务分配和实现细节。

5. 地震采集工程应用集成框架

建立地震采集工程应用集成框架，提供工区管理、数据管理、通用数据（SEG Y、SPS等）的查询、显示等功能，并通过插件机制，达到集成不同研究单位开发的功能模块，从而不断拓展平台,保证地震采集应用系统松耦合、高内聚特性。

框架设计插件服务引擎,提供构建业务应用系统需要的抽象插件处理机制,为应用开发提供插件处理接口规范和基类,实现基于插件的应用程序框架和地震采集方法管理框架,支持不同应用系统的业务插件扩展,支持各种地震采集方法应用扩展,为地震采集工程应用业务的实现提供不同地震采集方法的扩展接口,使得系统能不断扩展新的地震采集研究成果。

框架设计还提供应用程序 UI 服务,提供应用程序和插件等界面布局的自定义处理机制,保证应用程序和插件的统一界面风格,提供系统交互界面常用的控件类,包括颜色选择、线型选择、填充选择、表格、导航树等。

6. 地震采集工程软件数据管理

对数据目录和文件进行分类管理,基于“探区—工区—方案”的业务逻辑层次进行操作,对生成、存在的各种数据进行分层次、清晰有序地保存、管理和查询。

各模块提供标准接口实现模块间的相互调用以及通讯。地震数据采集功能模块调用各种服务,通过插件机制将地震数据采集功能模块组合,形成地震数据采集工程软件(图 8-1)。

提供数据访问引擎,为应用层提供统一的数据访问接口,为各种不同类型数据库和不同格式数据文件的访问提供接口支持;提供不同格式数据文件(SEG-Y、SEG-D、SEG-2、SPS1.0、SPS2.1 等)的解析,为不同数据格式文件的访问提供接口支持。

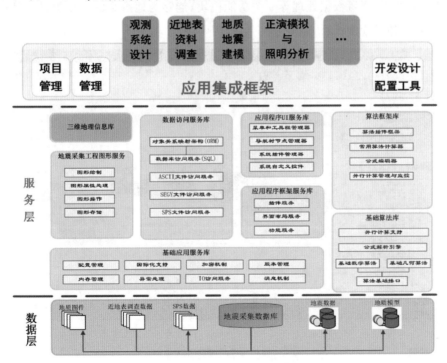

图 8-1　地震数据采集工程软件应用集成框架结构

将前面章节中介绍的自主研发的软件模块集成到该地震采集工程软件平台上,集成后软件架构如图8-2所示。

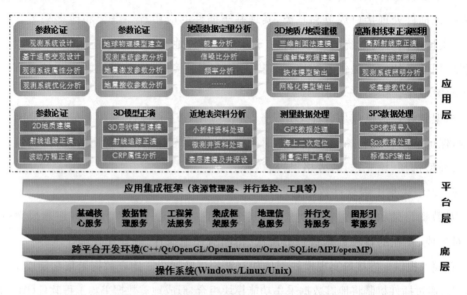

图8-2　地震采集工程软件 SeisWay4.0 架构

软件包括1个采集软件新平台 SeisWayBase 和采集参数论证、观测系统设计、二维建模与正演、三维地质/地震建模、高斯射线束正演照明、近地表资料分析、资料品质分析、SPS数据处理、测量数据处理等9个功能模块,能够为地震采集工程提供一体化技术服务。主界面如图8-3所示。

图8-3　地震采集工程软件 SeisWay4.0 主界面

第九章 工程实践

第一节 单项技术应用实例

一、TH工区检波器接收组合参数优化

高精度地震勘探是老油区寻找剩余油气的有效方法,是一项复杂的系统工程,检波器组合接收是其中重要一环。胜利分公司在塔里木盆地 TH 工区高精度三维采集项目中,加强了组合图形研究与应用,做了不同检波器组合试验,并应用优化后的组合图形进行资料采集,取得了良好的剖面效果,提高了采集资料分辨率。

检波器组合图形的设计应与噪音特点相匹配。野外通常采用干扰波调查的方法分析典型干扰波特征,针对其特点设计检波器组合图形,提高采集资料质量。TH 地区主要噪音类型包括:环境噪音、规则干扰波和油田设施干扰。理论上,规则干扰和油田设施干扰无法通过组合图形完全压制,只有环境噪音,利用检波器组合压制效果较好。

在 TH 十区西工区试验中,采用点组合采集,凸显出了另外一种噪音——线性干扰。线性干扰在空间上的分布是锥形,平面上的分布是圆形。这主要是由于 TH 地区近地表低降速层为松软的沙化土层,其下存在一套弹性较好、速度较高的胶泥层。胶泥层是一套强波阻抗界面,能够产生明显的线性干扰。通过正演模拟可以证实:地震波在高速层顶附近反复震荡,会形成线性干扰。其特征是:速度为 2 000 m/s,频率为 30 Hz,平行于初至波,分布于初至波与面波之间,与有效反射叠合在一起。因此根据特征分析,TH 地区的线性干扰可能是地震波在高速层顶界与地表之间的多次反射。

组合压噪是通过扩大组内检波器时差达到压噪效果的方法,时差大了对于压制噪音有利,但是时差过大会压缩频带宽度,因此需要寻找一个平衡点。在平衡点上,噪音刚好被压制,频带相对较宽;自平衡点向左侧移动,噪音压制相对较差,但频带宽度会得到拓

展；自平衡点向右侧移动，噪音被压制，但频带宽度会有所损失。

对于高精度地震勘探，拓宽资料频带是必然的需求，因此，平衡点要适当向左移动以拓宽频带，利于孔洞缝储集体的识别，适当牺牲噪音的压制效果，后续再通过处理手段进一步压制。理论上，小组合基距既可以在一定程度上压制噪音，又可以拓宽频带。按照这种思路，在该工区由简到繁进行了组合试验。图 9-1 为设计的三种组合方式：品字形、三串同心圆和八边形。

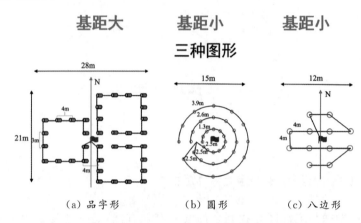

图 9-1　三种组合图形示意图

用 SWParamAnalysis 软件进行组合图形相应分析，图 9-2 为三种不同组合形式的相应分布图。从图上看，同心圆和八边形这两种小组合图形压噪范围相当，品字形压噪范围较大，压制噪音的波长范围为 40 m 内；而圆形和八边形相似，分别在 20 m 和 22 m 范围内。

从压噪特性分析，两种小组合图形各个方向的均匀性较好，尤其是同心圆形，各方向都一样；品字形各方向压噪效果差异较大，但整体压噪效果要比圆形、八边形好。

不同组合图形对于噪音的压制不但表现在对噪音压制能量的大小，还表现在对不同方向噪音的压制。

从图 9-3 中可以看出，在理论上，从各个方向压噪能量大小来看，品字形压噪最好，压制噪音的波长范围为 40 m 内；而圆形和八边形相似，分别在 18 m 和 23 m 范围内。抽取实际的共偏移距道集上的实际资料，也可以得到相同的结论。

选择了共检波点道集中的共偏移距道集，分析组合图形对各个方向噪音的压噪效果。图 9-4 是抽取实际的共偏移距道集上的资料（30～60 Hz 频率扫描记录），可见品字形压噪效果较好。

图 9-5 是不同检波器组合方式的野外实验记录，图 9-6 为 30～60 Hz 单炮频率扫描记录。从图中可以看出，"品字形"组合资料的分辨率要明显高于"三串圆形"和"八边形"组合。尤其是在 30～60 Hz 单炮频率扫描记录上，"品字形"组合的信噪比更高，反射波

能量和同相轴更加明显，验证了理论分析的正确性。

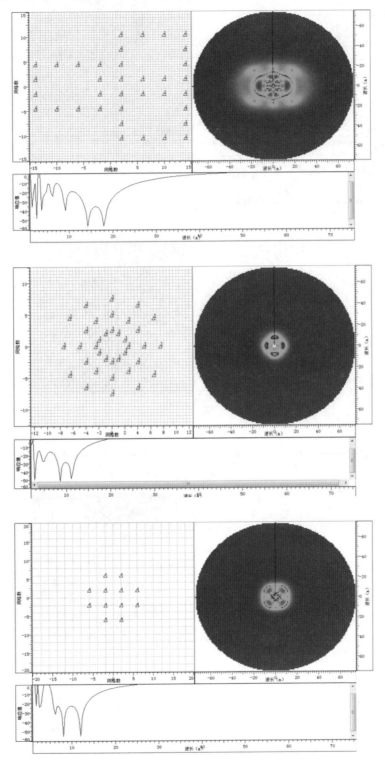

图 9-2　三种不同形式组合所得的响应分布图(上：品字形；中：三串同心圆；下：八边形)

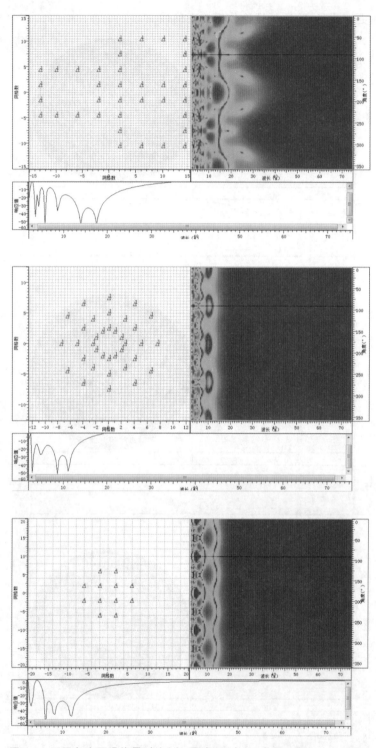

图 9-3 不同角度压噪能量对比(上:品字形;中:三串同心圆;下:八边形)

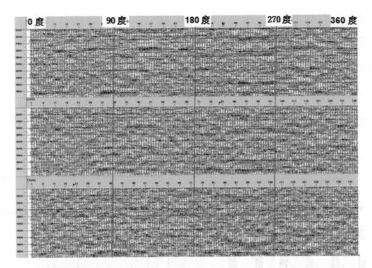

图 9-4　不同角度压噪效果实际资料对比（上：品字形；中：三串圆形；下：八边形）

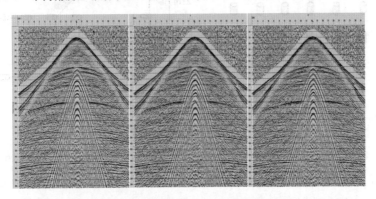

图 9-5　不同检波器组合方式的野外单炮记录（左：品字形；中：三串圆形；右：八边形）

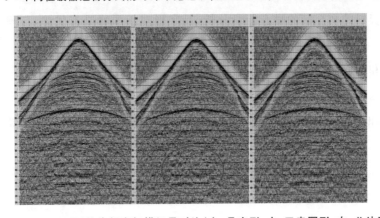

图 9-6　30－60 Hz 单炮频率扫描记录对比（左：品字形；中：三串圆形；右：八边形）

利用实际资料选取共炮点道集、共检波点道集，观察不同角度以及对噪音压制情况，可以得出如下结论：

对于压噪效果，首要的影响因素是组合基距：以往采用的品字形压噪效果好，但频带较窄；单串八边形资料频带较宽，虽然信噪比略低，但是，通过提高覆盖次数可以进一步提高信噪比，同时，保持分辨率高的优势。

以上试验对比分析是基于低覆盖次数资料，而最终勘探效果是通过叠加次数较高的剖面体现。

因此，随后又进行了组合图形的 2D、3D 剖面试验。设计了两种组合图形：品字形和吕字形，如图 9-7。

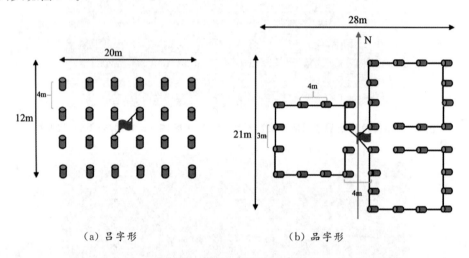

（a）吕字形　　　　　　　　　　　（b）品字形

图 9-7　两种组合图形示意图

从图 9-8 的响应图形分析，在噪音压制方面，品字形对噪音压制大，压噪效果好于吕字形；但是，品字形对有效波的压制也比吕字形大。品字形在中低频方面会有优势，而吕字形在高频方面有优势。

从实际资料的初至前的噪音能量分析，品字形对于压噪具有优势，与理论分析结果相同。

从单炮和剖面分析，两种图形资料非常接近，信噪比、频率差异不大。吕字形对于拓宽资料频带宽度有利，从资料分析也可以看到高频略有优势。塔河地区是高信噪比地区，开发面临的主要矛盾是提高纵向分辨率，因此，最终采用吕字形对于拓宽资料频带更有优势。

图 9-9 为不同形式组合所得的频率分析，图 9-10 为不同形式组合所得的信噪比分析，这也验证了吕字形在频带宽度和信噪比方面略有优势。

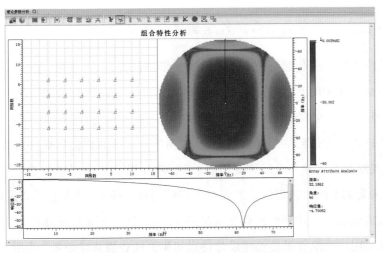

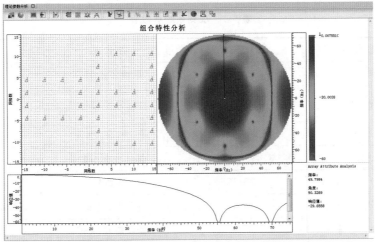

图 9-8　两种组合形式的对噪音的压制响应(上:吕字形;下:品字形)

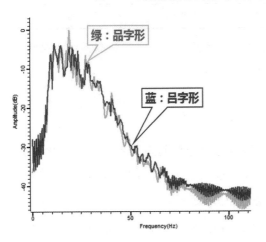

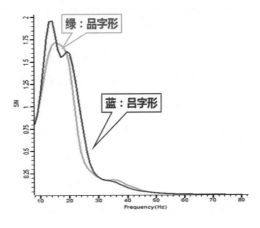

图 9-9　两种不同形式组合所得实际
资料的频谱分析

图 9-10　两种不同形式组合所得的实际
资料的信噪比分析

二、YJ 工区观测系统综合属性定量化分析评价

YJ 工区位于陈家庄凸起与民丰洼陷的过渡带,构造为东西走向,洼陷内断层砂体十分发育,可形成各种圈闭及油气藏。已发现馆陶组、沙三段、沙四段等三套含油层系,油藏类型以砂砾岩岩性油藏和背斜构造油藏为主。近期完钻的盐斜 229、盐斜 232 等井相继获得高产,砂砾岩砂体勘探持续取得突破,说明砂砾岩体油藏仍具有较大勘探潜力。

采用常规观测系统参数论证方法论证,最后结论通常是越豪华的观测系统越好,随之而来的是采集成本的大幅增加。然而对于不同的地质任务,是否有必要采用超豪华的观测系统,或者炮道密度达到何种程度就足够了,应该进一步做量化分析。

YJ 工区采用三维地震采集优化设计技术初步论证观测系统如表 9-1 所示。

表 9-1　观测系统参数表

观测系统	32L7S392T	横纵比	0.59
接收道数	32×392＝12 544 道	炮道密度(万)	143.36
纵向观测系统	4 887.50－12.5－25－12.5－4 887.50	炮密度(万)	114.29
面元网格(横×纵)	12.5×12.5	接收道密度(万)	320
覆盖次数(横×纵)	8×28＝224 次	接收线数/炮排	140/104
接收道距(m)/线距(m)	25/175	束线数	55
炮点距(m)/炮线距(m)	50/175	总炮数/总道数	38 662/135 184
束线距(m)/滚动排列	350/2 线	满次面积(km²)	211.49
最大炮检距	5 664.06	资料面积(km²)	450.20
最大非纵距	2 862.5	施工面积(km²)	586.50

针对 YJ 工区地形和构造特征,从综合属性评价因子评价角度对观测系统参数做进一步定量化分析,以优化观测系统参数,提高地震采集质量。

(一)观测系统综合属性定量化分析

1. 接收道数定量化分析

接收道数优化思路是固定其他参数,改变接收道数分析其观测系统属性变化情况,对观测系统做退化分析,接收道数由 392 道逐渐减少到 322 道,为满足纵向覆盖次数均匀的要求,采用的是近似等间隔的变化,具体参数如表 9-2 所示。

从表中可以看出,随着接收道数减少,覆盖次数逐渐降低,覆盖次数最高 224 次,最低 184 次。同时道密度也逐渐减少,接收道数越高,采集成本自然越高,但针对当前地质任务,多少道接收更经济?接收道数等参数的变化会带来观测系统怎么样的变化?以下

我们从观测系统属性图分析其变化情况。

表 9-2　接收道数变化观测系统参数表

观测系统	32L7S392R	32L7S378R	32L7S364R	32L7S350R	32L7S336R	32L7S322R
道数	12 544	12 096	11 648	11 200	10 752	10 304
面元	12.5×12.5	12.5×12.5	12.5×12.5	12.5×12.5	12.5×12.5	12.5×12.5
覆盖次数	28×8=224	27×8=216	26×8=208	25×8=200	24×8=192	23×8=184
道距(m)	25	25	25	25	25	25
接收线距	175	175	175	175	175	175
炮点距	50	50	50	50	50	50
炮线距	175	175	175	175	175	175
束线距(m)	350/2 线	350/2 线	350/2 线	350/2 线	350/2 线	350/2 线
道密度(万)	143.36	138.24	133.12	128	122.88	117.76

图 9-11 为观测系统炮检距分布图,图中可以看出随着接收道数的减少,远道炮检对数量有所减少,观测系统质量有变差的趋势,但整体变化幅度不大,这样的差异难以发现。

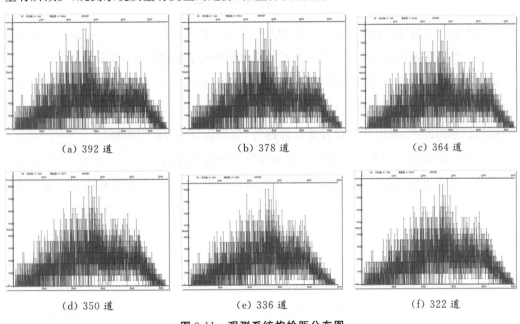

(a) 392 道　　　　　　(b) 378 道　　　　　　(c) 364 道

(d) 350 道　　　　　　(e) 336 道　　　　　　(f) 322 道

图 9-11　观测系统炮检距分布图

图 9-12 为观测系统玫瑰图,图中可以看出随着接收道数的减少,观测系统玫瑰图均匀性反而变好,方位角分布更加均匀,观测系统质量反而有变好的趋势,这与炮检距对分析结果不一致。

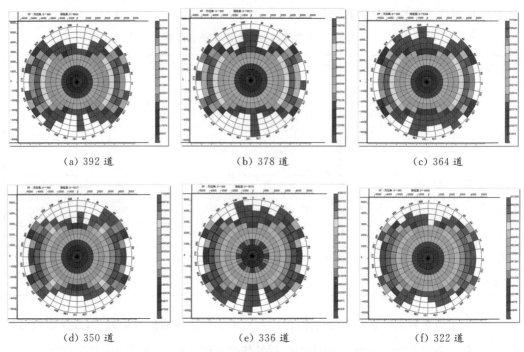

| (a) 392 道 | (b) 378 道 | (c) 364 道 |
| (d) 350 道 | (e) 336 道 | (f) 322 道 |

图 9-12　观测系统玫瑰图

以上从宏观角度对观测系统炮检距和方位角分布情况进行了分析,然而分析结果有所不一致。以下从微观面元的角度对观测系统炮检距分布情况进行进一步分析,图 9-13 为观测系统炮检距非均匀性系数分布图,图中可以看出,整体来讲这几种观测系统炮检距非均匀性系数都存在着周期性变化特征,纵向分布均匀性优于横向分布的均匀性,并且随着接收道数的减少,纵向均匀性有变差的趋势,横向均匀性改善不明显。

以上从微观面元的角度对观测系统炮检距分布均匀性情况进行了分析,以下将进一步从微观角度对观测系统方位角分布均匀性进行分析,图 9-14 为观测系统方位角非均匀性系数分布图,图中可以看出,方位角均匀性变化幅度较大,随着接收道数减少,方位角非均匀系数反而变小,这意味着单个面元内方位角分布均匀性在逐渐变好,322 道接收时,方位角分布均匀性最好,这与玫瑰图分析结果较为一致,显然无论通过宏观还是微观的炮检距和方位角分析,都无法对观测系统质量形成一致的认识。

为了进一步分析几种观测系统之间的差异,以下从采集脚印角度对观测系统进行质量评判,图 9-15 为几种观测系统采集图,图中可以看出随着接收道数减少,采集脚印在逐渐变优,这意味着观测系统质量在变好。

显然从覆盖次数和炮检距分布角度上来讲,接收道数减少观测系统质量在变差,而从方位角分布和采集脚印角度上来讲,接收道数减少观测系统方位角分布反而在变好,无法形成一致的结论。同时,从炮检距分布图中我们很难看出这几个观测系统之间的差

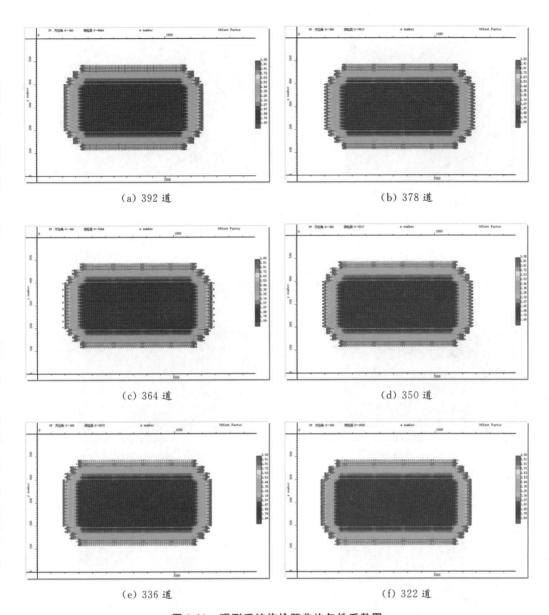

(a) 392 道　　　　　　　　　　　　　　　　(b) 378 道

(c) 364 道　　　　　　　　　　　　　　　　(d) 350 道

(e) 336 道　　　　　　　　　　　　　　　　(f) 322 道

图 9-13　观测系统炮检距非均匀性系数图

异,这也说明这些常规的观测系统属性无法评判参数比较接近的观测系统优劣,因此需要综合属性评价因子来评价其之间细微差别。

图 9-16 为综合属性评价因子及面元百分比分布图。可见,综合属性评价因子变化较大,392 道接收时最优达到 4.654 64,322 道接收时最小 4.101 84,每个观测系统对应的综合属性评价因子值见表 9-3。由表可见,不同接收道数观测系统最大面元百分比基本接近,392 道接收时该值略大,说明该观测系统方位角略宽;随着接收道数减少,观测系统质量在变差,但变化幅度不大,这符合野外的实际生产经验结论。

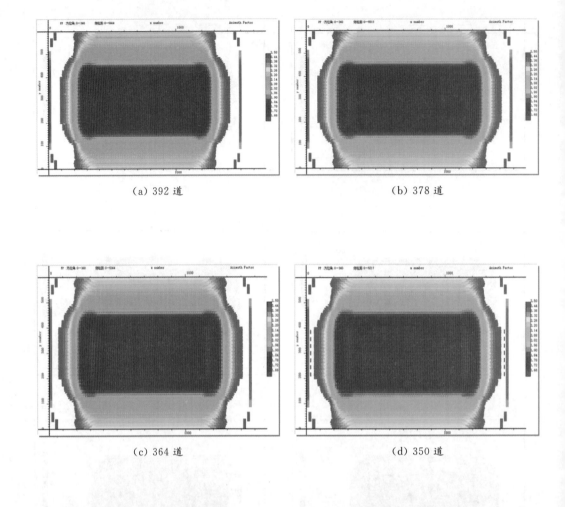

（a）392 道　　　　　　　　　　　　　　（b）378 道

（c）364 道　　　　　　　　　　　　　　（d）350 道

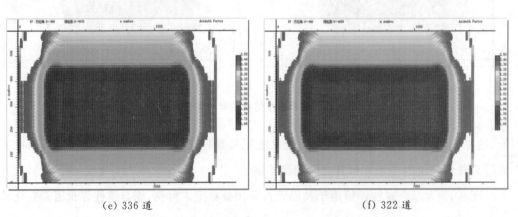

（e）336 道　　　　　　　　　　　　　　（f）322 道

图 9-14　观测系统方位角非均匀性系数图

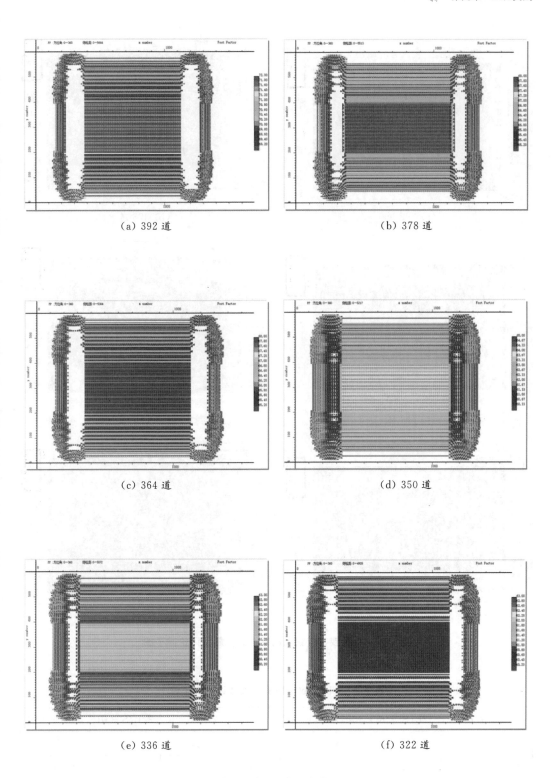

(a) 392 道

(b) 378 道

(c) 364 道

(d) 350 道

(e) 336 道

(f) 322 道

图 9-15 观测系统采集脚印图

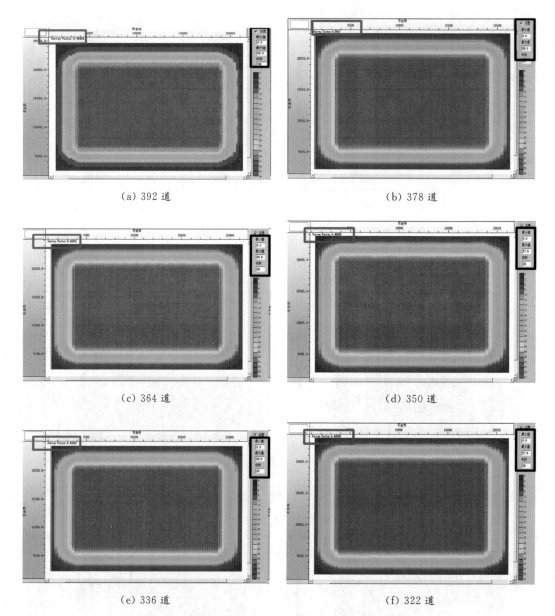

(a) 392 道

(b) 378 道

(c) 364 道

(d) 350 道

(e) 336 道

(f) 322 道

图 9-16　不同接收道数观测系统综合属性评价因子图

表 9-3　不同接收道数综合属性评价因子值

观测系统	32L7S392R	32L7S378R	32L7S364R	32L7S350R	32L7S336R	32L7S322R
面元百分比	59	58	58	57	56	57
综合质量因子值	4.654 64	4.504 7	4.443 62	4.402 08	4.388 54	4.101 84

为了更好地对比分析综合属性评价因子随接收道数的变化情况,建立了二者之间的关系曲线,如图 9-17 所示,显然,接收道数的增加,会提高观测系统的质量因子,改善观测系统的整体质量,目前 392 道接收已是较好的观测系统。分析曲线的变化特征,可以发现该

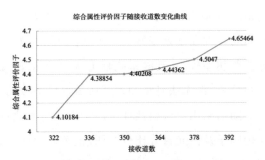

图 9-17　综合属性评价因子随接收道数变化曲线

区观测系统从 332 道接收增加到 336 道接收,有较大幅度提高,随后再增加到 350、364、378 道时,变化不大,如果考虑采集成本,可以选择 336 道接收,而非 350 道或者 364 道接收;当增加到 392 道接收时,质量因子又有较大幅度提高,因此该工区采用 392 道接收,是非常合理的。

2. 炮线距定量化分析

炮线距优化思路是固定其他参数,改变炮线距,分析观测系统属性变化情况。炮线距分别为 175 m、350 m、700 m,为了满足纵向覆盖次数均匀的要求,采用的是近似等间隔的变化,变化参数如表 9-4 所示,其他如接收道数、面元大小、道距、接收线距、炮点距、束线距等参数不变。

表 9-4　炮线距变化观测系统参数表

观测系统	32L7S392R	32L7S392R	32L7S392R
覆盖次数	28×8＝224	14×8＝112	7×8＝56
炮线距(m)	175	350	700
炮道密度	143.36	71.68	35.84

从表中可以看出,随着炮线距增大,覆盖次数逐渐变小,最高覆盖次数 224 次,最低仅 56 次,同时道密度也逐渐变小,这些参数的变化必然会带来观测系统质量的变化,以下从观测系统属性图分析其变化情况。

首先采用常规观测系统属性分析方法进行对比分析,发现:① 随着炮线距的增大,炮检距分布图和玫瑰图都没有任何变化,分析原因是在观测系统模板确定的情况下,炮检距分布图和玫瑰图只是宏观的反映,也即它们都只能分析观测系统模板的变化特征,而无法反映同一模板不同滚动距或炮线距的变化情况,这也说明了观测系统炮检距分布这一属性存在一定缺陷,不能比较模板相同滚动距不同的观测系统差异。② 炮检距非均匀性系数都存在着周期性变化特征,纵向分布均匀性优于横向分布的均匀性,并且随着炮线距增大,纵向均匀性有变差的趋势,横向均匀性变化不明显。③ 方位角分布均匀性变

化幅度较大,随着炮线距增大,方位角非均匀系数反而变小,这意味着单个面元内方位角分布均匀性在逐渐变好,700 m 炮线距时,方位角分布均匀性最好,分析原因是滚动距与炮线距相差较小,观测系统趋于宽方位采集,显然无论通过宏观还是微观的炮检距和方位角分析,都无法对观测系统质量形成一致的认识。

随后采用综合属性评价因子来评价其之间细微差别。图 9-18 为观测系统综合属性评价因子及面元百分比分布图(颜色表示面元百分比),由图可见,175 m 炮线距时最优达到了 4.654 64,700 m 炮线距时质量因子最小,仅为 1.868 35,可见炮线距对观测系统综合属性影响非常大。

(a) 175 m   (b) 350 m

(c) 700 m

图 9-18　观测系统综合属性评价因子图

三套观测系统对应的综合属性评价因子(红色框内数值)和最大面元百分比值(黑色框内数值)见表 9-5,显然通过综合属性评价因子可以判别观测系统之间的细微差别,尤其对于相同观测系统模板,不同滚动参数的讨论,质量因子参数可以分析观测系统之间的细微差别。总体来讲,随着炮线距增大,会快速降低观测系统的质量,这符合野外的生产实际经验结论。对比分析,175 m 炮线距最优,并且 350 m 及以上炮线距综合属性评价因子下降太过严重,因此综合考虑,175 m 炮线距最为合适。

表 9-5　不同炮线距观测系统综合属性评价因子值

观测系统	32L7S392R	32L7S392R	32L7S392R
面元百分比	59	45	25
质量因子值	4.654 64	3.247 87	1.868 35

3. 接收线数定量化分析

接收线数优化思路是固定其他参数,改变接收线数,分析观测系统属性变化情况,接收线数分别为32线、28线、24线、20线、16线,为了满足纵向覆盖次数均匀的要求,采用的是近似等间隔的变化,变化参数如表9-6所示,其他如面元大小、道距、接收线距、炮点距、炮线距、束线距等参数不变。

表 9-6　接收线数变化观测系统参数表

观测系统	32L7S392R	28L7S392R	24L7S392R	20L7S392R	16L7S392R
道数	125 44	109 76	940 8	784 0	627 2
覆盖次数	28×8=224	28×7=196	28×6=168	28×5=140	28×4=112
道密度	143.36	125.44	107.52	89.6	71.68

从表中可以看出,随着接收线数减小,覆盖次数逐渐变小,由224次减小到112次,同时道密度也逐渐减小,这些参数的变化必然会带来观测系统质量的变化,以下从观测系统属性图分析其变化情况。

首先仍先对常规观测系统属性进行分析,发现:① 从炮检距分布角度分析,随着接收线数的减少,远中近道炮检对数量都有所减少,观测系统质量有变差的趋势。② 从玫瑰图分析,随着接收线数减少,玫瑰图反映的方位角分布逐渐变窄,有变差的趋势,分析原因是由于接收线数减少而导致排列宽度有所减小,横纵比变小,从而导致观测系统质量变差,这与野外实际认识是一致的。③ 从炮检距非均匀性系数分析,都存在着周期性变化特征,纵向分布均匀性优于横向分布的均匀性,并且随着接收线数减少,纵向均匀性变化不大,横向均匀性有变差的趋势。④ 从方位角分布均匀性角度分析,方位角均匀性变化幅度较大,随着接收线数减少,方位角非均匀系数变大,这意味着单个面元内方位角分布均匀性在逐渐变差,16线接收时,方位角分布均匀性最差,非均匀系数值整体偏大,分析原因此时横纵比较小,观测系统趋于窄方位采集。

随后采用观测系统综合属性分析方法,进一步验证上述结论。

图9-19为观测系统综合属性评价因子及面元百分比分布图(颜色代表面元百分比),可见:这几个观测系统质量因子(红色框内数值)变化较大,32线接收时最优达到了

4.796 4,16 线接收时最小为 2.251 9。

<table>
<tr><td>（a）32 线</td><td>（b）28 线</td></tr>
<tr><td>（c）24 线</td><td>（d）20 线</td></tr>
</table>

（e）16 线

图 9-19　不同接收线数观测系统综合属性

每个观测系统对应的综合属性评价因子值见表 9-7，显然通过综合属性评价因子可以判别观测系统之间的细微差别，尤其对于观测系统参数变化较小时，质量因子参数可以分析观测系统之间的细微差别。总体来讲，随着接收线数减少，观测系统质量在变差，这符合野外的生产实际经验结论。

表 9-7　接收线数变化观测系统参数表

观测系统	32L7S392R	28L7S392R	24L7S392R	20L7S392R	16L7S392R
面元百分比	59	57	50	42	34
质量因子值	4.654 64	4.163 39	3.631 66	3.127 55	2.524 83

图 9-20 为综合属性评价因子随接收线数的变化曲线图,图形显示:随着接收线数增加,综合属性评价因子稳步提高,观测系统质量稳步提升。同时表 9-7 显示表明,面元百分比也逐渐增大,由 34 增大到 59,说明观测系统方位角和炮检距分布逐渐变优,而且变化幅度很大。所以对于 YJ 工区来说,接收线数对观测系统质量影响较大,增加线数会提高观测系统质量,并且从面元百分比角度来说,该区观测系统接收线数还应继续增加,目前的 32 线接收可以较好地解决纵向成像质量,但对横向成像质量来说,还应继续提高接收线数。

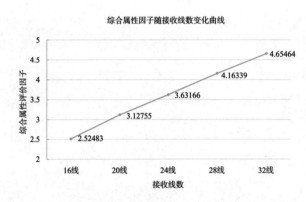

图 9-20　综合属性评价因子随接收线数变化曲线图

(二)基于实际处理的观测系统质量定量化分析

以上结合炮检距属性、方位角属性、玫瑰图和综合属性评价因子等对不同采集参数的观测系统质量进行了详细的分析,这些分析结果是否是正确的呢? 随后通过 YJ 工区实际数据进行进一步的处理分析。

1. 不同接收道数偏移剖面分析

从 182 道接收开始,以 14 道等间隔增加,一直增加到 392 道接收,形成不同接收道数的偏移剖面。整体上来看,通过对比,可以发现随着接收道数逐渐增加,参与叠加的道数越来越多,但剖面质量改善幅度不大,分析原因是由于该区地震地质条件较好,且目的层较浅,因此剖面整体成像质量高,250 道以上即可满足本区纵向方向的成像要求。局部细节上来看,对于大断层的断层面成像质量,随着接收道数的增加,在逐渐变的清晰,而对于大断层下覆地层成像,392 道接收依然没有取得较好的成像质量,分析可能原因有两个:一是由于断层面的屏蔽作用强,导致下覆地层成像不好;二是由于构造应力作用导致下覆地层连续性不好,所以成像质量不好。见图 9-21。

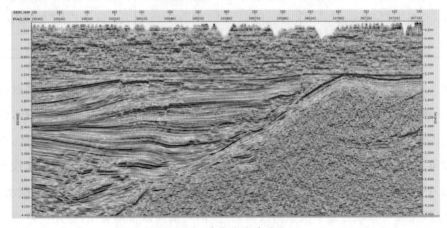

(a) 182 道接收偏移剖面

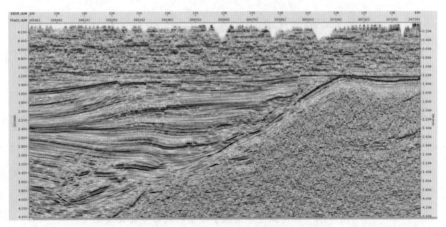

(b) 196 道接收偏移剖面

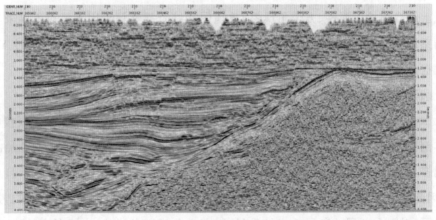

(c) 210 道接收偏移剖面

图 9-21(1)　不同接收道数偏移剖面

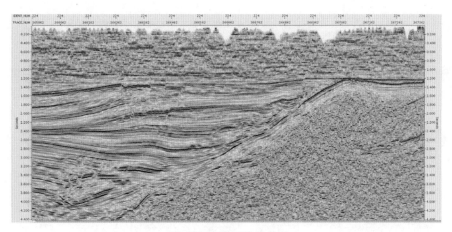

（d）224 道接收偏移剖面

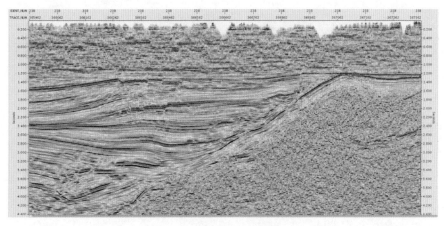

（e）238 道接收偏移剖面

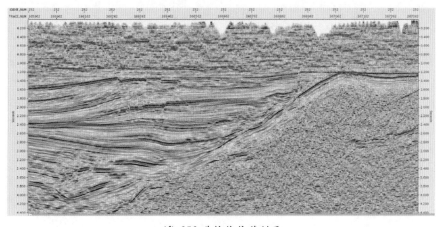

（f）252 道接收偏移剖面

图 9-21(2)　不同接收道数偏移剖面

（g）266 道接收偏移剖面

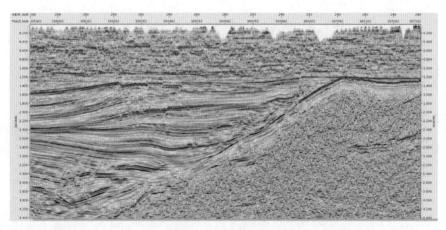

（h）280 道接收偏移剖面

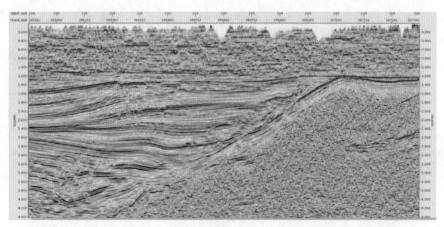

（i）294 道接收偏移剖面

图 9-21(3)　不同接收道数偏移剖面

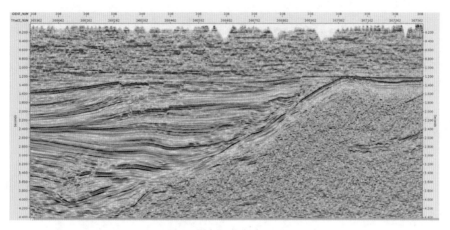

(j) 308 道接收偏移剖面

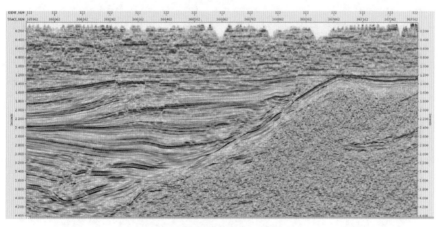

（k）322 道接收偏移剖面

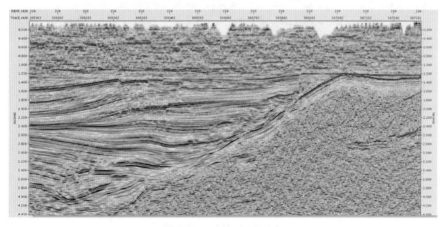

（l）336 道接收偏移剖面

图 9-21(4) 不同接收道数偏移剖面

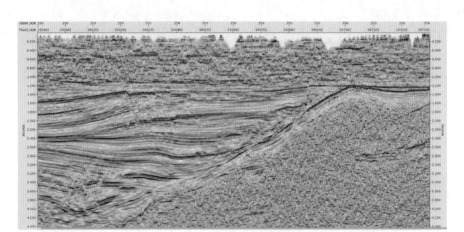

（m）350 道接收偏移剖面

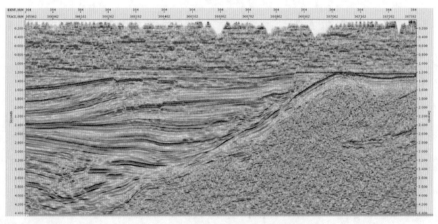

（n）364 道接收偏移剖面

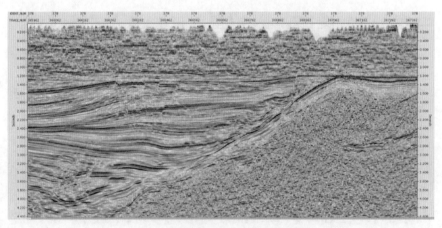

（o）378 道接收偏移剖面

图 9-21(5)　不同接收道数偏移剖面

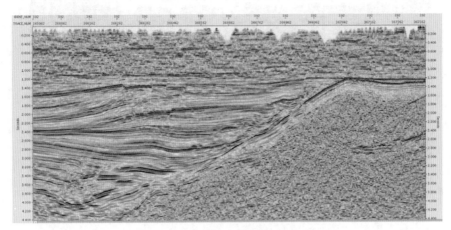

(p) 392 道接收偏移剖面

图 9-21(6)　不同接收道数偏移剖面

2. 不同接收线数偏移剖面分析

不同接收线数试验我们选择了从 4 线接收开始,以 4 条线等间隔增加,一直增加到 28 线接收,形成不同接收线数的偏移剖面。整体上来看,通过对比,可以发现随着接收线数逐渐增加,剖面质量变化较大。

首先浅层同相轴(左边黑色矩形框)质量变得越来越好,断点的清晰程度变得越来越高,在 28 线接收时达到了极致。而大断层下覆地层内部反射(右边黑色矩形框),在 12 线接收时开始出现同相轴影子,在 28 线接收时达到了最优的成像效果。

其次对于断层面的成像质量(右边蓝色圈),在 4 线接收时,深部断层同相轴成像效果不好,不能形成一个较为连续的同相轴,随着接收线数的增加,成像质量变得越来越好。而对于深层的小断层反射(左边蓝色圈),少于 12 线接收时,都无法形成较好的成像效果,断点不干脆,在 28 线接收时达到了最佳效果。见图 9-22。

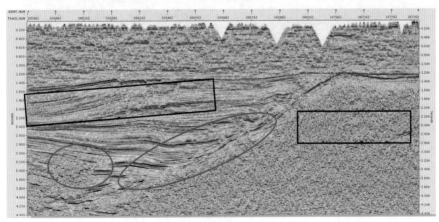

(a) 4 条接收线偏移剖面

图 9-22(1)　不同接收线数偏移剖面

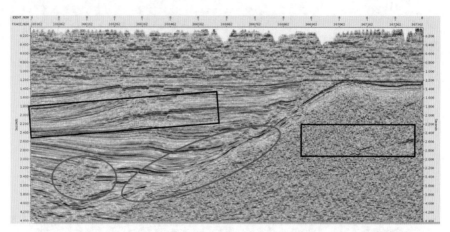

（b）8条接收线偏移剖面

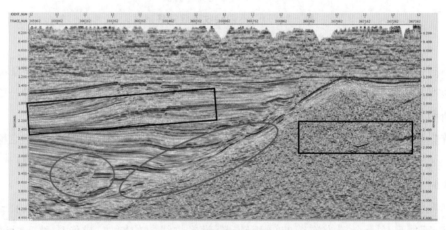

（c）12条接收线偏移剖面

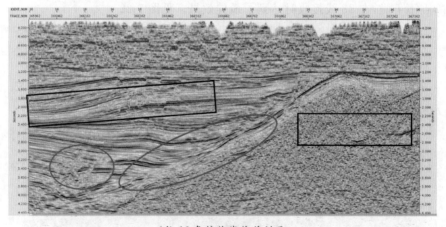

（d）16条接收线偏移剖面

图 9-22(2)　不同接收线数偏移剖面

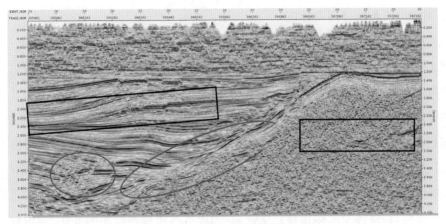

（e）20 条接收线偏移剖面

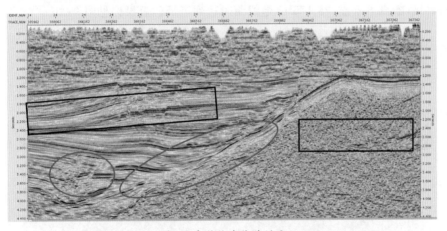

（f）24 条接收线偏移剖面

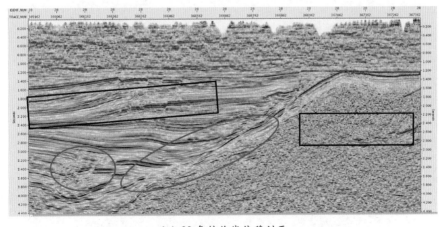

（g）28 条接收线偏移剖面

图 9-22(3)　不同接收线数偏移剖面

3. 不同炮线距偏移剖面分析

不同炮线距试验我们选择了从 700 m 炮线距接收开始，以 175 m 等间隔减少，一直减少到 175 米炮线距，形成不同炮线距的偏移剖面。整体上来看，通过对比，可以发现随着炮线距逐渐减小，参与叠加的炮线越来越多，剖面质量变化很大。

同样随着炮线距减小，首先浅层同相轴（左边黑色矩形框）质量变得越来越好，断点的清晰程度变得越来越高，在 125 m 炮线距时达到了极致。大断层下覆地层内部反射（右边黑色矩形框）同相轴质量提高得很快，在 700 m 炮线距时开始出现同相轴影子，在 175 m 炮线距时达到了最优的成像效果。其次对于断层面的成像质量（右边蓝色圈），在 700 m 炮线距时，深部断层同相轴成像效果一般，然而随着炮线距的变小，成像质量变得越来越好。而对于深层的小断层成像（左边蓝色圈），少于 350 m 炮线距时，都无法形成较好的效果，断点不干脆，在 175 m 炮线距时达到了最佳效果。见图 9-23。

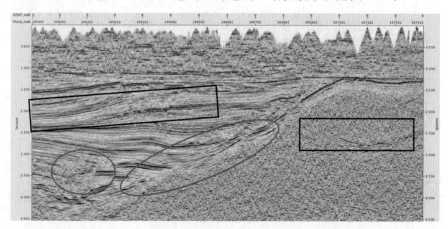

（a）炮线距 700 m 偏移剖面

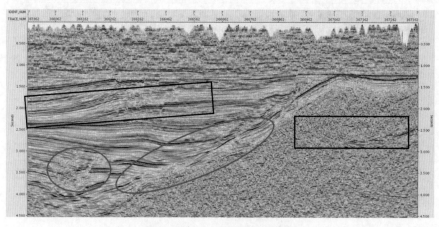

（b）炮线距 525 m 偏移剖面

图 9-23（1）　不同炮线距偏移剖面

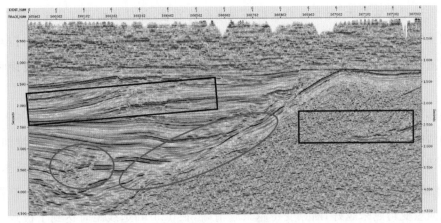

（c）炮线距 350 m 偏移剖面

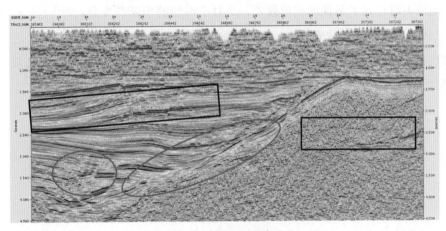

（d）炮线距 175 m 偏移剖面

图 9-23（2）　不同炮线距偏移剖面

　　从以上实际处理剖面结果来看，观测系统综合质量定量化评价方法与不同参数的实际剖面分析是一致的，因此观测系统综合质量定量化评价方法能够较好地解决观测系统定量化评价问题，能够为采集参数的调整优化提供技术手段。

（三）对比分析

　　观测系统综合属性定量化分析评价方法在 YJ 工区测试应用，分析接收道数、接收线数、炮线距和接收线距四个主要参数与观测系统综合属性因子之间的关系，为野外采集设计提出了优化设计方案。

　　从综合属性评价方法应用分析结果表明：① 接收道数的增加，会提高观测系统的质量因子，改善观测系统的整体质量，392 道接收是较好的观测系统。② 随着炮线距增大，会快速降低观测系统的质量，对比分析，175 m 炮线距最优，并且 350 m 及以上炮线距综合属性评价因子下降太过严重，因此综合考虑，175 m 炮线距最为合适。③ 接收线数对观测系统质量影响较大,增加线数会提高观测系统质量,并且从面元百分比角度来说,该区观测系统接收线数还应继续增加,32 线接收可以较好地解决纵向成像质量,但对横向成像质量来说,还应继续提高接收线数,但从施工难度和采集成本分析,32 线接收较为经济。

实际资料处理剖面表明:① 随着接收线数的增加,浅层同相轴质量会变得越来越好,断点的清晰程度变得越来越高。大断层下覆地层内部反射也随着接收线数的增加,变得越来越清晰。而对于深层的小断层反射,接收线数较少时,都无法形成较好的成像效果,在 28 线接收时达到了最佳效果。② 随着炮线距的减小,成像质量变化较大。首先浅层同相轴质量变得越来越好,断点变得越来越清晰,在 125 m 炮线距时达到了极致。而大断层下覆地层内部反射,成像质量提高很快,在 700 m 炮线距时开始出现同相轴影子,在 175 m 炮线距时达到了最优的成像效果。而对于深层的小断层反射,少于 350 m 炮线距时,都无法形成较好的成像效果。

方法研究与实际资料分析结论互为验证,并积累经验,为高密度地震采集观测系统优化提供借鉴。

第二节　综合技术应用实例

一、BS 高精度三维观测系统优化设计

(一)工区概况

该工区构造位置处于滨县凸起与利津洼陷之间的斜坡带。其主要地质任务是落实主要目的层(东营组、沙一段、沙二段、沙三段、沙四段)多级断层结构,采集好各标准反射层资料;提高沙三段、沙四段扇体及火成岩内部结构的地震分辨率,能满足沙三、四段储层(砂体或火成岩体)预测及描述的需要。

(二)基于三维模型的采集参数论证

对观测系统而言,重点分析 5 个参数(面元网格、覆盖次数、最大炮检距、最大非纵距、接收线距)和 3 个属性(炮检距、方位角、覆盖次数分布),优选最合适的观测系统参数。

利用部署区处理解释最新成果,如图 9-24 所示,提取各目的层在全区的深度、速度、倾角、方位角等地球物理参数,如图 9-25 所示,作为本次参数论证、观测系统设计与分析

评价的模型依据。

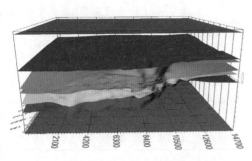
（a）BS 区三维层状模型

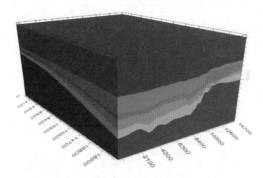
（b）BS 区三维块体模型

图 9-24　BS 区三维地质模型

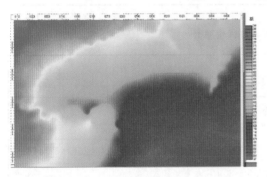
（a）目的层埋深 847～2 345 m

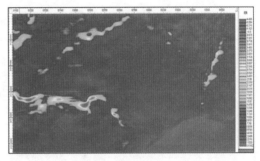
（b）目的层倾角 0～40°

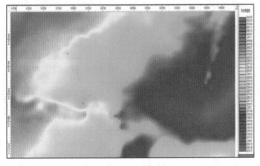
（c）目的层均方根速度 2 070～2 543 m/s

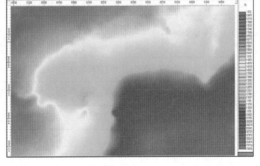
（d）目的层反射时间 0.77～1.87 s

图 9-25　Tg 目的层属性

提取目的层最大埋深、倾角、速度、双程时及最大频率统计如表 9-8。

根据基础参数、地质模型对观测系统参数进行分析论证，确定该区基本观测系统参数为：覆盖次数 120～180 次；面元网格大小为 12.5 m×12.5 m；接收线距≤185 m；最大炮检距在 3 000～3 600 m；最大非纵距约 2 000 m。

根据参数论证得到的基本观测系统参数结果，从多种观测系统中优选出 4 种观测系统进行对比分析。4 种观测系统的详细参数见表 9-9。

表 9-8　论证点 1 地球物理参数

地震层位	地质层位	双程时/s	叠加速度/(m/s)	层速度/(m/s)	埋深/m	地层倾角/°	最高频率/Hz
T_1	馆陶	1.28	2 180	2 450	1 389	5	100
T_2	东营组 沙一段	1.7	2 348	2 730	1 797	5	80
T_3	沙二段	1.8	2 407	2 860	1 971	10	80
T_6	沙三段	1.95	2 880	3 200	2 420	20	60
T_7	沙四段	2.168	2 957	3 750	2 550	25	60
T_g	古生界顶	2.8	3 154	4 200	3 510	40	50

表 9-9　不同观测系统详细参数表

方案	方案 1 (B12 区)	方案 2	方案 3	方案 4
观测系统	20L30S (横向奇偶细分)	24L12S (横向奇偶细分)	28L5S (横向炮检细分)	24L6S
接收道数	20×288＝5 760(道)	24×264＝6 336(道)	28×252＝7 056(道)	24×256＝6 144(道)
纵向观测系统	3 587.5－12.5－25 －12.5－3 587.5	3 287.5－12.5－50 －12.5－3 287.5－ 12.5－3 287.5	3 137.5－12.5－25 －12.5－3 137.5	3 187.5－12.5－25 －12.5－3 187.5
面元网格(横×纵)	12.5 m×12.5 m (奇偶细分)	12.5 m×12.5 m (奇偶细分)	12.5 m×12.5 m (炮检细分)	12.5 m×12.5 m
覆盖次数(横×纵)	10×12＝120(次)	12×11＝132(次)	7×21＝147(次)	12×16＝192(次)
接收道距/线距	25 m/150 m	25 m/150 m	25 m/125 m	25 m/150 m
炮点距/炮线距	50 m/150 m	50 m/150 m	50 m/150 m	25 m/200 m
束线距/滚动排列	750 m/5 线	150 m/2 线	250 m/2 线	150 m/1 线
最大炮检距	4 008 m	3 748 m	3 611 m	3 660.6 m
最大非纵距	1 787.5 m	1 862.5 m	1 787.5 m	1 800 m
横纵比	0.498	0.567	0.57	0.565
炮道密度	76.8	84.48	94.08	122.88
炮密度	133.333	133.33	133.333	200
接收道密度	266.666	266.67	320	266.666 7

对 4 种观测系统的面元综合属性(包括覆盖次数分布、炮检距分布、方位角分布)分析等进行对比。

通过对 4 种观测系统的面元综合属性分析,如图 9-26,4 种观测系统覆盖次数都能达到预期目标,横向覆盖次数较高,面元内炮检距分布都较为均匀,且方位角都较宽,横纵比都达到 0.5 以上,均能达到预期采集设计目标。从细节来看,方案 3 和方案 4 面元覆盖次数相对更高,方位角均匀性相对更好。

此外,综合考虑炮检距非均匀性、采集脚印等因素,如图 9-27、图 9-28,方案 3 的炮检距均匀性优于方案 4,采集脚印均方差方案 3 与方案 4 基本相当,整体分析,推荐方案 3 28L5S7056T2R(炮检细分)观测系统系统。

(三)面向地质目标的观测系统优选

该工区地表起伏平缓,T_1 层较为平缓,T_2、T_3 层高差变化逐渐增大,尤其 T_6、T_7 层高差变化最大,在工区北部有一个陡坡带,对目的层照明能量和检波点接收能量均匀性会有较大影响,如图 9-29。

根据表 9-9 布设 4 种观测系统,分析不同目标层的面元能量分布情况,优选观测系统设计方案。对于 T_1、T_2、T_3 层,地层起伏不是非常剧烈,四种观测系统都能得到很好的照明效果,对后期地震资料处理成像效果影响不大。

T_6 和 T_7 目的层埋深较深,且地层起伏比较剧烈,尤其 T_7 层较 T_6 层埋深更深,且地层变化更为剧烈,因此,重点分析 T_7 层照明,从面元入射能量来看,能量分布较为均匀,如图 9-30(a),但从目的层接收能量来看,工区东部和北部陡坡带区能量明显减弱,如图 9-30(b),从检波点接收能量分析,工区东部地表检波点接收能量较弱,如图 9-30(c),因此针对该区域做进一步分析。

4 个设计方案针对北部陡坡带所属范围,依次放了 11 543 炮、11 852 炮、11 333 炮和 16 981 炮。从图 9-31 T_7 层面元入射能量分布情况来看,方案 4 24L6S 总体能量更强,分布更均匀。从施工成本来看,方案 1、方案 1 和方案 3 总炮数差不多,方案 4 的施工成本是最高的,综合来看方案 3 性价比更高。

对 T_7 层照明,分析检波点接收能量分布情况,如图 9-32。方案 1 检波点的接收能量最不均匀;方案 2 的检波点接收能量最弱;方案 3 和方案 4 检波点接收能量大小基本相当,单方案 3 接收范围较方案 4 略广。

从图 9-33 中 T_7 层面元偏移能量分布情况来看,将四个设计方案获得的 T_7 层面元偏移能量中最大值、平均值以及均方差值做个对比分析,表 9-10 是 T_7 目的层面元偏移能量对比。

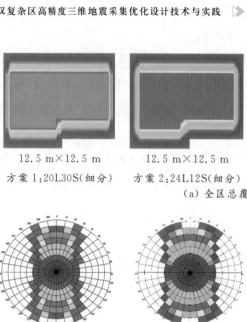

12.5 m×12.5 m　　12.5 m×12.5 m　　12.5 m×12.5 m　　12.5 m×12.5 m

方案1:20L30S(细分)　方案2:24L12S(细分)　方案3:28L5S(细分)　方案4:24L6S

（a）全区总覆盖次数分布图

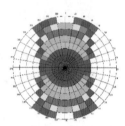
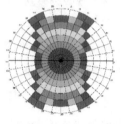
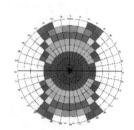

方案1:20L30S(细分)　方案2:24L12S(细分)　方案3:28L5S(细分)　方案4:24L6S

（b）不同方案玫瑰图

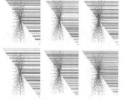
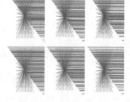
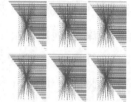
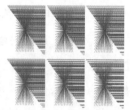

方案1:20L30S(细分)　方案2:24L12S(细分)　方案3:28L5S(细分)　方案4:24L6S

（c）炮检距方位角图

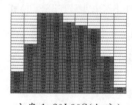
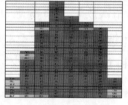
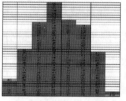
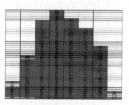

方案1:20L30S(细分)　方案2:24L12S(细分)　方案3:28L5S(细分)　方案4:24L6S

（d）炮检距方位角图

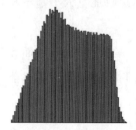

方案1:20L30S(细分)　方案2:24L12S(细分)　方案3:28L5S(细分)　方案4:24L6S

（e）格子图

图9-26　观测系统常规属性分析图

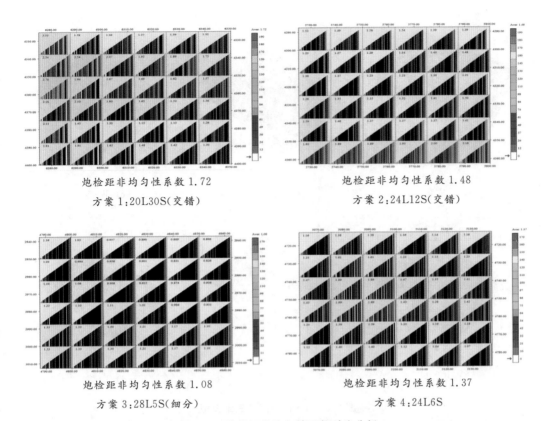

炮检距非均匀性系数 1.72

方案 1:20L30S(交错)

炮检距非均匀性系数 1.48

方案 2:24L12S(交错)

炮检距非均匀性系数 1.08

方案 3:28L5S(细分)

炮检距非均匀性系数 1.37

方案 4:24L6S

图 9-27　炮检距非均匀性系数对比分析

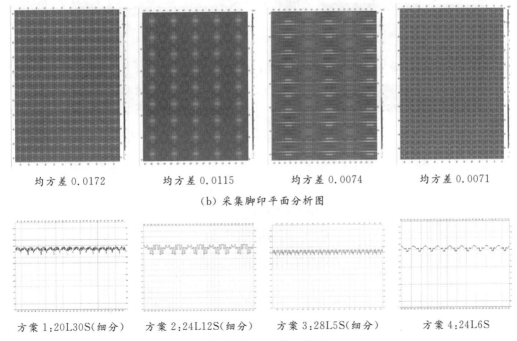

均方差 0.0172　　　　均方差 0.0115　　　　均方差 0.0074　　　　均方差 0.0071

（b）采集脚印平面分析图

方案 1:20L30S(细分)　方案 2:24L12S(细分)　方案 3:28L5S(细分)　方案 4:24L6S

（c）采集脚印切线分析图

图 9-28　采集脚印对比分析

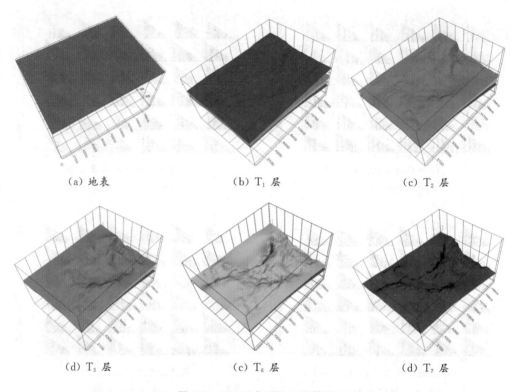

（a）地表 　　　　（b）T_1 层 　　　　（c）T_2 层

（d）T_3 层 　　　　（c）T_6 层 　　　　（d）T_7 层

图 9-29　BS 区各层位三维模型

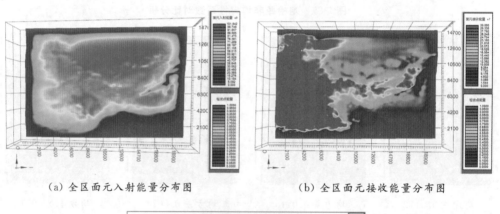

（a）全区面元入射能量分布图 　　　　（b）全区面元接收能量分布图

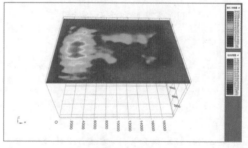

（c）全区检波点接收能量

图 9-30　T_7 层照明能量图

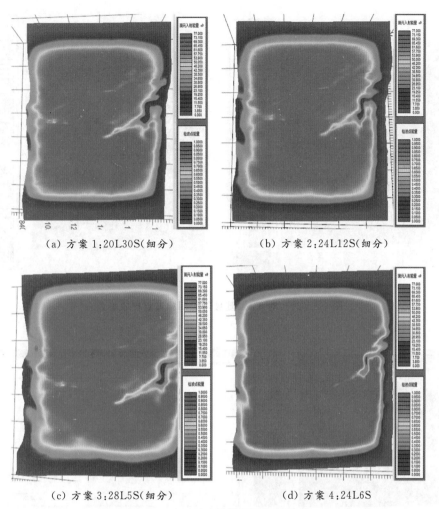

（a）方案 1:20L30S（细分）　　　　　　（b）方案 2:24L12S（细分）

（c）方案 3:28L5S（细分）　　　　　　　（d）方案 4:24L6S

图 9-31　T₇ 层陡坡带面元入射能量

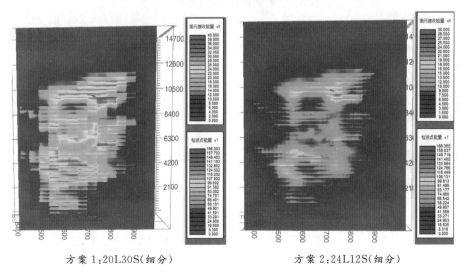

方案 1:20L30S（细分）　　　　　　方案 2:24L12S（细分）

图 9-32(1)　对 T₇ 层陡坡带照明检波点接收能量

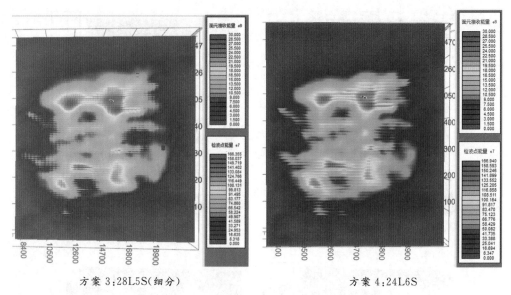

方案 3:28L5S(细分)   方案 4:24L6S

图 9-32(2)   对 T₇ 层陡坡带照明检波点接收能量

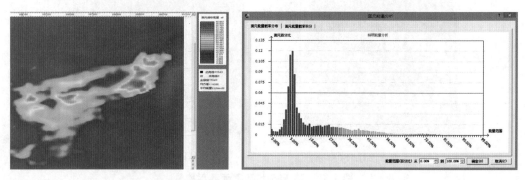

方案 1:20L30S(细分)

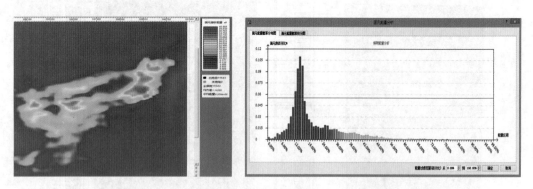

方案 2:24L12S(细分)

图 9-33(1)   T₇ 层面元偏移能量(左)与偏移能量值概率分布图(右)

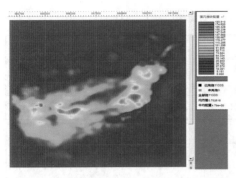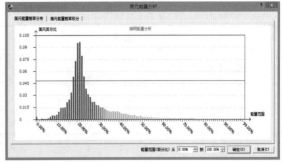

方案 3:28L5S(细分)

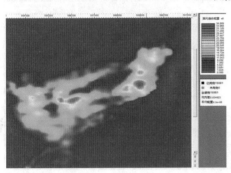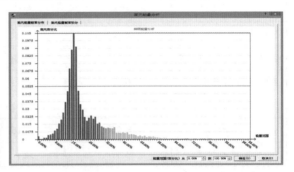

方案 4:24L6S

图 9-33(2)　T_7 层面元偏移能量(左)与偏移能量值概率分布图(右)

表 9-10　T_7 目的层面元偏移能量对比

方案	设计炮数	最高能量	平均能量	均方差
方案 1 20L30S	11 543	40.882e8	8.317e8	1.158 81
方案 2 24L12S	11 852	29.932e8	6.332e8	0.918 062
方案 3 28L5S	11 333	18.381e8	4.763e8	0.748 38
方案 4 24L6S	16 981	36.809e8	8.3e8	0.834 923

最高能量和平均能量不作为第一评价要素,当然如果平均能量高,也说明观测系统整体面元接收情况良好。最核心的评价标准是均方差值,反映面元偏移能量的均匀性,均方差值越小,说明面元偏移能量越均匀,对后期偏移成像越有利。从 4 套方案对比分析来看,方案 1 最高能量和平均能量都最大,但是均方差值也最大,说明该观测系统下,T_7 目的层面元偏移能量最不均匀,不建议采用此方案。方案 4 的最高能量和平均能量都很强,均方差值也比较小,该方案可以考虑选择。方案 3 最高能量和平均能量最低,但是均方差值最小,说明该方案下,T_7 层面元偏移能量最均匀,该方案较好。

从面元偏移能量值概率分布来看,方案 3 和方案 4 都接近正态分布,尤其方案 3,大部分能量集中在中间区域,因此,最终分析评价认为,方案 3 更优。

综合对比分析,得出分析结论如表 9-11 所示,从整体考虑,认为方案 3 要优于其他的方案。

表 9-11　观测系统分析评价对比表

方案	方案 1	方案 2	方案 3	方案 4
观测系统	20L30S（横向奇偶细分）	24L12S（横向奇偶细分）	28L5S（横向炮检细分）	24L6S
覆盖次数（横×纵）	10×12＝120（次）	12×11＝132（次）	7×21＝147（次）	12×16＝192（次）
炮检距	较好	较好	好	好
方位角	较窄	较宽	较宽	较宽
炮检距非均匀性	较好	较好	好	好
采集脚印	较大	较大	较小	小
检波点接收能量	较差	一般	好	较好
目的层面元入射能量	较差	一般	较好	好
目的层面元接收能量	较差	一般	好	好
总炮数	23 392	23 518	23 145	34 544
总道数	93 960	92 160	106 608	90 120
施工难易程度	较好	较好	较难	难

（四）全局寻优自动炮点加密

采用方案 3，针对 BS 区全区范围布设观测系统，分析 T_7 层面元入射能量和接收能量在三维空间中分布情况。考虑北部陡坡区存在成像阴影区，不利于后期室内资料处理解释对大断面边缘的分辨，如图 9-34。

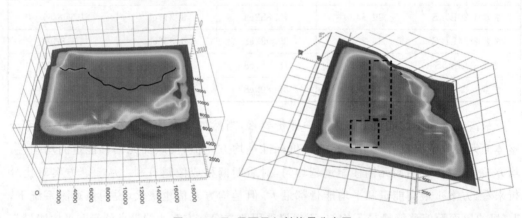

图 9-34　T_7 层面元入射能量分布图

因此建议，针对陡坡带成像阴影区，全局寻优加密炮点，前后共加密 54 炮，加密后炮点位于工区东北部，陡坡带下倾方向，如图 9-35（a）见黄色框所示，叠合在遥感卫星图像上，在满次范围边界处（见黄色框），如图 9-35（b）。

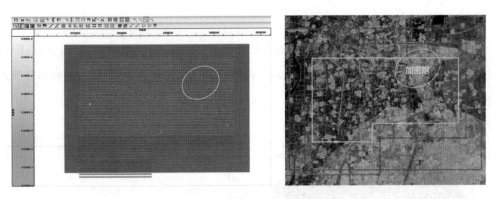

图 9-35　全局寻优自动炮点加密

另外针对地表障碍物，排除炮点，优化设计后，T_7 层面元入射能量，在陡坡带区，能量有明显改善，如图 9-36、图 9-37。

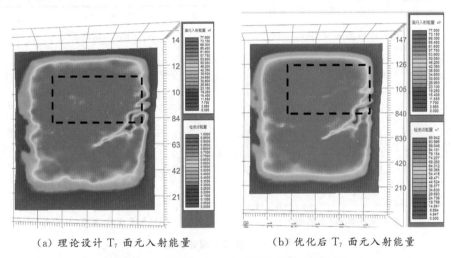

（a）理论设计 T_7 面元入射能量　　　　　（b）优化后 T_7 面元入射能量

图 9-36　优化前后 T_7 层面元入射能量对比图

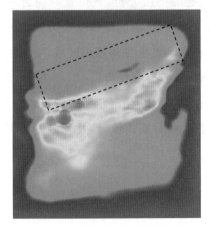 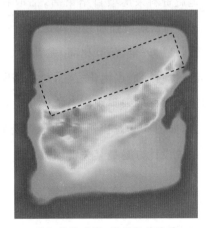

（a）理论设计 T_7 面元接收能量　　　　　（b）优化后 T_7 面元接收能量

图 9-37　优化前后 T_7 层面元入射能量对比图

（五）采集效果分析

从三维模型上，如图 9-38(a)，加密炮点位置附近，抽取一条二维剖面，如图 9-38(b)，炮点加密前后叠前深度偏移对比如图 9-38(c)(d)，由图可见，加密前 T_7 层同相轴有明显断点，加密后，T_7 层同相轴连续性明显变好。

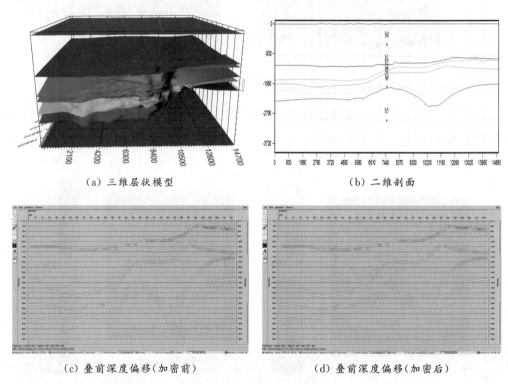

（a）三维层状模型 　　　　　　　　　　（b）二维剖面

（c）叠前深度偏移（加密前）　　　　　　（d）叠前深度偏移（加密后）

图 9-38　偏移剖面分析图

野外地震资料采集项目结束后，抽取相应叠加剖面分析，该位置对应野外第 48 束线，如图 9-39 加密前后叠加剖面对比图所示。加密后资料的整体品质有较大的改善，层间信息丰富，绕射齐全，信噪比高，尤其在黄色椭圆和红色方框指示区域，效果更为明显。可见，全局寻优自动炮点优化方法，对提高阴影区成像具有优势。

面向地质目标的采集观测系统优化设计技术的应用，使得新采集资料较老资料品质有明显提升，如图 9-40。当然，好的地震资料获取和后期成像，涉及到多方面因素，但优秀的观测系统设计方案是其关键因素之一。

二、G94 北高密度地震采集工程

（一）工区概况

该工区处于高青大断裂带，跨博兴、利津两大生油洼陷，成藏条件有利。

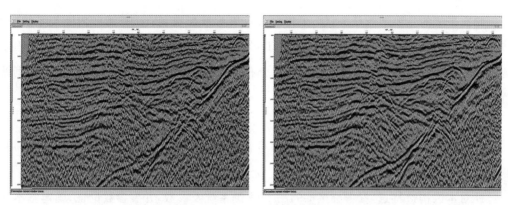

（a）加密前（左）后（右）叠加剖面对比图

（b）加密前（左）后（右）叠加剖面对比图

图 9-39

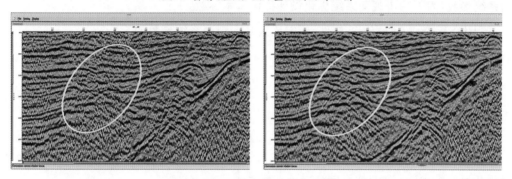

图 9-40 **野外新老采集资料对比**(胜利油田物探研究院提供)

此次采集的主要地质任务:① 采集好各反射标准层资料;② 查清区内断裂系统、构造形态,落实各类圈闭目标;③ 重点提高 T4 以下地震资料的分辨率和信噪比,较大程度地改善中深层资料品质;④ 厘清区内地层分布及接触关系,明确第三系地层超覆和剥蚀范围,查明潜山分布规律及内幕特征。

(二)观测系统优化设计

对观测系统而言,重点分析 5 个参数(分辨率、面元、覆盖次数、炮检距、接收线距)和 3 个属性(炮检距、方位角、覆盖次数分布),优选最合适的观测系统参数。

针对本区构造特点,参考临区 G94 三维观测系统及参数,开展参数论证,确定基本观测系统参数,为下一步观测系统优化设计提供基本参数。

利用 SWParamAnalysis 软件,确定该区基本观测系统参数如下:

面元网格:25 m×25 m。

覆盖次数:250 次左右。

最大炮检距:3 700～4 800 m。

接收线距:≤200 m。

根据参数论证得到的基本观测系统参数结果,从多种观测系统中优选出 4 种观测系统进行对比分析。4 种观测系统的详细参数见表 9-12。

表 9-12　不同观测系统详细参数表

项目	方案 1	方案 2	方案 3		方案 4	
观测系统	18L12S 200T	24L4S 184T	30L3S144T (上升盘)	30L3S176T (下降盘)	32L3S136T (上升盘)	32L3S176T (下降盘)
接收道数	18×200= 3 600(道)	24×184= 4 416(道)	30×144= 4 320(道)	30×176= 5 280(道)	32×136= 4 352(道)	32×176= 5 632(道)
纵向观测系统	4 975—25— 50—25— 4 975	4 575—25— 50—25— 4 575	3 575—25— 50—25— 3 575	4 375—25— 50—25— 4 375	3 375—25— 50—25— 3 375	4 375—25— 50—25— 4 375
面元网格 (横×纵)	25 m×25 m	25 m×25 m	25 m×25 m	25 m×25 m	25 m×25 m	25 m×25 m
覆盖次数 (横×纵)	9×25=225 (次)	12×23=276 (次)	18×15=270 (次)	22×15=330 (次)	16×17=272 (次)	16×22=352 (次)
接收道距/ 线距	50 m/200 m	50 m/200 m	50 m/150 m	50 m/150 m	50 m/150 m	50 m/150 m
炮点距/ 炮线距	50 m/200 m	50 m/200 m	50 m/200 m	50 m/200 m	50 m/200 m	50 m/200 m

（续表）

项目	方案 1	方案 2	方案 3		方案 4	
束线距/滚动排列	600 m/3 线	200 m/1 线	150 m/1 线	150 m/1 线	150 m/1 线	150 m/1 线
最大炮检距	5 352.69 m	5 154.73 m	4 210 m	4 908 m	4 126.9 m	4 978 m
最大非纵距	1 975 m	2 375 m	2 225	2 225	2 375 m	2 375 m
横纵比	0.397	0.519	0.62	0.48	0.704	0.543
炮道密度	36	44.16	43.2	45.6	43.52	56.32
炮密度	100	100	100	100	100	100
接收道密度	100	100	133.33	133.33	133.33	133.3

对 4 种观测系统的面元综合属性（包括覆盖次数分布、炮检距分布、方位角分布）分析等进行对比。

通过对 4 种观测系统的面元综合属性分析，如图 9-41 所示。

方案 1：18L12S　方案 2：24L12S　方案 3：30L3S(上升)　　30L3S(下降)　　方案 4：32L3S(上升)　　32L3S(下降)

（a）观测系统模板

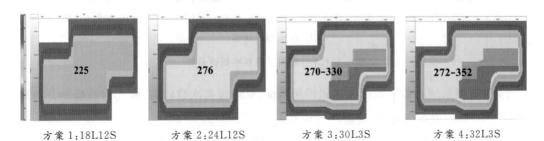

方案 1：18L12S　　　方案 2：24L12S　　　方案 3：30L3S　　　方案 4：32L3S

（b）全区总覆盖次数分布图

图 9-41(1)　常规观测系统属性分析

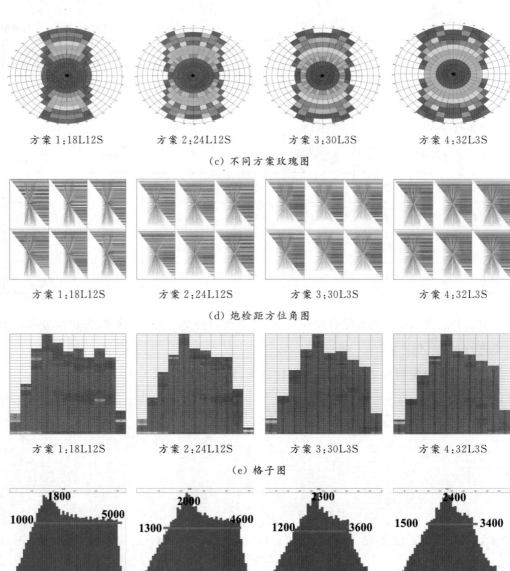

方案 1:18L12S　　方案 2:24L12S　　方案 3:30L3S　　方案 4:32L3S

（c）不同方案玫瑰图

方案 1:18L12S　　方案 2:24L12S　　方案 3:30L3S　　方案 4:32L3S

（d）炮检距方位角图

方案 1:18L12S　　方案 2:24L12S　　方案 3:30L3S　　方案 4:32L3S

（e）格子图

方案 1:18L12S　　方案 2:24L12S　　方案 3:30L3S　　方案 4:32L3S

（f）炮检距统计图

图 9-41(2)　常规观测系统属性分析

　　4 种观测系统覆盖次数都能达到预期目标,纵向覆盖次数较高,面元内炮检距分布都较为均匀,且方位角都较宽,均能达到预期采集设计目标。

　　从细节看,方案 3 和方案 4 面元覆盖次数相对更高,方位角均匀性相对更好。方案 3 针对上升盘覆盖次数高,方案 4 针对下降盘覆盖次数高。方案 3 和方案 4 方位角较宽,其中方案 3 方位角略优于方案 4。方案 1、方案 2 炮检距集中于 1 000~2 000 m,方案 3、方案 4 炮检距集中于 2 000~3 000 m,有利于上升盘成像。

此外,综合考虑炮检距非均匀性、采集脚印等因素,如图9-42、图9-43,方案4的炮检距均匀性优于方案4,采集脚印均方差方案3与方案4基本相当,方案3略好,整体分析,推荐方案3观测系统。

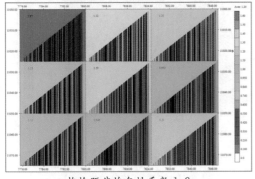
炮检距非均匀性系数1.2
方案1:18L12S200T

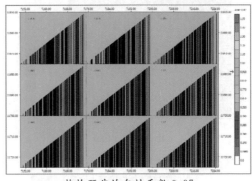
炮检距非均匀性系数0.97
方案2:24L4S184T

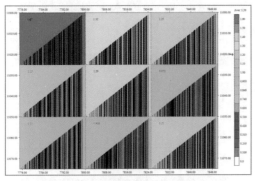
炮检距非均匀性系数0.88
方案3:30L3S144T(上升盘)
30L3S176T(下降盘)

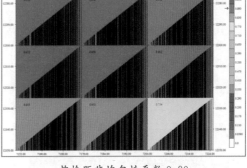
炮检距非均匀性系数0.90
方案4:32L3S136T(上升盘)
32L3S176T(下降盘)

图9-42　炮检距非均匀性系数对比分析

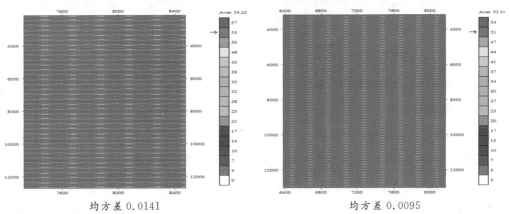

均方差0.0141
方案1:18L12S200T

均方差0.0095
方案2:24L4S184T

图9-43(1)　采集脚印对比分析

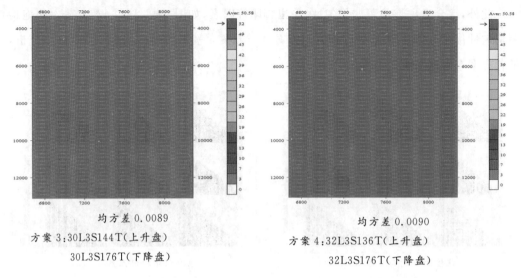

均方差 0.0089
方案 3：30L3S144T（上升盘）
30L3S176T（下降盘）

均方差 0.0090
方案 4：32L3S136T（上升盘）
32L3S176T（下降盘）

（a）采集脚印平面分析图

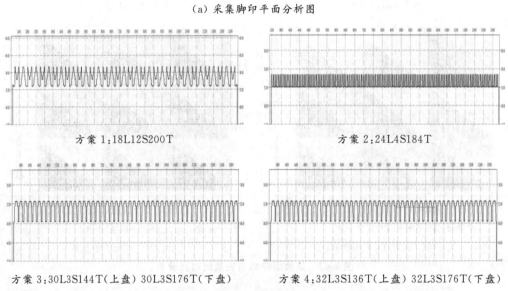

方案 1：18L12S200T

方案 2：24L4S184T

方案 3：30L3S144T（上盘）30L3S176T（下盘）

方案 4：32L3S136T（上盘）32L3S176T（下盘）

（b）采集脚印切线分析图

图 9-43(2)　采集脚印对比分析

（四）面向地质目标的观测系统优选

1. 三维模型建立

利用部署区处理解释最新成果，信息统计如表 9-13。解释成果数据时深转换后，建立该区的三维模型，如图 9-44，作为本次面向地质目标的观测系统优选与分析评价的基础。

该工区地表起伏平缓，T_1、T_2 层较为平缓，高差变化不大，T_6、T_7 层陡坡带区垂向断距增加到 3 000 m，尤其 T_r、T_g、T_{g2} 层，垂向断距达到 5 000 m，对断层下盘正演照明结果影响较大，地层本身起伏也较为剧烈，不利于成像。

表 9-13　目的层信息统计表

地震层位	地质层位	层速度/(m/s)	埋深/m	地层倾角/°	最高频率/Hz
T_1	馆陶段	2 450	1 013—1 527	1—6	100
T_2	沙一段	2 730	1 108—2 671	1—6	100
T_6	沙三上	3 200	1 011—3 999	1—6	80
T_7	沙四段	3 750	1 001—4 246	1—8	80
T_r	孔三段	3 900	1 210—5 340	1—8	60
T_g	沙四段	4 200	1 807—6 391	1—12	60
T_{g2}	古生界顶	4 500	1 989—7 506	1—12	50

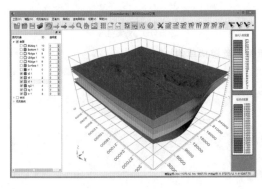 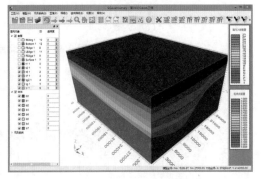

（a）G94 北三维层状模型　　　　　　　　　（b）G94 北三维块体模型

图 9-44　G94 北三维模型

2. 高斯束正演模拟

针对表 9-12 设计的 4 种观测系统,分析不同目标层的面元能量分布情况,优选观测系统设计方案。分别对 4 种观测系统做高斯射线束正演模拟分析,分别从断层上下盘各取一个模拟单炮,如图 9-45 和图 9-46。

从图 9-45 上升盘模拟单炮来看,4 套设计方案均能有效接收到来自目的层反射,且由于目的层埋深较浅,下传能量也较强。但是从 4 组单炮对比分析来看,方案 1、方案 2 排列较长,4 s 以下没有有效反射,造成排列浪费,方案 3 和方案 4 较优。从图 9-46 下降盘模拟单炮来看,4 套设计方案均能有效接收到来自目的层反射,下传能量随着目的层埋深越深而逐渐减弱,尤其 T_{g2} 目的层埋深较深,下传能量较弱。从 4 组单炮对比分析来看,方案 3 和方案 4 接收到深层反射信息更为丰富,有利于后期偏移成像,认为方案 3 和方案 4 较优。

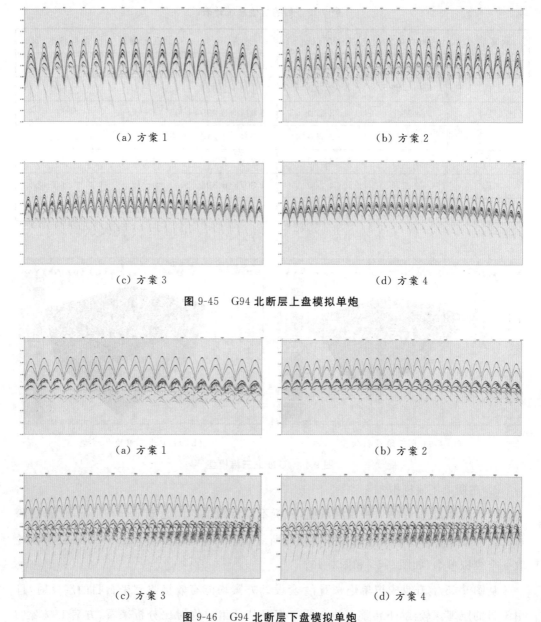

（a）方案1 （b）方案2

（c）方案3 （d）方案4

图 9-45　G94 北断层上盘模拟单炮

（a）方案1 （b）方案2

（c）方案3 （d）方案4

图 9-46　G94 北断层下盘模拟单炮

3. 高斯束照明分析

对于 T_1、T_2 层，地层起伏较为平缓，高差变化不大，几种观测系统都能得到很好的照明效果，对后期地震资料处理成像效果影响不大。T_6、T_7 层陡坡带区垂向断距最大 3 000 m，尤其 T_r、T_g、T_{g2} 层，垂向断距达到 5 000 m，对断层下盘正演照明结果影响较大，地层本身起伏也较为剧烈，不利于成像，如图 9-47 和图 9-48。

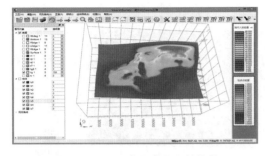

图 9-47 T_g 层全区面元入射能量

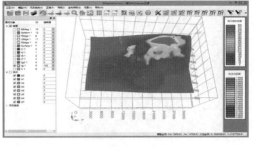

图 9-48 T_g 层全区面元接收能量

T_r、T_g、T_{g2} 目的层倾角方向较为相近,以 T_g 层为例做重点分析。

4 个设计方案,依次放了 36 504 炮、35 764 炮、33 240 炮和 33 291 炮。从图 9-49 中 T_g 层面元入射能量分布情况来看,方案 1 和方案 2 炮数略多,因此总体能量较方案 3 和方案 4 更强,但能量更为集中在断层上升盘,阴影区能量较方案 3 和方案 4 更弱,整体均匀性不如方案 3 和方案 4 好。从施工成本来看,方案 1 和方案 2 总炮数较方案 3 和方案 4 多了 3 000 炮左右。从施工难易程度上来看,方案 3 和方案 4 的施工难度更大一些,综合来看方案 3 和方案 4 更优。

对 T_g 层照明,分析面元接收能量分布情况,如图 9-50,方案 1 和方案 2 的面元接收能量明显弱,方案 3 和方案 4 的面元接收能量大小基本相当,尤其在断层下降盘,面元接收能量明显优于方案 1 和方案 2,采用下降盘加大排列的方案取得明显效果,方案 3 较方案 4 高能量分布范围更广些,总体分析,方案 3 最优。

在二维空间内分析 T_g 层面元偏移能量,如图 9-51 中 T_g 层面元偏移能量分布图,将 4 个设计方案获得的 T_g 层面元偏移能量中最大值、平均值以及均方差值做详细地对比分析,如表 9-14 中 T_g 目的层面元偏移能量对比。

目的层面元接收能量均方差值,反映面元接收能量的均匀性,均方差值越小,说明面元偏移能量越均匀,对后期偏移成像越有利。从 4 套方案对比分析来看,方案 1 最高能量和平均能量都最小,并且均方差值也最大,说明该观测系统下,T_g 目的层面元偏移能量最不均匀,不建议采用此方案。方案 2 最高能量和平均能量要高于方案 1,并且均方差值要小于方案 1,说明方案 1 比方案 2 略好。方案 4 最高能量略高于方案 3,但是总体看来,方案 3 的平均能量最高,且均方差值最小,说明方案 3 的 T_g 目的层面元接收能量分布最均匀,分析认为方案 3 最优。

从面元接收能量值概率分布来看,方案 3 和方案 4 的大部分能量集中在中间区域,因此,方案 3 和方案 4 更优。

综合对比分析,得出分析结论如表 9-15 所示,从整体考虑,认为方案 3 要优于其他的方案。

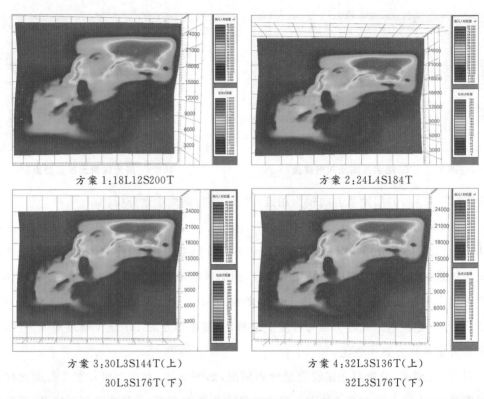

方案 1:18L12S200T　　　　　　方案 2:24L4S184T

方案 3:30L3S144T(上)　　　　　　方案 4:32L3S136T(上)
30L3S176T(下)　　　　　　32L3S176T(下)

图 9-49　T_g 层全区面元入射能量

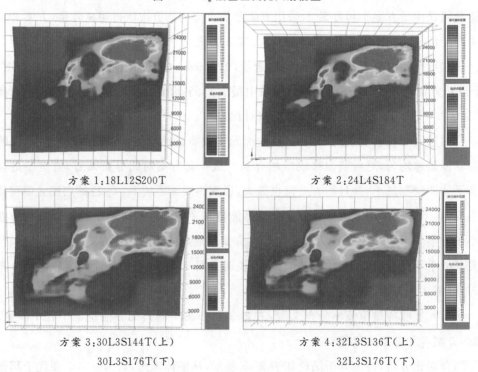

方案 1:18L12S200T　　　　　　方案 2:24L4S184T

方案 3:30L3S144T(上)　　　　　　方案 4:32L3S136T(上)
30L3S176T(下)　　　　　　32L3S176T(下)

图 9-50　对 T_g 层全区照明面元接收能量

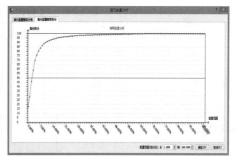

方案 1:18L12S200T

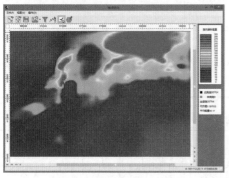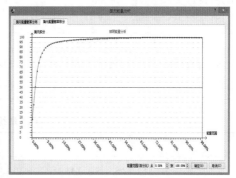

方案 2:24L4S184T

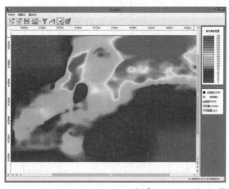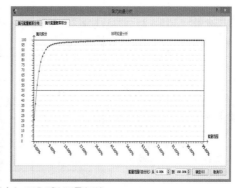

方案 3:30L3S144T(上)、30L3S176T(下)

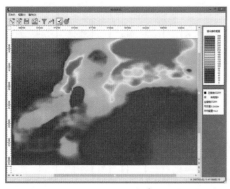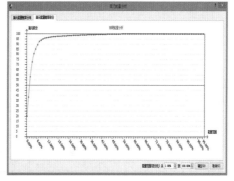

方案 4:32L3S136T(上)、32L3S176T(下)

图 9-51 T_g 层面元偏移能量(左) T_g 层面元偏移能量值概率积分图(右)

表 9-14 T$_g$ 目的层面元偏移能量对比

方案	设计炮数	最高能量	平均能量	均方差
方案 1 18L12S200T	36 504	1 413	80.32	0.411 476
方案 2 24L4S184T	35 764	1 864	95.17	0.397 535
方案 3 30L3S144T(上) 30L3S176T(下)	33 240	2 771	126.8	0.317 053
方案 4 32L3S136T(上) 32L3S176T(下)	33 291	2 787	114.2	0.324 294

表 9-15 观测系统分析评价对比表

方案	方案 1	方案 2	方案 3		方案 4	
观测系统	18L12S 200T	24L4S 184T	30L3S144T （上升盘）	30L3S176T （下降盘）	32L3S136T （上升盘）	32L3S176T （下降盘）
覆盖次数 （横×纵）	9×25=225 （次）	12×23=276 （次）	18×15=270 （次）	22×15=330 （次）	16×17=272 （次）	16×22=352 （次）
炮检距	较好	较好	好		好	
方位角	较窄	较窄	较宽		较宽	
炮检距非 均匀性	较好	较好	好		好	
采集脚印	较大	较大	较小		小	
检波点接 收能量	较好	较好	好		好	
目的层面 元入射能量	好	好	较好		好	
目的层面 元接收能量	一般	一般	较好		好	
总炮数	36 504	35 764	33 240		33 291	
总道数	70 416	71 480	84 312		84 340	
施工难 易程度	较易	较易	较难		较难	

（四）基于目的层照明阴影区反向照明分析

采用方案 3 的观测系统，分析 T_g 层面元接收能量在三维空间中分布情况。在满次覆盖范围内，主要存在两个较大的面元接收能量阴影区，其中一个阴影区主要位于高青断裂上，不利于后期室内资料处理解释对大断裂边缘的分辨针。对这两个阴影区，利用逆向照明技术，分析对该区域面元接收能量贡献最大的激发点范围，有针对性地加密炮点，布设排列，如图 9-52 和图 9-53。

由图 9-52(d) T_g 层面元接收能量阴影区逆向照明分析与观测系统炮点叠合显示分析，加密炮点应部署在设计的炮线号 5 177－5 193，炮点号 1 060－1 070 范围内，对该区域面元接收能量贡献最大。

由图 9-53(d) T_g 层面元接收能量阴影区逆向照明分析与观测系统炮点叠合显示分析，加密炮点应部署在设计的炮线号 5 024－5 028，炮点号 1 094－1 116 范围内，对该区域面元接收能量贡献最大。

（五）采集效果分析

由图 9-54 野外采集叠前深度偏移剖面可见，T_g 层连续性非常好，可见，面向地质目标的观测系统优化技术以及逆向射线追踪和照明分析技术的应用，使得特殊目标区地震资料品质有明显的提升。

三、HSD 高效地震采集工程观测系统后评估

（一）工区概况

HSD 高效采集项目主要构造为山前逆冲推覆构造带，从勘探目的来看，需浅、中、深各目的层兼顾，其中浅层超剥带（第一套目的层）及推覆体下伏隐伏圈闭（第二套目的层）为最有利勘探目标。

（二）观测系统设计

该工区构造复杂，以往勘探的结果显示该区地震资料的信噪比一般，针对这一情况，工区进行了高效采集试验，选择的观测系统是之字型和正交型，采集参数如表 9-22 所示。为了进行最大纵向距优化思想的验证，对高密度型观测系统进行部分参数扩大，将原 252 道接收扩大为 360 道接收，观测系统模板如图 9-55 所示。

观测系统如图 9-56 所示，其中高效采集 73 束线，常规采集 19 束线，在此基础上进行高斯射线束正演照明计算。

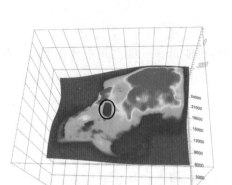

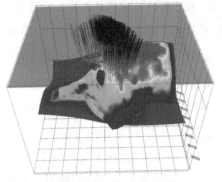

（a）阴影区 1 范围示意图　　　　　　　（b）阴影区 1 反向射线追踪

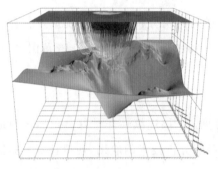

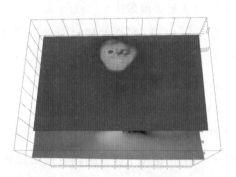

（c）阴影区 1 逆向射线追踪和照明分析　　　（d）逆向照明与观测系统炮点叠合显示

图 9-52　Tg 层面元接收能量阴影区 1 分析

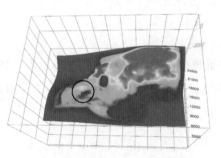

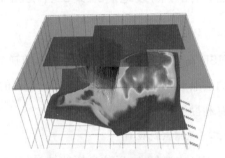

（a）阴影区 2 范围示意图　　　　　　　（b）阴影区 2 反向射线追踪

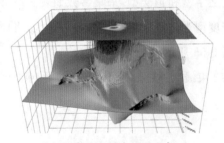

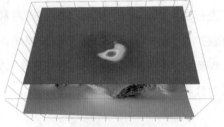

（c）阴影区 1 逆向照明分析　　　　（d）阴影区 1 逆向照明与观测系统炮点叠合显示

图 9-53　Tg 层面元接收能量阴影区 2 分析

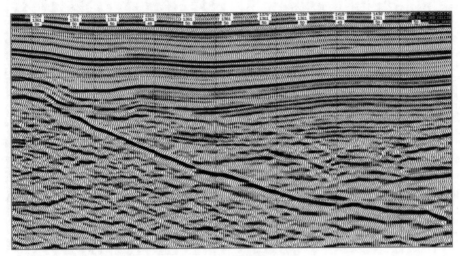

图 9-54　叠前深度偏移剖面

表 9-16　HSD 野外采集的观测系统参数表

	高效采集方案(之字型)	常规采集方法
观测系统	40L6S(中间对称锯齿观测系统)	24L9S(中间对称两边激发)
纵向观测方式	6 275−50−25−50−6 275	6 275−50−25−50−6 275
道数	40×252＝10 080(道)	24×252＝6 048(道)
面元	25 m×25 m	25 m×25 m
覆盖次数	21×20＝420(次)/42×40＝1 680(次)	42×6＝252(次)
道距	50 m	50 m
接收线距	150 m	150 m
炮点距	25 m	100 m
炮线距	150 m	150 m
束线距	150 m	150 m
重复排列数	39 条	39 条
最大炮检距	6 950 m	6 950 m
最大非纵距	2 987.5 m	2 987.5 m
横纵比	0.48	0.34
炮密度	266 炮/平方千米	66 炮/平方千米

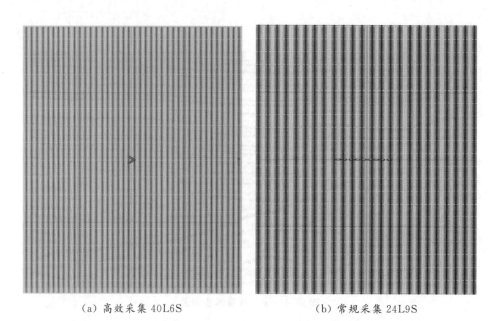

(a) 高效采集 40L6S　　　　　　　　　　(b) 常规采集 24L9S

图 9-55　HSD 观测系统模板

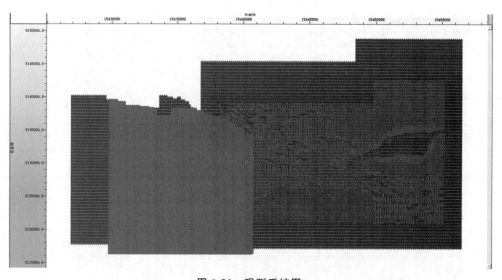

图 9-56　观测系统图

（三）三维模型建立

利用解释层位数据，结合图 9-57(a)(b)典型地质剖面图，建立三维地质模型，如图 9-58 各层位三维块体模型，模型长 24.6 km，宽 21 km，深 10 km。速度根据典型剖面填充，如图 9-59。

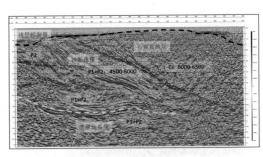

（a）HSD 典型地质剖面图

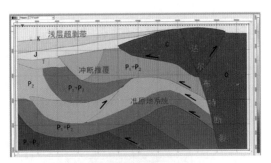

（b）HSD 典型地质剖面图

图 9-57

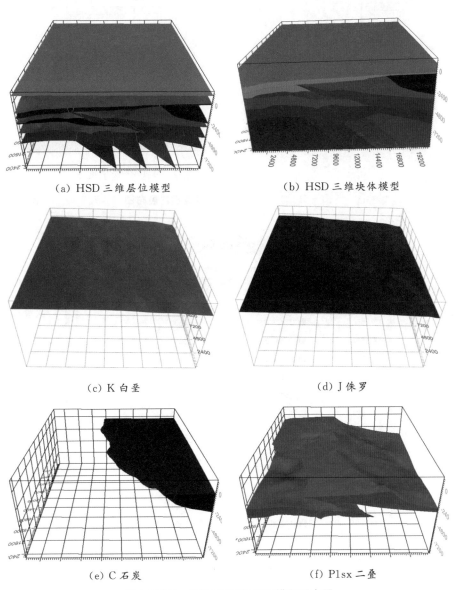

（a）HSD 三维层位模型　　　　　　　　（b）HSD 三维块体模型

（c）K 白垩　　　　　　　　　　　（d）J 侏罗

（e）C 石炭　　　　　　　　　　　（f）P1sx 二叠

图 9-58(1)　HSD 各解释层位横向展布图

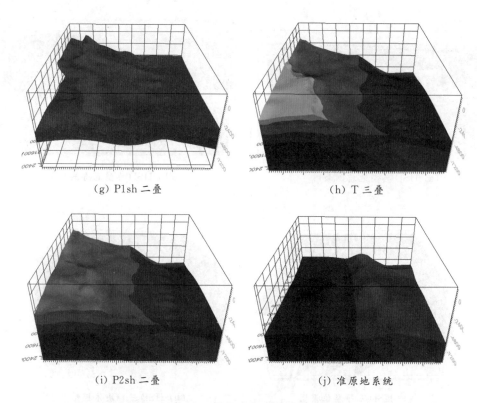

(g) P1sh 二叠　　　　　　　　　　　　　(h) T 三叠

(i) P2sh 二叠　　　　　　　　　　　　　(j) 准原地系统

图 9-58(2)　HSD 各解释层位横向展布图

	块体名称	颜色(R, G, B)	密度	纵波速度	横波速度
1	B	(0, 75, 226)	0	1800	0
2	BF2	(0, 165, 0)	0	3500	0
3	BF2_1	(5, 138, 255)	0	4500	0
4	BF8	(0, 85, 255)	0	5000	0
5	BF9	(129, 0, 97)	0	5700	0
6	BJ	(255, 255, 0)	0	2600	0
7	BK	(255, 205, 40)	0	2000	0
8	BP2X	(5, 138, 255)	0	4800	0
9	BT	(0, 255, 0)	0	2800	0
10	BY_1	(69, 125, 255)	0	5000	0
11	BY_2	(111, 0, 167)	0	5500	0
12	BY_3	(130, 0, 195)	0	5600	0
13	BY_4	(131, 74, 255)	0	5400	0
14	BY_5	(106, 108, 232)	0	5200	0

图 9-59　HSD 工区各地层的速度信息

（四）高斯射线束照明分析

综合该工区的构造地质情况,选择全区连续性相对较好的 P2x 层作为目的层进行方法验证。考虑到工区满次覆盖次数因素,正演模拟选择 35～45 束线,共计 11 束线,该 11 束线位于高效采集区,做高斯射线束正演照明分析,模拟重点主要针对地质任务的要求,选择浅层超剥带、冲断带以及逆掩推覆构造部位进行照明分析,照明结果如图 9-60 至 9-62所示。

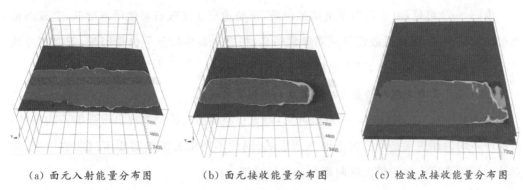

（a）面元入射能量分布图　　　（b）面元接收能量分布图　　　（c）检波点接收能量分布图

图 9-60　HSD 浅层超剥带高斯束照明分析图

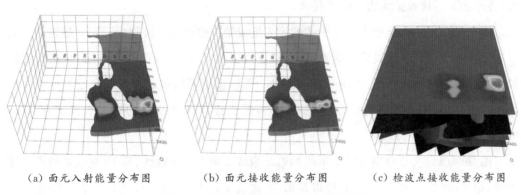

（a）面元入射能量分布图　　　（b）面元接收能量分布图　　　（c）检波点接收能量分布图

图 9-61　HSD 冲断带高斯束照明分析图

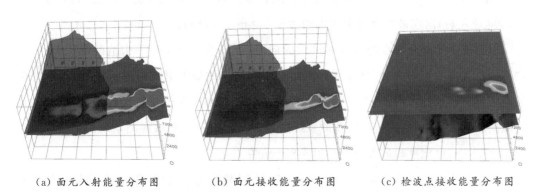

（a）面元入射能量分布图　　　（b）面元接收能量分布图　　　（c）检波点接收能量分布图

图 9-62　HSD 逆掩推覆构造高斯束照明分析图

从图中可以看出,地下面元入射能量和接收能量的变化情况,且地表检波器接收能量表现出很强的不均匀性,而这种不均匀性通常是模型构造形态造成的,因此不同位置激发需要不同的炮检距。

由图 9-60 可见,浅层超剥带面元入射能量、面元接收能量以及检波点接收能量都非常强,有利于地震资料成像。

由图 9-61 可见,冲断带边缘能量较强,有利于地震资料成像。

由图 9-62 可见,由于石炭系地层的屏蔽,下覆地层速度较石炭地层速度低,造成下覆地层能量有突变,面元接收能量减弱非常明显,相应地表接收能量也受影响,若要更好地接收到该地层的反射信息,可在地层下倾方向加大排列。

（五）基于高斯束照明的最大排列长度和排列宽度优化

由图 9-60(c)、9-61(c)和 9-62(c)可见,地表检波器接收能量表现出很强的不均匀性,而这种不均匀性通常是模型构造形态造成的,因此不同位置激发需要不同的炮检距,重点针对逆掩推覆构造的最大纵向距设计进行详细分析。

为了进行最大纵向距优化思想的验证,本区对高效采集观测系统进行部分参数扩大,将原 252 道接收扩大为 360 道接收。

图 9-63(a)～(d)分别为第 1 束线的第 1 炮线第 1 炮点第 1 接收线、第 20 炮线第 4 炮点第 1 接收线、第 35 炮线第 1 炮点第 40 接收线以及第 55 炮线第 6 炮点第 20 接收线的最大纵向距能量分布曲线,由图 9-63(a)～(d)可以看出不同炮点位置最优接收道数依次为 150 道、240 道、240 道和 210 道左右,对应最大纵向距依次约为 3 750 m、6 000 m、6 000 m 以及 5 250 m。

图 9-64(a)～(d)分别为第 2 束线的第 2 炮线 3 炮点 5 接收线、第 10 炮线 2 炮点 4 接收线、第 30 炮线 1 炮点 32 接收线以及第 50 炮线 1 炮点 19 接收线的最大纵向距能量曲线图,由 9-64(a)～(d)可以看出不同炮点位置最优接收道数依次为 150 道、220 道、260 道、300 道左右,对应最大纵向距依次约为 3 750 m、5 500 m、6 500 m、7 500 m。

以上展示了部分炮点处所需的最大纵向距,可以看出由于地下构造的起伏变化,导致不同位置需要不同的最大纵向距,因此对所有炮点的最大纵向距进行统计,得图 9-65 的最大纵向距统计图形,图形显示对于目的层 P2x 而言 155 道左右接收最优,对应的最大纵向距为 3 850 m 左右,根据观测系统参数表(表 9-15)可知该观测系统的最大非纵距为 2 987.5 m,由此可知最大炮检距为 4 873 m 左右。

同样的思想论证最大排列宽度。图 9-66 排列宽度能量曲线,图 9-67 为最优排列宽度统计图形,可以看出 36 线接收效果最佳(排列宽度 5 250 m)。

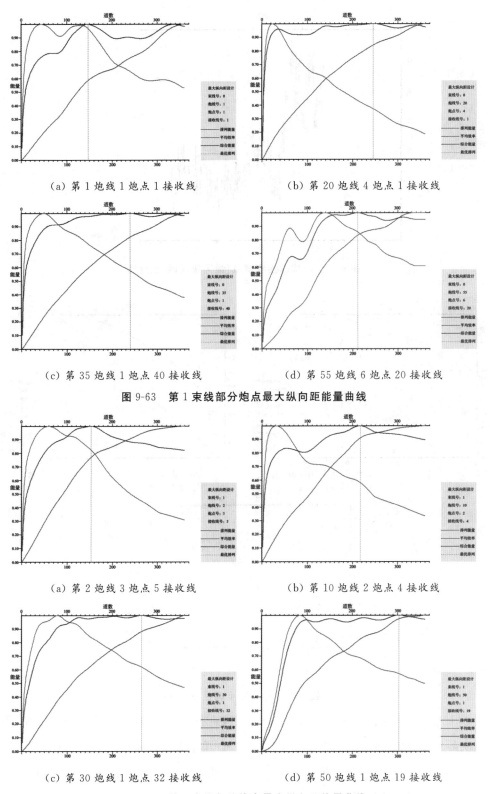

（a）第 1 炮线 1 炮点 1 接收线　　　　　　（b）第 20 炮线 4 炮点 1 接收线

（c）第 35 炮线 1 炮点 40 接收线　　　　　（d）第 55 炮线 6 炮点 20 接收线

图 9-63　第 1 束线部分炮点最大纵向距能量曲线

（a）第 2 炮线 3 炮点 5 接收线　　　　　　（b）第 10 炮线 2 炮点 4 接收线

（c）第 30 炮线 1 炮点 32 接收线　　　　　（d）第 50 炮线 1 炮点 19 接收线

图 9-64　第 2 束线部分炮点最大纵向距能量曲线

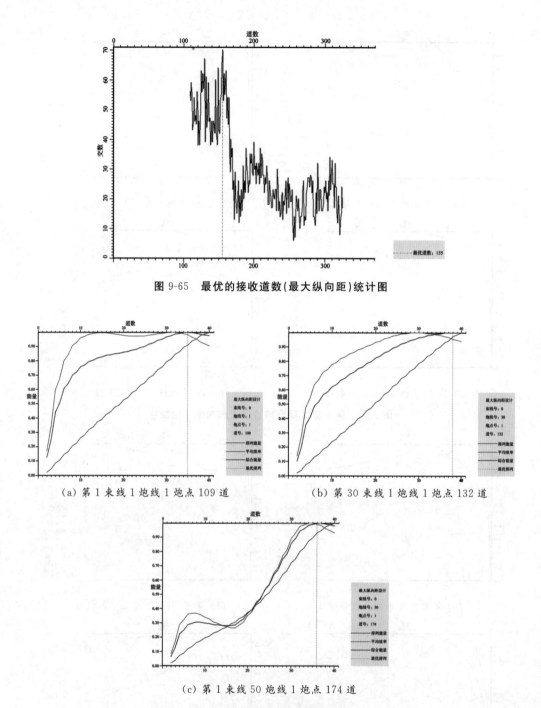

图 9-65　最优的接收道数(最大纵向距)统计图

（a）第 1 束线 1 炮线 1 炮点 109 道　　　　（b）第 30 束线 1 炮线 1 炮点 132 道

（c）第 1 束线 50 炮线 1 炮点 174 道

图 9-66　排列宽度能量曲线图

　　以上利用最大纵向距优化方法对 HSD 工区进行了试算,这样结论是否正确呢,我们通过实际地震资料加以验证,根据收集到的 HSD 单炮数据及正演计算的束线位置(实际施工的第 40 束线),选择某一位置处理形成不同炮检距的叠加剖面,分析对比 P2x 处的剖面同相轴能量变化情况,从而得出最优的炮检距叠加剖面,对比二者的差异。

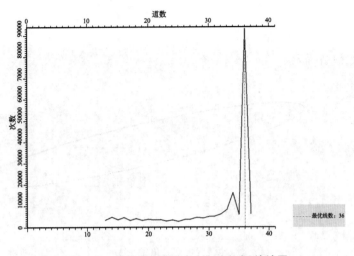

图 9-67　最优的接收线数(排列宽度)统计图

图 9-68 为 500 m 炮检距形成的叠加剖面,根据地震勘探理论可知,500 m 炮检距不能让 P2x 层很好地成像,图中黑色圈对应的是 P2x 目的层同相轴位置,而圈内毫无同相轴可言,成像效果极差,这有力地佐证了 500 m 炮检距是达不到让 P2x 层成像的程度,因此需要增大炮检距。但当炮检距增加到 1 000 m 时,依然难以见到 P2x 层同相轴的影子(图 9-69),因此还需增大炮检距。

当炮检距增大到 1 500 m 时,同相轴开始显现,但此时连续性不好(图 9-70),当炮检距增大到 2 000 m 时,同相轴开始能够断断续续追踪,但此时连续性依然不好(图 9-71),整体上相比于 1 500 m 时有极大的提高,如想获得更好的资料,还需增大炮检距。

当炮检距增大到 2 500 m 时,同相轴比 2 000 m 炮检距时又有很大的改善(图 9-72),此时部分位置连续性不好,当炮检距增大到 3 000 m 时,相比 2 500 m 同样改善了很多(图9-73),同时目的层下覆地层的成像效果也逐渐改善。

当炮检距增大到 3 500 m 时,同相轴整体连续性达到了可追踪的程度,但在部分位置依然连续性不够(图 9-74),当炮检距增大到 4 000 m 时,比 3 500 m 有所改善(图 9-75),成像效果逐渐变好,信噪比逐渐增大。

当炮检距增大到 4 500 m 时,部分位置的同相轴连续性有所改善(图 9-76),而当炮检距增加到 5 000 m 时(图 9-77),相比于 4 500 m 剖面,改善幅度不高。

当炮检距增大到 5 500 m 时,相比于炮检距 5 000 m 的叠加剖面,基本没有什么变化(图 9-78),而这一现象在炮检距 6 000 m、6 500 m 和全炮检距剖面上都能发现(图 9-79～图 9-81),此时说明炮检距的增加对 P2x 层成像来讲没有太大的作用,剖面质量没有大幅度的提高,这也说明对于 P2x 层来讲 4 500 m～5 000 m 炮检距最为经济有效。

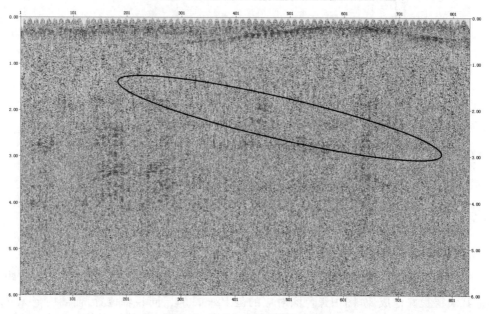

图 9-68　500 m 炮检距叠加剖面

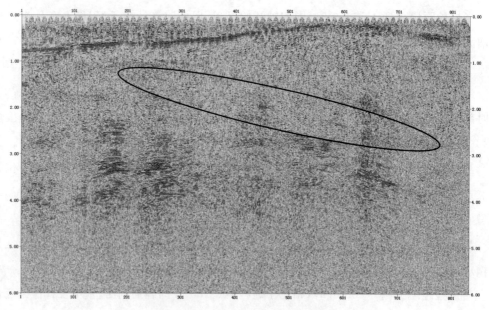

图 9-69　1 000 m 炮检距叠加剖面

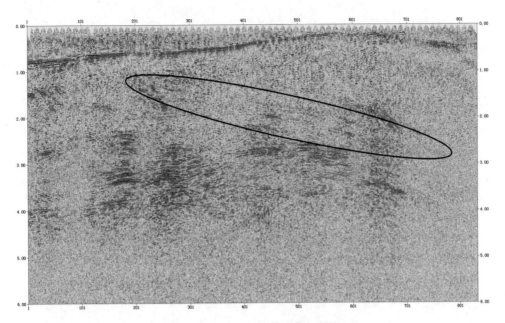

图 9-70　1 500 m 炮检距叠加剖面

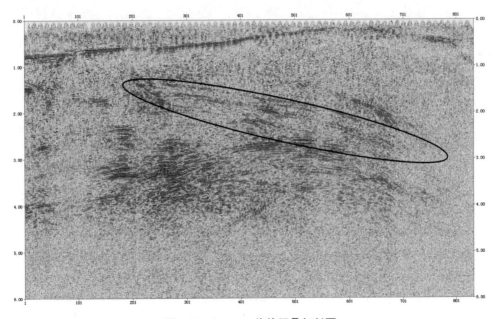

图 9-71　2 000 m 炮检距叠加剖面

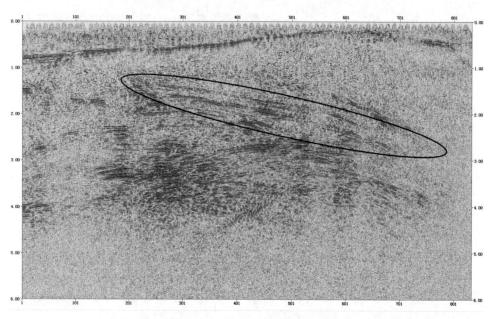

图 9-72　2 500 m 炮检距叠加剖面

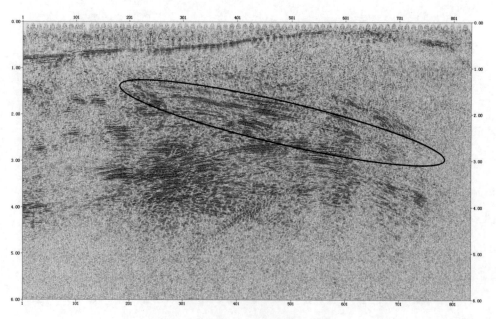

图 9-73　3 000 m 炮检距叠加剖面

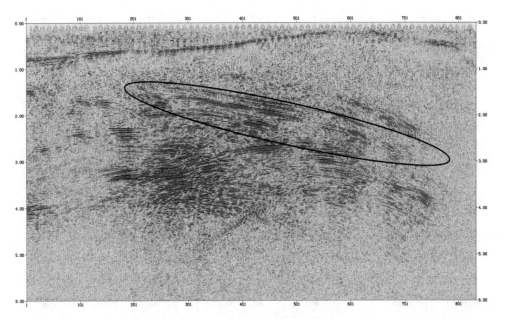

图 9-74　3 500 m **炮检距叠加剖面**

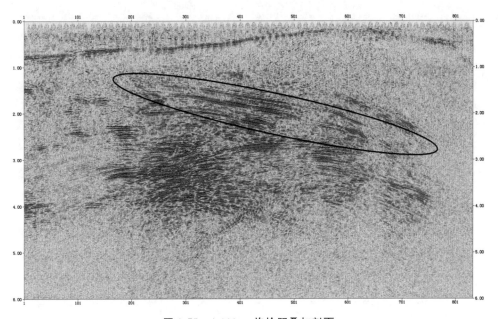

图 9-75　4 000 m **炮检距叠加剖面**

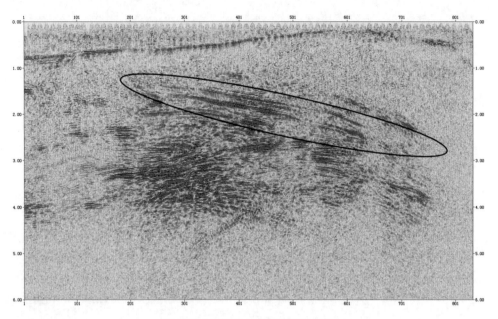

图 9-76　4 500 m 炮检距叠加剖面

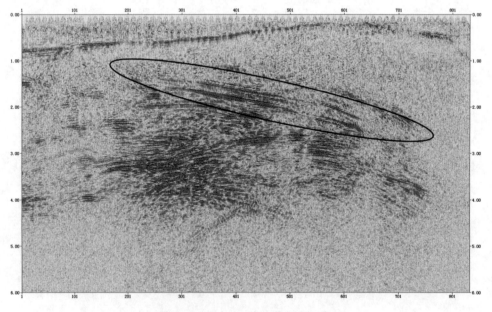

图 9-77　5 000 m 炮检距叠加剖面

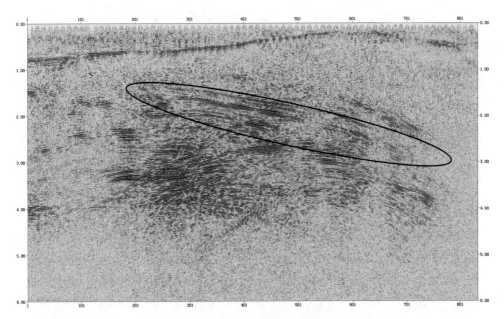

图 9-78 5 500 m 炮检距叠加剖面

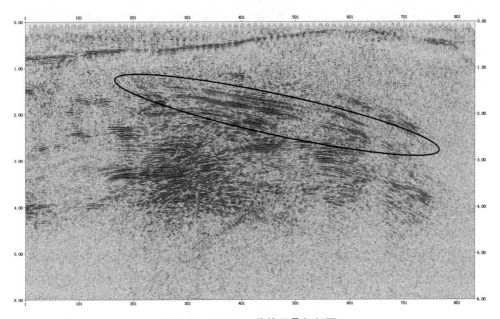

图 9-79 6 000 m 炮检距叠加剖面

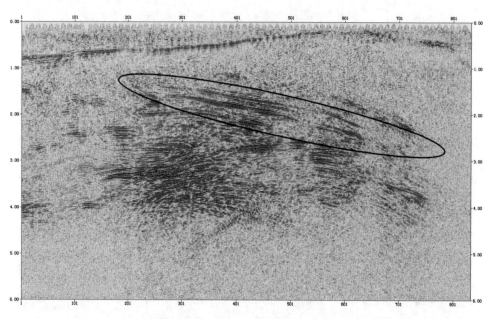

图 9-80　6 500 m 炮检距叠加剖面

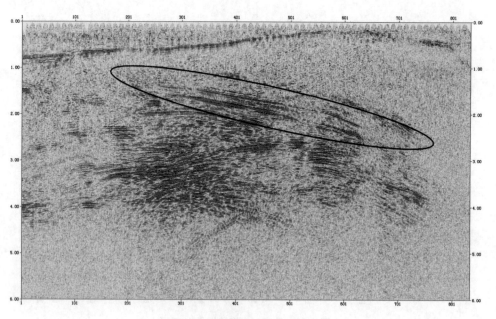

图 9-81　全部炮检距叠加剖面

综上所述,可以发现利用实际单炮数据处理,形成不同炮检距叠加剖面,并通过分析P2x层成像效果,得出的最经济有效的炮检距为 4 500～5 000 m,而利用最大纵向距优化方法得出的 HSD 地区 P2x 层最优的炮检距为 4 873 m 左右;二者差异不大。然而这两种方法是从不同角度优化得出目的层最优的炮检距,彼此之间并无联系,但结果基本一致,这充分说明了本文提出的最大纵向距优化方法的可行性和正确性。

（六）采集效果分析

在 HSD 工区做面向地质目标的观测系统优化设计,并且野外严格控制采集过程和采集质量,取得较好应用效果,从新老资料对比图（图 9-82）可见,新资料较老资料成像效果有明显的提升,新采集资料下伏准原地系统内部地震反射清楚,有效落实了沉积地层的结构和空间展布;中深层前缘超剥带地震反射及断点明确,且浅层超剥带地震反射清晰。

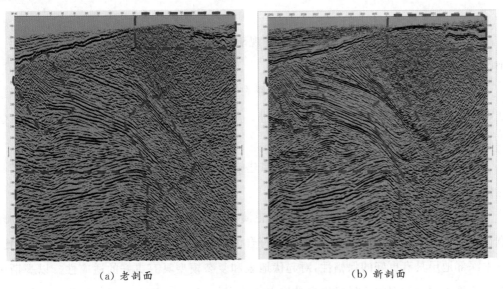

（a）老剖面　　　　　　　　　　　　（b）新剖面

图 9-82　新老资料叠加剖面对比图

第十章　结论与展望

第一节　结　论

（1）基于点、线、面的采集参数论证是观测系统设计的基础，三者有效结合，由粗到细，有效提高参数论证精度和论证效率。

（2）基于高清遥感卫片的海量观测系统布设与自动变观技术能够有效提高观测系统变观效率和精度，覆盖次数实时分析技术进一步提高了变观精度，减少地震资料空白区，提高复杂地表区地震采集资料质量。

（3）基于自动/半自动的三维块体追踪建模技术实现了任意复杂的三维地质体精细建模，为地震波正演模拟提供数据基础。

（4）基于投影菲涅尔带的三维高斯束正演模拟方法赋予了能量分布范围明确的物理意义，使得基于渐近射线理论的高斯束更符合波动理论，与常规初始参数正演结果相比，在中深部地层具有更好的保幅性，对起伏地表和复杂模型具有更好的适应性。以高斯束照明结果为评价依据的全局寻优自动炮点优化和排列长度、排列宽度的优化方法将以往定性分析发展到了定量分析，通过在地表局部地区加密炮点，有针对性地改善目的层的能量分布，提高目标地质体的 CRP 覆盖次数，优化观测系统设计方案，并对不同采集设计方案进行综合评价，优选最佳观测系统。

（5）基于波动方程的双聚焦观测系统评价方法是一种针对局部目标点的叠前偏移成像精度论证的优化设计方法，对比分析不同观测系统的聚焦性结果，结合成像分辨率曲线和主瓣能量比等参数，可以直观有效地优选对勘探区域成像最有利的观测系统，从而达到定量化评价观测系统的目的。此外，聚焦束分析结果与观测系统的参数选择紧密相关，针对观测系统成像分辨率的要求，调整观测系统参数，以达到优化观测系统的目的。

（6）观测系统综合属性定量化方法综合考虑了观测系统覆盖次数、炮检距分布和方位角分布特征,利用综合属性因子随接收道数、接收线数、接收线距以及炮线距等关键观测系统参数变化而变化特征规律,可以有效、快速地对观测系统质量进行定量化评价,为观测系统优化提供方向。

(7)利用近地表试验资料,建立一致近地表模型,基于该模型做逐点激发井深设计,做试验点井深药量分析,进一步提升近地表激发井深、药量设计精度,这是一套完整的技术流程,对第一手高质量地震采集数据的获取起到至关重要的作用。

(8)将多年的理论方法和实践经验,形成软件,并集成、整合到同一个采集软件平台,形成一套完整的商业化软件产品,为双复杂区观测系统优化提供软件支持。

(9)通过在 BS 区、G94 北、HSD 以及 CGZ 等三维地震采集项目中的系统应用,所研究的理论方法和软件具备辅助地震采集技术设计与方案优化的能力,完全适应目前高精度地震采集工程和复杂地质目标区地震采集技术设计和施工设计要求,能够解决地震采集施工的关键技术难题。

第二节　展　望

复杂地表复杂地质目标的观测系统优化设计是一项系统工程,仍有更多的技术手段值得去探索。

(1)无论是点、线、面或是体的采集参数的论证,以及基于三维模型的高斯束正演模拟、亦或者是基于波动正演的双聚焦分析等,都是基于实际模型假设基础上分析的,因此模型的准确性将决定设计参数的准确性。后续在高精度三维模型建立方面,要增加更多的已知勘探信息、解释成果、井数据等,建立更为精确的三维地质模型。

(2)人工智能技术在地震勘探中的应用需要进一步探索。基于高清遥感卫片的海量观测系统自动变观技术已经成熟,但目前仍以人工拾取障碍物为主,面对复杂地表施工区域,工作量非常大,下一步应考虑人工智能技术的应用,运用机器学习方法,自动识别障碍物,实现从地图下载到障碍物识别,再到观测系统自动变观流程全自动化,进一步提高工作效率。

(3)面向地震资料处理的观测系统优化方法还需持续开展研究。目前本书仅从局部目标点偏移成像角度,对观测系统进行优化和评价,后续还需进一步考虑全区叠前偏移成像的要求、静校正的要求、速度分析要求等更多方面,尤其对于复杂山地山前带地区,受地表和地下条件的影响,一是地形起伏剧烈,地层倾角高陡,相对高差大,激发点和接收点很难准确到位,要求设计的观测系统具有很强的穿越山地环境的能力;二是出露地层复杂,表层不规则性明显,静校正问题尤为突出;三是由于推覆作用导致构造复杂,且速度反转,带来反射信息正确归位困难,因此在观测系统设计中应针对这三个方面,从地震资料处理的角度进行优化观测系统。

(4)三维波动方程正演模拟精度高,这是业界公认的,但由于其计算量太大,受野外计算机硬件条件的限制,目前仍无法大范围推广应用,下一步还将继续研究提高计算效率的方法,并充分利用计算机硬件的飞速发展有利条件,以期早日在施工现场推广应用。基于波动方程照明结果的观测系统优化方法,还有待进一步探索。

(5)观测系统综合属性定量化评价方法,是建立在水平层状介质模型基础上的,因此对于复杂地区,还应考虑实际模型带来的传播路径畸变而导致评价结果的差异,后续还需进一步开展研究。

(6)最优性价比观测系统设计目前有专家学者开展大量研究,但目前研究还大多处于研究探讨阶段,主要由于采集成本和采集效果之间很难用一个或者几个简单的分析方法来评价,建议以后加强该方面的研究,将其视为一项系统工程,从野外施工工区地质特征和室内处理的每一个环节出发,来形成一套比较完整的设计思路。

参考文献

[1] 马彦良,李铭良.三维地震勘探恢复性放炮法变通问题的讨论[J].中国煤田地质,2004(5):16741803.

[2] 王小六,李振春,曹文俊.广角地震采集综述[J].勘探地球物理进展,2004,27(5):321326.

[3] 王伟,高星,张小艳.复杂山区高分辨率地震采集分析与应用——以四川盆地及周缘地区为例[J].地球物理学报,2018(3):11091117.

[4] 王海,赵会欣,晋志刚.观测系统对地震采集资料的影响[J].石油地球物理勘探,2009,44(2):131135.

[5] 尹成,吕公河,田继东,等.基于地球物理目标参数的三维观测系统优化设计[J].石油物探,2006,45(1):7478.

[6] 邓飞,王美平,周杲,等.高斯射线束法地震记录合成系统的研究与开发[J].大庆石油地质与开发,2006,(6):93－97＋125.

[7] 邓飞,刘超颖,赵波,等.高斯射线束正演与偏移[J].石油地球物理勘探,2009,44(3):265269.

[8] 邓飞.剖面三维地质建模与高斯射线束正演的研究与实现[D].成都理工大学,2007.

[9] 石翠翠,杨晶,徐维秀.基于机器学习的地震资料品质自动评价方法研究[J].石油地球物理勘探(增刊),2019,11101114.

[10] 白杰,彭德丽,蔡锡伟.基于射线追踪正演照明的观测系统分析研究[J].勘探地球物理进展,2010,33(2):8792.

[11] 印兴耀,王欣,杨继东.基于子波重构的时空域高斯束正演方法[J].石油地球物理勘探.2016(1):106－114＋20－21.

[12] 冯凯.三维地震观测系统最优化设计的方法研究[D].成都理工大学博士论文,2006.

［13］成林.地面地震高斯射线束正演［J］.西安文理学院学报（自然科学版），2016（6）：8691.

［14］刘书峰.基于CRP面元的观测系统表征与优化［D］.中国石油大学硕士论文.2017.

［15］刘美玲.煤田三维地震勘探在障碍物密集区的应用［J］.现代矿业，2015（6）：104105.

［16］刘淼淼.克浪软件在巨厚黄土地区二维地震勘探中的应用［J］.煤炭与化工，2005，38（11）：134－136＋140.

［17］刘新文，严峰，施海峰等.复杂山地提高信噪比地震采集方法探讨［J］.天然气工业，2007，27：6162.

［18］许银坡，邹雪峰，朱旭江，等.提高目的层阴影区成像质量的观测系统优化设计方法［J］.石油地球物理勘探，2015（12）：1048－1053＋1029.85.

［19］孙少波，张红祥.海量三维地震数据体的交互式并行可视化技术实现［J］.西安文理学院学报（自然科学版），2019，22（5）：6973.

［20］孙成禹，张文颖，倪长宽，丁玉才.能量约束下的高斯射线束法地震波场正演［J］.石油地球物理勘探，2011，46（6）：856861.

［21］孙泽文.面向科学计算并行编程的图形化编程工具［D］.国防科学技术大学，2017.

［22］孙宗良.基于空间插值的三维近地表建模及可视化研究［D］.成都理工大学硕士论文.2015.

［23］杨飞龙，张林，孙渊，等.三维井间地震高斯射线束正演［J］.地球物理学进展，2016（5）：20272035.

［24］杨继东，黄建平，王欣，等.复杂地表条件下叠前菲涅尔束偏移方法［J］.地球物理学报，2015（10）：37583770.

［25］杨敬.分布式三维场景中仿真实体同步策略研究与实现［D］.西安电子科技大学硕士论文，2012.

［26］杨晶，代福才.地震波场射线类正演模拟方法对比［J］.地球物理学进展，2017，32（2）：792798.

［27］杨晶，冯玉苹，王向前.基于高分辨率图像的大数据量观测系统属性分析技术研究及软件模块研发［J］.石油地球物理勘探（增刊），2017，11851187.

［28］杨晶，刘怀山，黄建平.复杂地质目标观测系统优化方法研究及实现［J］.SPG/SEG，2019，13271330.

［29］杨晶，复杂近地表层析方法技术与实践［D］,中国石油大学（华东）硕士论文，2014.

［30］杨晶，段卫星，徐维秀，等.遥感影像精校正方法研究及软件开发［J］.山东地球物理六十年，2010，685692.

［31］杨晶,徐维秀,宋建国.基于大炮初至的近地表层析反演方法研究及应用[J].物探与
化探,2011,35(4):499504.

［32］杨晶,徐维秀,宋建国.基于初至波的近地表三维层析反演技术研究[J].石油地球物
理勘探,2013,97100.

［33］杨晶,徐维秀,宋建国等.提高初至波层析反演精度技术的探讨[J].石油地球物理勘
探,2010,182188.

［34］杨晶,徐维秀,罗英伟.地震表层试验资料解释与查询综合软件包的开发[J].工程地
球物理学报,2011,8(3):274278.

［35］杨晶,徐维秀.基于 BS 模式的表层参数信息查询系统应用开发[J].物探与化探,
2010,34(6):821823.

［36］杨晶,黄建平.基于汉宁窗函数滤波时间域高斯束成像方法[J].地球物理学进展,
2018,33(2):792798.

［37］杨晶,魏福吉,邵延飞,等.基于高斯射线束的正演照明方法研究[J].石油地球物理
勘探(增刊),2015(6):437441.

［38］杨晶.复杂近地表层析方法技术与实践[D].中国石油大学(华东),2014.

［39］李文建,韩春瑞,安燕燕,等.柴达木盆地高陡构造地震勘探技术[J].石油地球物理
勘探,2016(12):17－26＋5.

［40］李振春,岳玉波,郭朝斌,等.高斯波束共角度保幅深度偏移[J].石油地球物理勘探,
2010,45(3):360365.

［41］李程.基于 Delaunay 四面体剖分的面绘制算法研究[D].成都理工大学硕士论
文,2015.

［42］李瑞磊,于鹏,杨饶平,等.梨树断陷高精度三维地震勘探效果分析[J].石油物探,
2010,49(6):584590.

［43］何雪梅,刘洪喜,边高峰.基于 Direct3D 平台的三维虚拟地形控件开发[J].物探装
备.2015(4),222225.

［44］邸志欣.哈拉阿拉特山山前构造带三维地震采集技术研究[D].中国海洋大学博士
论文,2013.

［45］沈财余.面向地质目标的地震采集设计优化方法[J].石油地球物理勘探,2008(10):
493－507＋481.

［46］张付生,马义忠,王帮助,等.泌阳凹陷新庄地区高密度三维地震资料采集方法研究
[J].石油物探,2009,48(6):615620.

［47］张珊珊,刘志辉.基于多层 DEM 表面模型的地层结构的三维可视化[J].测绘信息

与工程.2003,28(3):1415.

[48] 张树海.细分面元在高密度三维地震勘探中的应用[J].勘探地球物理进展,2009,32(6):399403.

[49] 张峰.地震勘探采集现场处理监控工作方法探讨[J].内江科技,2012(10):7778.

[50] 张朝霞.高斯射线束在工程物探中的应用及研究[J].成都理工大学硕士论文,2007.

[51] 陈生昌,马在田.波动方程偏移成像阴影的照明补偿[J].地球物理学报,2018(2):844850.

[52] 陈学强,白文杰,钟海.沙漠区高信噪比地震采集方法[J].石油地球物理勘探,2010,45(3):325330

[53] 武泗海.基于波动理论的观测系统聚焦性评价方法研究[D].西南石油大学,2018.

[54] 罗英伟,杨晶,段卫星,等.几种静校正方法比较研究[J].石油仪器,2010,24(5):4143.

[55] 罗英伟,杨晶,徐维秀等.近地表多元参数建模方法研究[J].石油地球物理勘探(增刊),2010(8):5963.

[56] 岳玉波,李振春,张平,等.复杂地表条件下高斯波束叠前深度偏移[J].GEOPHYSICS,2010,7(2):143148.

[57] 岳玉波.复杂介质高斯束偏移成像方法研究[D].中国石油大学博士论文,2011.

[58] 周星合.地质模型创建及地震采集设计中地震波照明度模拟与分析研究[D],西南石油大学硕士论文,2006.

[59] 赵虎,尹成,杨晶,等.观测系统综合质量因子分析[J].石油地球物理勘探,2015,50(6):10371041.

[60] 赵虎,尹成,李瑞,等.基于目的层照明能量的炮点设计方法[J].石油物探,2010,49(5):478481.

[61] 赵虎,尹成,李瑞,等.基于检波器接收照明能量效率最大化的炮检距设计方法[J].石油地球物理勘探,2011.6,46(3):333338.

[62] 赵虎,尹成,李瑞,等.最优性价比的观测系统设计方法研究[J].地球物理学进展.2010,25(5):16921696.

[63] 赵虎,尹成,陈光明,等.炮检距属性的非均匀性系数分析[J].石油地球物理勘探,2011,46(1):2227.

[64] 赵虎,杨晶,徐维秀.基于模型的最优接收道数设计方法研究及应用[J].SPG/SEG,2016,49－55＋189.

[65] 赵虎.复杂山地地震采集方法研究[D].成都理工大学博士论文,2013.

［66］赵崇进,刘玉柱,杨积忠.基于高斯束的初至波菲涅尔体地震层析成像［J］.石油地球物理勘探,2012,3:004.

［67］赵博研.基于改进模拟退火算法的项目选择优化方法研究［D］.东北师范大学,2019.

［68］赵殿栋,郭建,王咸林,等.基于模型面向目标的观测系统优化设计技术［J］.中国西部油气地质,2006,2(2):119122.

［69］姚刚.基于波动理论的观测系统评价与研究［D］.中国地质大学北京,2008.

［70］秦龙,尹成,刘伟,等.提高地震波照明均匀性的加密炮设计新方法［J］.石油地球物理勘探,2016(8):639－646＋1.

［71］钱光萍,康家光,王紫娟.基于模型的地震采集参数分析及应用研究［J］.物探化探计算技术,2001,23(2):109114.

［72］钱荣钧.关于地震采集空间采样密度和均匀性分析［J］.石油地球物理勘探,2007,42(2):235243.

［73］倪长宽.复杂介质地震波场正演模拟方法研究［D］.中国石油大学硕士论文.2008.

［74］徐维秀,段卫星,杨晶.地震勘探采集工程软件集成与移植技术探讨［J］.石油物探,2016,55(3):350356.

［75］黄建平,杨继东,李振春,等.有效邻域波场近似框架下三维起伏地表高斯束地震正演模拟［J］.石油地球物理勘探,2015,50(5):,896－904＋804.

［76］曹国滨.炮检距选取对斜交观测系统的影响分析［J］.地球物理学进展,2010,25(6):20312039.

［77］董良国,吴晓丰,唐海忠,等.逆掩推覆构造的地震波照明与观测系统设计［J］.石油物探,2006,45(1):4047.

［78］敬朋贵,殷厚成,陈祖庆.南方复杂山地三维地震勘探实践与效果分析［J］.石油物探,2010,49(5):495499.

［79］程春.三维地质建模中复杂曲面造型技术研究［D］.成都理工大学硕士论文,2017.

［80］谢小碧,何永清,李培明.地震照明分析及其在地震采集设计中的应用［J］.地球物理学报,2013(5):15681581.

［81］鲍五堂.OMNI 设计系统在复杂地表地震勘探中的应用［J］.勘察科学技术,2014,(3):5557.

［82］雍海生,吴宗珂,李晓颇,等.绿山软件 MESA 在地震采集生产中的应用［J］.物探装备,2008,18(5):327332.

［83］熊翥.地层、岩性油气藏地震勘探方法与技术［J］.石油地球物理勘探,2012(2):1－18＋188＋192.

［84］熊翥.我国西部山前冲断带油气勘探地震技术的几点思考［J］.勘探地球物理进展，2005(2)：1－4＋11－9.

［85］熊翥.我国物探技术的进步及展望［J］.石油地球物理勘探，2005(2)：123125.

［86］熊翥.高精度三维地震（I）：数据采集［J］.勘探地球物理进展，2009，32（1）：1－11＋83.

［87］魏福吉，徐维秀.面向地震数据采集工程软件的应用集成框架［J］.石油地球物理勘探，2013，48（5）：809815.

［88］魏福吉.复杂地表与近地表地区的新技术研究［M］.中国石油大学出版社，2012.

［89］BaiXue，YangJing，ChengGong. Application and Effect Analysis of Two Widths and One Height Technology in the Third Acquisition［J］，SEG，2019.

［90］Berkhout A J，Ongkiehong L. Analysis of seismic acquisition geometries by focal beams［J］.SEG Technical Program Expanded Abstracts，1998，8285.

［91］Berkhout A J，Ongkiehong L. Comprehensive assessment of seismic acquisition geometries by focal beamspart I：Theoretical considerations［J］. Geophysics，2001，66（3）：911917.

［92］Berkhout A J. Pushing the limits of seismic imaging，Part I：Prestack migration in terms of double dynamic focusing［J］. Geophysics，1997a，62（3）：937954.

［93］Berkhout A J. Pushing the limits of seismic imaging，Part II：Integration of prestack migration，velocity estimation，and AVO analysis ［J］.Geophysics，1997b，62（3）：954969.

［94］Blanchette J，Summerfield M. C＋＋ GUI Programming with Qt 3［M］.Prentice Hall PTR，2015.

［95］Carcione J M，Helle H B. Numerical solution of the poroviscoelastic wave equation on a staggered mesh［J］. Comput. Phys，1999，154：520527.

［96］Červen，V and Penčík I. Gaussian beams and paraxial ray approximation in three dimensional elastic in homogeneous media［J］. J. Geophys，1983，53：115.

［97］Červen，V，Popov M M，Penčík I. Computation of wave fields in inhomogeneous media—Gaussian beam approach［J］. Geophysical Journal International，1982，70（1）：109128.

［98］Červen，V. Ray synthetic seismograms for complex two dimensional and three dimensional structures［J］. J. Geophys，1985，58：226.

［99］Červen,V. Synthetic body wave seismograms for laterally varying structures by the Gaussian beam method[J]. Geophys. J. R. astr. Soc. 1983,73:389426.

［100］David Hill. Coil survey design and a comparison with alternative azimuthrich geometries[J]. EAGE,2009:7382.

［101］George T,Virieux J,Madariaga R. Seismic wave synthesis by Gaussian beam summation:A comparison with finite differences[J]. Geophysics,1987,52(8):10651073.

［102］Hill,N. R. Gaussian beam migration[J]. Geophysics,1990,55(11):14161428.

［103］Hill,N. R. Prestack Gaussianbeam depth migration[J]. Geophysics. 2001,66(4):12401250.

［104］Jianping Huang,Jidong Yang,Shujuan Guo. Department of geophysics. Gaussian Beam Forward Modelling Based on Projected Fresnel Zone for Irregular[J]. Topography. 2014.

［105］Liner C L,Underwood W D,Gobeli R. 3D seismic survey design as an optimization problem[J]. The Leading Edge,1999,18(9):10541060.

［106］Morrice,D. J. ,Kenyonz,A. S. ,and Beckett,C. J. Optimizing operations in 3D land seismic surveys,GEOPHYSICS,2001,66(6):18181826.

［107］Müller G. Efficient calculation of Gaussianbeam seismograms for twodimensional inhomogeneous media[J]. Geophysical Journal International,1984,79(1):153166.

［108］Popov M M,Semtchenok N M,Popov P M,et al. Depth migration by the Gaussian beam summation method[J]. Geophysics,2010,75(2):S81S93.

［109］Richard S. Wright,Jr. Benjamin Lipchark 著,徐波译. OpenGL 超级宝典（第七版）[M].北京:人民邮电出版社,2012.

［110］Vermeer,G. J. O. 3D seismic survey design optimization[J]. The Leading Edge,2003,22(10):934941.

［111］Weber M. Computation of bodywave seismograms in absorbing 2D media using the Gaussian beam method:comparison with exact methods[J]. Geophysical Journal,1988,92(1):924.

［112］YangJing, HuangJianping, XuWeixiu. Research and practice of targetdriven forward modeling and illumination geometry technology[J]. CPS/SEG,2018,8286.